江苏省高等学校重点教材〔编号：2021-2-058〕

首批国家级一流本科课程配套教材

普通高校本科计算机专业特色教材精选·算法与程序设计

数据结构原理与应用

徐慧　周建美　丁　红　季　峰　编著

清华大学出版社

北京

内 容 简 介

本书在选材与编排上,以"可读""可学""可用""可研""可练"为目标。全书共 8 章,内容涵盖绪论、线性表、栈和队列、数组和矩阵、树和二叉树、图、查找以及排序。全书共有 118 个算法、61 个示例、21 个应用案例、212 道练习题。练习题题型包括填空题、简答题、应用题、算法设计题和上机练习题五类,满足原理理解、知识应用、模仿、创新、算法训练及实践训练多方面需求。每章小结给出全章知识结构图以及相关算法与应用汇总。

本书内容丰富、编排新颖、图文并茂。原理叙述直达要义,算法步骤与伪码一一对应。可作为高等学校计算机及相关专业"数据结构"课程教材,也可供从事计算机软件开发与应用的工程技术人员参考。

图书在版编目(CIP)数据

数据结构原理与应用/徐慧等编著. —北京:清华大学出版社,2021.9(2023.2重印)
普通高校本科计算机专业特色教材精选·算法与程序设计
ISBN 978-7-302-58932-7

Ⅰ. ①数… Ⅱ. ①徐… Ⅲ. ①数据结构－高等学校－教材 Ⅳ. ①TP311.12

中国版本图书馆 CIP 数据核字(2021)第 172316 号

责任编辑:袁勤勇
封面设计:常雪影
责任校对:李建庄
责任印制:朱雨萌

出版发行:清华大学出版社
    网 址:http://www.tup.com.cn,http://www.wqbook.com
    地 址:北京清华大学学研大厦 A 座   邮 编:100084
    社 总 机:010-83470000   邮 购:010-62786544
    投稿与读者服务:010-62776969,c-service@tup.tsinghua.edu.cn
    质量反馈:010-62772015,zhiliang@tup.tsinghua.edu.cn
    课件下载:http://www.tup.com.cn,010-83470236
印 装 者:三河市铭诚印务有限公司
经 销:全国新华书店
开 本:185mm×260mm 印 张:19.5 字 数:452 千字
版 次:2021 年 9 月第 1 版 印 次:2023 年 2 月第 3 次印刷
定 价:59.00 元

产品编号:091765-02

前 言

PREFACE

"数据结构"课程对计算机相关专业来讲是专业基础课，并因其重要性被广泛作为学位课和考研课。 数据结构的研究范畴涵盖典型的逻辑结构、这些逻辑结构在计算机中的实现、算法分析及典型算法与应用等。 逻辑结构用于研究对象的抽象与建模，存储设计的好坏直接决定问题求解的难易和算法性能，这些都是用计算机解决问题时不可或缺的知识与技能。 因此，从课程研究内容看，"数据结构"课程是一门程序设计基础课，也是程序设计能力提升的进阶课。 正因为该课程的重要性，已出版的《数据结构》教材林林总总，且其发展从未停息。 2010年，本教学团队出版了《数据结构》(ISBN: 978-7-302-21475-5)、《数据结构实践教程》(ISBN: 978-7-302-21476-2)、《数据结构习题及学习指导》(ISBN: 978-7-302-21477-9)系列教材。 十多年过去了，时代发展对工科人才培养的要求不断变化着。 变化的时代和变化的学生使我们积累了与时俱进的教学经验。 在获得首批国家级线下一流本科课程荣誉之际，编者决定重写《数据结构》教程及修订相关系列教材。 为契合"新工科"人才培养需要和工程专业认证对计算机类学生的毕业要求，本教材立足于**"实用"，以"可读""可学""可教""可研""可练"为宗旨设计编排内容并将教材取名为《数据结构原理与应用》。**

- **可读**。 撰写过程中，从多方面考虑教材的可读性。 概念及原理等新知识的介绍首先以文字陈述，并做到精准、简明、扼要，直明要义；然后以示例展示，将概念及原理具化，使知识一目了然。 所有内容尽可能图文并茂。 此外，为了简洁和增加可读性且考虑专业特性，本教材选用 C/C++ 语言，但不拘泥于两者的严格语法，集两者优点呈现算法。

- **可学**。首先，在算法描述上，教材选用了对学习者要求较低的面向过程的方法，但借用模板概念解决数据类型的抽象问题。 这里主要考虑到面向对象的程序设计有完整的理论体系和架构，用它描述和理解算法对学生要求很高。 而在"数据结构"课程中，语言本身只是一个工具。 面向过程的描述进一步简化语法部分，突出问题求解本身，降低学习难度。 其次，各种结构都有丰富的应用背景，满足学生希冀"获取解决问题的方法"及"学得可用知识与技能"的本能愿望。 学生通过理解、记忆、验证、模仿、思考能切实感到收获。

- **可教**。用实际教学中积累的思路设计与组织教材内容，例如算法讲解给出算法的来龙去脉。 首先根据算法思想分析存储设计和辅助变量设计，再给出算法设计，并且将算法步骤与算法描述——对应，呈现代码的生成过程。 教材中大量的图示及应用示例为教师教学提供了丰富的教学素材，教辅 PPT 将尽量展示算法执行过程。

- **可研**。 许多算法介绍后都设置了"算法讨论"部分，提出相关问题或更深层次的问题，拓展教学深度与广度，引导思考与研究。 例如在用顺序表实现"一元多项式求和问题"中，在"算法讨论"部分抛出一元稀疏多项式求和的问题以激发思考，也为后续新知识进行铺垫，增加教材内容的连贯性。

- **可练**。教材提供多层次的练习素材。 **填空题**用于复习理论知识和加深对原理的理解；**简答题与应用题**用于知识的应用与分析能力的训练；**算法设计题与上机练习题**用于设计与编程技能训练。 多层次的练习题可满足学习者各层次上的需求。

总之，这是一本考虑当下聚焦的"应用型"和"创新型"人才培养需要，以"可用""实用"为宗旨的一部具有时代气息的教材。 教材的配套资源有教学 PPT、书中算法实现的源码、实践教程等。 另应新时代发展需求，后期会提供微课。

最后感谢教学团队老师的精诚合作与辛苦付出。 周建美编写了第 3 章和第 4 章，季峰和陈森博编写了第 6 章，丁红编写了第 7 章，徐慧编写了其余章节并进行全稿统稿。 团队其他老师（如管致锦教授、顾顾博士、朱玲玲副教授、陈德裕副教授等）参与了本书的审稿工作，在此也谢谢他们的宝贵意见。

虽然竭尽所能，但由于编者知识、能力和时间有限，书中仍难免有疏漏和不足之处，欢迎专家和读者批评指正。

编　者
2021 年 7 月

目 录

CONTENTS

第 *1* 章

CHAPTER

绪 论

数据结构是程序的重要组成部分,对算法起着决定性的作用。计算机的系统软件和应用软件都要用到各种类型的数据结构。要编写出有效使用计算机和充分发挥计算机性能的程序,必须学习和掌握好数据结构的有关知识。数据结构是计算机类专业的专业基础课和核心课,它是后续专业课(如操作系统、编译原理、数据库管理系统、软件工程、人工智能等)的学习基础。

通过学习"数据结构"课程,可以培养计算思维能力,提升用计算机解决问题的分析能力、方案设计能力与编程实现技能。学习中所需的耐心、细致、钻研与合作精神利于培养学生的科研和职业素养。

本章主要知识点

- 数据结构术语与概念。
- 抽象数据类型。
- 算法与算法分析。

本章教学目标

- 掌握术语与概念。
- 了解数据结构课程属性与研究内容。
- 帮助学生建立学习目标。

1.1 课程属性与术语

1.1.1 数据结构是程序的重要组成部分

20 世纪 60 年代初,"数据结构"有关内容分散于"操作系统""编译原理"等课程中。1968 年,"数据结构"作为一门独立的课程被列入美国一些大学计算机科学相关专业的教学计划。同年,著名的计算机科学家、图灵奖[①]的获得者唐纳德·克努思(Donald Knuth)教授出版了《计算机程序设计艺术》第一卷《基本算法》[②],书中第一次较系统地阐述"数据结构"的基本内容。20 世纪 80 年代初,数据结构的基础研究日臻成熟,形成一门完整的学科。

图灵奖获得者尼可莱·沃思(Niklaus Wirth)[③]给出了一个著名公式。

程序 = 数据结构 + 算法

由此可见,**数据结构是程序的重要组成部分**。

1.1.2 数据结构是提升编程能力的必备

程序员被粗分为十个层阶:第 1 层,菜鸟;第 2 层,大虾;第 3 层,牛人;第 4 层,大牛;第 5 层,专家;第 6 层,学者;第 7 层,大师;第 8 层,科学家;第 9 层,大科学家;第 10 层,大哲。

经过大一的学习,学生们基本上达到"菜鸟"[④]级别。如果进阶第 2 层大虾[⑤]级,必须**掌握常用的各种数据结构算法,掌握 STL 的基本实现和使用方法**。如果进阶第 3 层牛人[⑥]级,需要**更深入地学习更多的数据结构与算法**。

由此可见,**数据结构知识是程序设计的基础,是提升编程能力的必备**。那何谓"数据结构"呢?

1.1.3 数据结构与术语

我们先从"结构"说起。**结构**是指组成整体的各部分的搭配和安排,图 1-1 为房屋、桥梁、飞机的结构示意图。每当评价物体性能时,都会提到结构对物体性能的影响,例如地震或其他灾害后,房屋、桥梁损毁程度一定与其结构有关。结构对物体的抗损性、稳定性

[①] 图灵奖,以图灵(Alan Mathison Turing,1912—1954)的名字命名。国际计算机学会(ACM)为纪念图灵对计算机科学的贡献,从 1966 年起设立图灵奖,它被誉为计算机界的诺贝尔奖。到目前为止,中国只有一人获此奖项,他的名字叫姚期智。

[②] 唐纳德·克努思(Donald Knuth,生于 1938 年),算法和程序设计技术的先驱者,计算机排版系统 LaTeX 和 METAFONT 的发明者。其所著的描述基本算法与数据结构的巨作《计算机程序设计艺术》被《美国科学家》杂志列为 20 世纪最重要的 12 本物理科学类专著之一,与爱因斯坦的《相对论》等经典比肩而立。他 1974 年获图灵奖。

[③] 尼可莱·沃思(Niklaus Wirth,生于 1934 年),他的一篇文章 *Program Development by Stepwise Refinement* 被视为软件工程中的经典之作。他的一本书的书名 *Algorithms + Data Structures = Programs* 是计算机科学界的名句。他发明了 Pascal(1968)、Modula 2(1976)和 Euler 等编程语言,他 1971 年提出结构化程序设计,1984 年获图灵奖。

[④] 菜鸟:基本上懂计算机的基本操作,了解计算机专业的一些基础知识,掌握一门基本的编程语言(如 C/C++、Java、JavaScript、Python、PHP 等)。

[⑤] 大虾:熟练掌握某一编程语言(以 C/C++ 编程语言为例),掌握 C 标准库和常用的各种数据结构算法,掌握 STL 的基本实现和使用方法;掌握多线程编程基础知识;掌握一种开发环境;熟悉各种操作系统的 API,搞网络编程的须熟练掌握 Socket 编程;学习一些面向对象的设计知识和设计模式等;掌握一些测试、软件工程和质量控制的基本知识。一般经过本科阶段的学习可达到"大虾"水平。

[⑥] 牛人:以熟练掌握 C++ 编程语言为例,除了学一些基础性的 C++ 书籍(如 C++ *Primer*、*Effective C++* 等)之外,更重要的是了解 C++ 编译器的原理和实现机制;了解操作系统中的内部机制(如内存管理、进程和线程的管理机制);了解处理器的基础知识和代码优化的方法;此外还更深入地学习更多的数据结构与算法,掌握更深入的测试和调试知识以及质量管理和控制方法,对各种设计方法有更好的理解等。

等性能起着决定性的作用。

图 1-1　结构示意图

数据结构（data structure）**是指相互之间存在着一种或多种关系的数据元素的集合。** 对比"结构"的概念，显然"数据元素"是结构的"部件"，数据元素之间的关系为"部件之间的安排与搭配"。

数据元素（data element）**通常对应一个实体**，某些情况下也称为记录（record）等。

例如，一群学生的数据存于一张二维表中（见图 1-2），其中的每一行表示一个学生的信息，即对应一个实体，为一个数据元素。一个数据元素由若干个数据项（data item）组成，一个数据项表示一个实体属性，如学生信息表中的学号、姓名、性别等，某些情况下也称为属性、字段。

学号	姓名	性别	出生日期	专业名称	班级名称
191305001	赵好好	女	1998/05/06	软件工程	软工191
191305002	钱多多	男	1998/04/05	软件工程	软工191
191305031	孙平平	男	1998/02/10	软件工程	软工192
191405032	李悠悠	女	1999/06/06	软件工程	人智191
191401032	张深深	男	1999/07/08	人工智能	人智191
191501001	王天天	男	1998/11/11	网络工程	网络191
19150510	周萌萌	女	1999/08/22	网络工程	网络192
......					

数据对象　　数据项　　数据元素

图 1-2　数据对象、数据元素和数据项之间的包含关系

描述客观事物的数和字符的集合统称为**数据**（data）。在数据结构研究领域内，**数据元素**[①]**是数据的基本单位**，**数据项**（data item）**是组成数据元素的有独立含义的不可分割的最小单位。** **性质相同的数据元素的集合称为数据对象**（data object）。

数据对象、数据元素和数据项之间的包含关系如图 1-2 所示。

---

① "数据元素"在本书中也简称为"元素"。

如果用一个二元组表示数据结构，数据结构的形式定义为

$$Data\_Structure = (D, R)$$

其中，D 是数据元素的有限集，R 是 D 上关系的有限集。

【例 1-1】 一维数组 A1 和二维数组 A2 的数据结构的二元组表示如表 1-1 所示。

表 1-1   数据结构二元组表示示例

数据结构	研 究 对 象	数据元素集合	数据元素关系 R
一维数组	A1= $[a_1\ a_2\ a_3\ a_4\ a_5\ a_6]$	$D=\{a_1,a_2,a_3,a_4,a_5,a_6\}$	$R=\{(a_i,a_{i+1})\|i=1,2,3,4,5\}$
二维数组	A2= $\begin{bmatrix} a_{11} & a_{12} & a_{13} \\ a_{21} & a_{22} & a_{23} \end{bmatrix}$	$D=\{a_{11},a_{12},a_{13},a_{21},a_{22},a_{23}\}$	$R=\{ROW,COL\}$ 包括行关系 ROW 和列关系 COL ROW=$\{(a_{i,j},a_{i,j+1})\|i=1,2;j=1,2\}$ COL=$\{(a_{i,j},a_{i+1,j})\|i=1;j=1,2,3\}$

1.1.4   数据结构决定算法

程序与数据的关系如图 1-3 所示。

程序是用于解决某一问题的指令集合（即算法）。用计算机解决问题是按照指令序列对该数据进行加工，把源数据变成结果数据。此过程如同食材经厨师烹饪后得到一个美味佳肴一样。厨师为了得到预期的佳肴，需要根据食材特性设计烹饪方法。此处，食材决定了可用的烹饪方法，烹饪方法依赖于食材。在用程序求解问题中，输入数据就是程序的食材，输出数据就是最后的菜肴成品。

因此，在程序设计中，**数据结构决定算法**，算法依赖于数据结构。程序、数据结构与算法三者之间的关系如图 1-4 所示。

图 1-3   程序与数据的关系   图 1-4   程序、数据结构与算法的关系

1.2   数据结构的研究内容

数据结构[①]研究描述现实世界实体的数学模型（非数值计算）及其在计算机中的表示和操作实现。这句话包含了以下三方面的内容：

---

① 对于数据结构概念，至今尚未有一个大家公认的定义来描述它，它在不同上下文中有不同的语义。但对于其含义，基本共识是包含逻辑结构和存储结构两条线。

- 描述现实世界实体的数学模型,即研究对象的逻辑结构;
- 现实世界实体在计算机中的表示,即实体的存储/物理结构;
- 操作的表示与实现,即算法的设计与实现。

下面分别介绍数据结构研究内容中涉及的逻辑结构、物理结构和非数值计算问题域三方面的内容。

从不同的视角看,数据结构分为逻辑结构和存储结构/物理结构。

1.2.1　逻辑结构

逻辑结构(logic structure)**是从具体问题域中抽象出的数学模型**,从逻辑上描述数据元素之间的关系。

典型的逻辑结构有集合、线性、树和图。如果用一个圈表示一个数据元素,则数据元素之间的逻辑关系如图 1-5 所示。

集合　　　　　线性　　　　　　树　　　　　　图

图 1-5　4 种典型的逻辑结构

1. 集合结构

在集合结构中,数据元素属于同一个集合,除此之外,没有其他关系。

2. 线性结构

在线性结构中,数据元素属于同一个集合,且数据元素之间存在着一对一的线性关系。线性结构是最常见的一种结构,如字符串、数组等均属于线性结构。

3. 树结构

在树结构中,数据元素属于同一个集合,且数据元素之间存在着一对多的关系。除一个特殊结点(称为根)无前驱外,其余结点都有唯一前驱和 0 至多个后继。其形状很像一棵倒挂的树,故称为树结构。树结构具有明显的层次性。根为第 1 层,根的孩子为第 2 层,根的孩子的孩子为第 3 层,以此类推。那些具有层次结构的事物可抽象为树结构,如书的目录、单位的从上到下的组织机构等。

4. 图/网结构

在图结构中,数据元素属于同一个集合,且数据元素之间存在着多对多的关系。图中任何一个数据元素可以有 0 至多个前驱元素,也可以有 0 至多个后继元素。图结构能表示的关系最广泛,许多实际问题可以抽象为图结构,如网络结构、网页链接结构、校园景点图等。

集合、树和图统称为非线性结构。

数据的逻辑结构是从具体问题抽象出来的数学模型,是面向问题的,反映了数据元素之间的关系。**相同的数据对象在不同的问题域中可以抽象为不同的逻辑结构。**

【**应用 1-1**】 为一群学生建立逻辑结构,每个学生用属性(学号、姓名、性别、出生日期、专业、班级)表示。

【**解**】

逻辑结构 1:集合。学生具有相同属性,他们之间没有任何关系。

逻辑结构 2:线性结构。如果按某一顺序排列,就是一个线性表。

逻辑结构 3:树结构。如果按所属专业、班级组织,可表示为一棵树,如图 1-6 所示。

图 1-6 学生的树结构

逻辑结构 4:图结构。如果按朋友关系表示,则为一个图结构,如图 1-7 所示。

图 1-7 学生的图结构

好的逻辑结构满足两点:①正确地反映问题域内数据元素之间的关系;②有利于问题的求解。

1.2.2 存储结构/物理结构

存储①结构/物理结构(storage structure/physical structure)**是数据及其逻辑结构在计算机中的表示**。将数据对象存储到计算机内存中时,不仅存储数据元素,还需要存储数据元素之间的逻辑关系。

典型的存储/物理结构有顺序存储结构和链式存储结构。

1. 顺序存储结构

顺序存储用一组连续的存储单元依次存储数据元素及其关系。数据元素之间的逻辑关系由存储单元地址间的关系映射。存储示意图如图 1-8 所示。

———————————————

① 除特殊说明,数据存储指数据在内存中的存储,数据在外存上的存储称为文件。

图 1-8　顺序存储示意图

对于顺序存储来说,因为每个元素长度相同,知道首元素的位置,就可以通过位序计算出其他元素的位置,所以可以通过下标访问数据元素,如同数组中通过下标访问数组元素一样。事实上,几乎所有的高级语言数组的实现都采用了顺序存储方式。

连续的内存空间须一次性申请,之后不能在原空间基础上延扩。因此,**如果采用顺序存储方式,则需要预先估算所需的存储空间**。申请少了,不够用;申请多了,会造成浪费。

2. 链式存储结构

链式存储采用不连续的存储空间存储数据元素及其关系。一般一个结点对应一个数据元素,数据元素之间的关系由指针表示。存储示意图如图 1-9 所示。

图 1-9　链式存储示意图

链式存储是按结点申请存储空间,n 个结点就申请 n 次,系统分配 n 次。因此,所有数据元素的存储空间可能是连续的,一般是不连续的。理论上,内存没有用完,链表可以无限延扩。链式存储需要额外的空间存储指针,以存储数据元素之间的逻辑关系。因此**链式存储的存储密度低于顺序存储。当无法预估存储空间大小时,优先使用链式存储**。

除了顺序存储方法和链式存储方法外,为了问题求解方便,还有其他的存储方法。例如为查找方便,可以采用索引存储方法或散列存储方法等。合格的存储方式需要满足两点要求:①存储数据元素;②存储元素的逻辑关系。好的存储方式利于算法设计且兼顾算法性能。

1.2.3　逻辑结构与物理结构的关系

数据的逻辑结构是面向问题的,是从具体问题中抽象出来的数学模型。数据的存储结构是面向计算机的,是数据及其逻辑关系在计算机中的存储。**同一种逻辑结构可以采用不同的存储结构**。

【应用 1-2】　有一组整数{11,22,33,44,55,66},设计其存储结构。

【解】

方法一:采用顺序存储,存于数组 int A[6],如图 1-10(a)所示。

方法二:采用链式存储,存于单链表 L 中,如图 1-10(b)所示。

不仅线性表可以采用不同的存储结构,任何一种逻辑结构都可以。每一种存储方式各有优缺点。在复杂的结构(如树和图)中,还有顺序存储与链式存储相结合的存储设计。

图 1-10　线性表的两种不同存储方式

不同存储结构解决问题的算法不同,其中最利于问题求解和获得最佳性能算法的存储结构是最适合的存储结构。

【应用 1-3】　有一组整数{11,22,33,44,55,66},给出按位序访问元素的方法。

【解】　如果采用顺序存储,如图 1-10(a)所示,则可以直接访问,例如访问 3 号元素,即 A[2](下标从 0 开始,下标为 2 的元素为第 3 个元素)。

如果采用链式存储,如图 1-10(b)所示,也访问 3 号元素,则需要从首元开始,按指针方向,依次数到 3。

显然,在这个问题中,顺序存储结构优于链式存储结构。

1.2.4　非数值计算问题

从抽象后的数学模型看,计算机求解问题可分为两类:数值计算问题和非数值计算问题。数值计算问题抽象后的数学模型通常是数学方程。非数值计算问题抽象后的数学模型通常是线性表、树、图等数据结构。

数值计算问题包括用多元一次方程组求解百钱买百鸡的问题[①]、用二阶偏微分方程进行天气预报的问题、用常微分方程预测人口增长的问题等。

非数值计算问题无法用数学方程建立数学模型,例如下列 4 种问题。

1. 学籍管理问题

设将学生的基本信息存储于如图 1-2 所示的二维表中。当学生入学时,录入或导入数据到数据表;当学生学籍信息发生改变时,修改相关信息;当需要了解某学生信息时,可从中查询。这些问题的解决都没有对应的数学方程。

2. 八数码问题[②]

已知八数码的初态和终态,如图 1-11(a)所示。如何移动数码把初态变成终态?图 1-11(b)为其中一个解。

八数码问题属人机博弈的一个问题,是典型的非数值计算问题。

3. 最短路径问题

设在某城市的 n 个小区之间铺设煤气管道,由于地理环境等不同因素使各条管线铺

---

① 百鸡问题出自中国古代数学著作《张邱建算经》(约公元 5 世纪成书),是原书卷下第 38 题,也是全书的最后一题。该问题导致三元不定方程组,其重要之处在于开创"一问多答"的先例。

② 八数码问题也称为九宫问题。在 3×3 的棋盘中,摆有 8 个棋子,每个棋子上标有 1~8 的某一数字,不同棋子上标的数字不相同。棋盘上还有一个空格,与空格相邻的棋子可以移动到空格中。要求解决的问题是:给出一个初始状态和一个目标状态,找出一种从初始状态转变成目标状态的移动棋子步数最少的移动步骤。八数码问题一般使用搜索法来解。搜索法有广度优先搜索法、深度优先搜索法、A* 算法等。

(a) 初始和终态   (b) 一个解

图 1-11 八数码问题

设所需投资不同,如图 1-12(a)所示。如图 1-12(b)所示,如何建设一条连通各小区的煤气管道使投资成本最低?该问题是一个非数值计算问题。图 1-12(b)为其一个解。

(a) 各小区管道铺设费用示意图   (b) 一条费用最低的路径

图 1-12 煤气管道铺设的数学模型

4. 教学计划编制问题

一个教学计划中包含许多课程,有些课程之间必须按规定的先后次序进行,表 1-2 给出了软件工程专业方向的一些课程及课程之间的次序关系(如图 1-13 所示)。教学计划的编制必须满足这些约束条件。

表 1-2 软工专业的一些课程

编　号	课　程　名	先　修　课
C_1	高等数学	无
C_2	计算机导论	无
C_3	离散数学	C_1
C_4	程序设计	C_1, C_2
C_5	数据结构	C_3, C_4
C_6	计算机原理	C_2, C_4
C_7	数据库原理	C_4, C_5, C_6

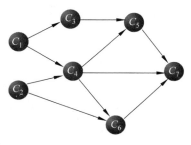

图 1-13 课程之间的次序关系

问题(1)～(4)都是非数值计算问题,这些问题的求解不能通过数学方程式来获取。大家熟悉的迷宫问题、汉诺塔问题也是非数值计算问题。**数据结构主要研究的是非数值计算问题。**

1.2.5 数据结构与程序设计的关系

用计算机解决问题时,从问题的机外表示到编程实现一般包括抽象、设计与实现三步,如图 1-14 所示。

图 1-14 计算机求解问题的一般步骤

第一步:抽象。从现实问题中抽出问题的特征而忽略非本质的细节,包括两方面的内容:①从研究对象中抽象出数据对象、数据元素以及数据元素之间的关系;②对处理要求进行抽象,给出操作定义及边界条件。

第二步:设计。这包括:①设计数据元素及其关系在计算机中的存储方法;②设计操作实现的方法。

第三步:实现。通过编程、调试、测试及分析解决问题。

上述三步中,第一步中的①指建立研究对象的逻辑结构;第二步中的①指建立研究对象的存储/物理结构;第二步中的②指算法的设计,它依赖于物理结构。因此,数据结构是用计算机解决问题时所需的基础知识,对程序设计有着指导作用。下面通过例子具体说明这三步。

【应用 1-4】 求一组学生的最高身高者。

【解】

第一步:从问题域抽象数学模型和操作定义。

① 建立数学模型。与问题相关的学生属性有学生个体标识(可用学号标识)和身高。定义下列结构体,表示一个数据元素。

```
struct stu {
    int xh;                 //学号
    float height;           //身高
}
```

求最高身高的同学,即需要找出 height 的最大值。对于该问题,将数据组织成**线性表**最方便求解。因此,可以用线性表表示这组学生。

② 操作定义。求最高身高者,即从 n 个学生的身高 height 中找出 height 最大者并记录对应学生的学号。

第二步：设计。

① 存储设计。采用**顺序存储**最方便求一组值中的最大值。因此,用一维数组 student[n] 存储学生信息,如表 1-3 所示。

表 1-3 学生信息存储示例

xh	1703001	1703002	1703005	1703006	⋯
height	176	180	175	182.5	⋯

② 算法设计,即求 max(student[i].height),$i=0,1,2,\cdots$。

【算法思想】 采用打擂的方式求最大值。先设一个值为最大值(擂主),其余的值与它比较,比它大则设为新的擂主。比完所有值,最后的擂主为最大值。

算法描述与算法步骤如算法 1.1 所示。

算法 1.1   【算法描述】   【算法步骤】

```
1    int maxHeight(stu student[], int n)          //查找身高最高者
2    {
3       int MaxH=1;                               //1.设第 1 个学生身高最高
4       for(int i=2; i<=n; i++)                    //2.依次把第 2 个至第 n 个学生的身高
                                                   //与最高身高值进行比较
5       {
6          if(student[i-1].height>                 //2.1 如果大于当前最高身高值
                  student[MaxH-1].height)
7             MaxH=i;                              //2.2 该学生为最高身高者
8       }
9       return student[MaxH-1].xh;                 //3.返回最高身高学生的学号
10   }
```

1.3 抽象数据类型

1.3.1 抽象数据类型的定义

抽象数据类型(abstract data type,ADT)是一个数据结构及定义在该结构上的一组操作的总称。抽象数据类型可表示成一个三元组,即(D,R,P),其中 D 为数据元素集合,R 为数据元素关系的集合,P 表示操作定义。操作的定义根据需要可简可繁。抽象数据类型的定义格式如下:

```
ADT  抽象数据类型名 {
      数据对象:
         数据元素的定义
      数据关系:
         数据元素之间的关系描述
```

基本操作：

　　基本操作定义

　} ADT　抽象数据类型名

一个操作的定义通常包括操作名、参数列表、初始条件、操作功能、操作结果等，格式如下：

操作名(参数表)

　初始条件

　　操作功能

　　操作结果

……

数据元素、数据元素之间的关系和操作是 ADT 的三要素。

在高级程序设计语言中设有**数据类型**(data type)，它是**一个值的集合和定义在这个集合上的一组操作**的总称。例如：C 语言中的整型(int)，其取值是机器所能表示的最小负整数和最大正整数之间的任何一个数，操作有算术运算(+、-、*、/、%)、关系运算(<、<=、>、>=、==、!=)和逻辑运算(&&、||、!)。尽管每种语言和不同的处理器对整型的实现可能不一样，但对程序员来说只要定义相同，使用起来就是一样的。

数据类型属于一种抽象数据类型。抽象数据类型比数据类型范畴更广，它不仅包含数据模型，还包含模型上的运算。因此，它将数据抽象和过程抽象结合为一体，更好地反映某数据对象的静态和动态特性。在本书后面介绍具体的数据结构(如线性表、栈、队列、树、图等)时，都将首先给出该结构的 ADT。

抽象数据类型的特征是使用和实现相分离，实现封装和信息隐藏。由此，在进行抽象数据类型设计时，是把类型的定义与其实现分离。运用抽象数据类型描述数据结构有助于在设计一个软件系统时，不必首先考虑其中包含的数据对象以及操作在不同处理器中的表示和实现细节，而把它们留在模块内部解决，使软件设计在更高层次上进行分析和设计。

1.3.2　抽象数据类型的实现

抽象数据类型独立于具体实现，将数据和操作封装在一起，其概念与面向对象方法的思想是一致的。因此，可以用面向对象程序设计语言(例如 C++、Java 等)中类的声明表示抽象数据类型，用类的实现来实现抽象数据类型。其中，类的实现即相当于数据结构的存储结构及其存储结构上实现的数据操作。

抽象数据类型和类的概念实际上反映了程序或软件设计的两层抽象，即概念层和实现层(如图 1-15 所示)。ADT 相当于概念层上的问题描述，类相当于实现层上的问题描述。

图 1-15　抽象数据类型的不同视图

1.4 算法与算法分析

1.4.1 算法的概念

算法(algorithm)[①]是对特定问题求解步骤的一种描述,是指令的有限序列。其中每一条指令表示一个或多个操作。算法具有以下 5 个特性。

- 有穷性[②]。一个算法必须在有穷步之后结束,即必须在有限时间内完成。
- 确定性。算法的每一步必须有确切的定义,无二义性。算法的执行对应着相同的输入仅有唯一的一条路径。
- 可行性。算法中的每一步都可以通过已经实现的基本运算的有限次执行得以实现。
- 输入。一个算法具有零个或多个输入,这些输入取自特定的数据对象集合。
- 输出。一个算法具有一个或多个输出,这些输出与输入之间存在某种特定的关系。

求解一个问题的算法通常有多种,如同条条大路通罗马。算法的优劣从以下几个方面来考量。

- 正确性。在合理的数据输入下,能够在有限的运行时间内得到正确的结果。
- 可读性。算法应当思路清晰、层次分明、简单明了、易读易懂。
- 健壮性。当输入数据非法时,能适当地做出正确反应或进行相应处理,而不产生莫名其妙的结果。
- 高效性。有较高的时间效率并能有效使用存储空间。

1.4.2 算法描述

算法是解决问题的步骤,**算法描述用于给出算法步骤**。常用的描述算法的方法有自然语言、流程图、程序设计语言和伪代码等,它们各有优缺点,可适用于不同场合。下面以求 $1 \sim n$ 的自然数的和(即求 $1+2+3+\cdots+n$)为例呈现各种算法描述方法并分析各自特点。

1. 自然语言描述

step 1. 将 sum(存储和)赋初值 0,将第一个被加数 1 赋值给 k。

step 2. 当 k 小于或等于 n 时,重复下列操作:

2.1 把 k 加到 sum 里;

2.2 k 加 1。

step 3. 输出 sum。

---

① 算法的中文名称出自约公元前 1 世纪的《周髀算经》,勾股定理即出自该书;算法英文名称来自波斯数学家阿勒·霍瓦里松(Al Khowarizmi)在公元 825 年左右写的一本影响深远的《代数对话录》。科技殿堂里陈列着两颗熠熠生辉的宝石:一颗是微积分,另一颗就是算法。微积分以及在微积分基础上建立起来的数学分析体系成就了现代科学,而算法则成就了现代世界(David Berlinski,2000)。

② 算法的有穷性不是纯数学的,而是指在实际应用中是合理的、可接受的。

用自然语言描述算法，其最大的优点是无须专门学习语言，书写方便，容易理解。缺点是容易出现二义性，并且算法描述比较冗长。

2. 流程图描述

求 $1\sim n$ 的自然数的和的流程图如图 1-16 所示。

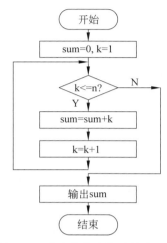

图 1-16　求自然数和算法的流程图

流程图的优点是直观易懂。缺点是严密性不如程序设计语言，灵活性不如自然语言。它适用于小问题或问题中某个局部求解方法的表述。

3. 程序设计语言

求 $1\sim n$ 的自然数的和的程序如下：

```
0   int sum(int n)                      //求 n 个自然数的和
1   {  int sum=0;                       //累计和初值,为 0
2      int k=1;
3      while(k<=n)
4         sum=sum+k++;                  //累加
5      return sum;                      //返回和
6   }
```

用程序设计语言描述的算法的优点是能由计算机直接执行。缺点包括：①抽象。算法设计者为了使其能够直接在计算机上运行，进行算法描述时会拘泥于程序语法上的具体细节，从而掩盖算法的逻辑性；②要求算法设计者掌握程序设计语言及其编程技巧。

4. 伪码描述

伪代码（简称伪码）介于自然语言和程序设计语言之间，以编程语言的形式指明算法职能。它包含赋值语句并具有程序的主要结构，容易以任何一种编程语言（Pascal、C、Java 等）实现。伪码算法描述通常带有标号，以方便理解工作步骤和算法分析。操作指令可以结合自然语言来设计，至于算法中自然语言的成分有多少，取决于算法的抽象级别。抽象级别低的伪码自然语言多一些,抽象级别高的伪码程序设计语言的语句多一些。
下面给出"求 1～n 的自然数的和"算法的两种伪码描述。

不同抽象级别的伪码如下所示:

伪码描述一	伪码描述二
输入:自然数 n 输出:1～n 连续的 n 个自然数的和 1. sum←0, k←1; 2. 循环直到 k>n 　2.1 sum←sum+k; 　2.2 k←k+1; 3. return sum;	输入:自然数 n 输出:1～n 连续的 n 个自然数的和 1. sum←0,k←1; 2. while k≤n do 3.　 sum←sum+k; 4.　 k←k+1; 5. end 6. return sum;

伪码具有下列优点:

- 伪码不依赖于某特定语言,是便于理解的代码。
- 伪码的主要目标是解释程序的每一行应该做什么,基于伪码更容易构建源代码。
- 伪码可以充当程序与算法或流程图之间的桥梁,通过它可以很容易地理解一个开发人员的程序。

类语言是一种伪码,它采用某程序设计语言的基本语法(如 C++),以函数的形式描述算法。为方便算法描述,可以不受该语言语法的严格约束,如变量无须声明即可直接使用、用 a←→b 表示两个变量值互换等。因此,相比于程序,伪码使算法描述简明清晰,既不拘泥于完全遵守(C++)语言的语法规则和实现细节,又容易转换为 C++ 程序。

"求 1～n 的自然数的和"类 C++ 语言算法描述如下:

```
0    int sum(n)
1    {
2        sum=0;          //无须声明即可直接使用
3        k=1;
4        while(k<=n)
5            {sum+=k; k++;}
6        return sum;
7    }
```

本书的算法综合考虑了对计算机相关专业学生的专业要求、算法到程序转变容易程度及大一的学习基础等原因,采用类 C++ 伪码描述方式。

1.4.3　算法性能分析

算法性能分析指算法的复杂性分析[①],包括两方面内容:时间性能和空间性能。采用

[①]　算法的时间复杂度分析最初因克努思在其经典著作《计算机程序设计艺术》中使用而流行,大 O 记号也是克努思在这本书中提倡的。

的分析工具是渐近复杂度(asymptotic complexity)中的算符 O[①]。

1. 度量工具 O

定义 1-1　如果存在两个正的常数 c 和 n_0,对于任意 $n \geqslant n_0$,都有

$$f(n) \leqslant c \times g(n)$$

则称 $f(n)$ 的渐近上界是 $g(n)$,记作 $f(n) = O(g(n))$,称为大 O 记号。

该定义表明函数 $f(n)$ 和 $g(n)$ 具有相同的增长趋势,并且 $f(n)$ 的增长至多趋同于函数 $g(n)$ 的增长(如图 1-17 所示)。

图 1-17　大 O 记号的含义

定理 1-1　若 $A(n) = a_m n^m + a_{m-1} n^{m-1} + \cdots + a_1 n + a_0$ 是一个 m 次多项式,则 $A(n) = O(n^m)$。

根据定理 1-1,若 $T(n) = 2.7n^3 + 3.8n^2 + 5.3$,则 $T(n) = O(n^3)$。

定理 1-1 说明,在计算任何算法的渐近复杂度时,可以忽略所有低次幂和最高次幂的系数,这样能够简化算法分析,并且使注意力集中在最重要的增长率上。

常见的渐进复杂度包括:

常量阶 $O(1)$　线性阶 $O(n)$　平方阶 $O(n^2)$　对数阶 $O(\log_2 n)$　指数阶 $O(2^n)$

由图 1-18 可知,增长率大小关系为

$$O(1) < O(\log_2 n) < O(n) < O(n \log_2 n) < O(n^2) < O(n^3) < O(2^n)$$

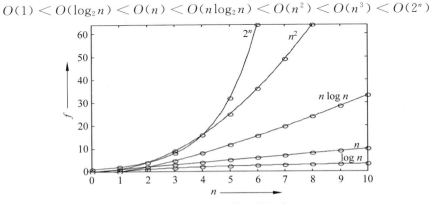

图 1-18　常见函数的增长率

---

① O 是渐近上界。算法分析中还有其他符号,如 Ω 符号是渐近下界、Θ 符号是渐近确界。

2. 算法效率度量方法

算法效能分析方法分为事后统计法和事前分析估算法。事后统计法是在算法实现后,通过运行程序测算其时间和空间开销。该方法的缺点是:①编写程序实现算法将花费较多的时间和精力;②所得实验结果依赖于计算机软、硬件等环境因素,有时容易掩盖算法本身的优劣。通常采用事前分析估算法,即不实现算法,就算法策略本身进行效能分析。通过计算算法的渐近复杂度来衡量算法的效率。

3. 算法的时间复杂度

算法的时间复杂度(time complexity)用于度量算法的时间性能。与算法执行时间相关的因素包括:

① 算法选用的策略,即解决问题的方法。

② 问题的规模,指处理的数据量。

③ 选用的程序设计语言。一般而言,编程语言级别越高,执行效率就越低。

④ 编译程序所产生的机器代码质量。相同程序结构下,编译后的目标代码量越多,算法所需的时间相应也越多。

⑤ 机器执行指令的速度。相同代码情况下,机器越快,算法执行时间越短。

撇开与算法实现的计算机软、硬件相关的因素③、④、⑤,采用事前分析方法时,只需要考虑因素①和②,可以认为**一个特定算法"运行工作量"的大小只依赖于问题的规模**。

一个算法所耗费的**时间**=**算法中每条语句的执行时间之和**,而**每条语句的执行时间**=**语句的执行次数(即频度)×语句执行一次所需时间**。算法转换为程序后,每条语句执行一次所需的时间取决于机器的指令性能、速度以及编译所产生的代码质量等难以确定的因素。若要独立于机器的软、硬件系统来分析算法的时间耗费,则可设每条语句执行一次所需的时间均是单位时间。**一个算法的时间耗费就是该算法中所有语句的频度之和,它是问题规模 n 的函数**,记为 $T(n)$。

以"求 $1\sim n$ 的自然数的和"类 C++ 语言算法描述为例,各语句执行次数如图 1-19 所示。

总的语句频度为 $T(n)=1+1+n+1+n+n+1=3n+4$。

算法描述		语句频度分析
0	int sum(n)	
1	{	
2	sum=0;	
3	k=1;	
4	while(k<=n)	
5	{	
6	sum+=k;	
7	k++;	
8	}	
9	return sum;	
10	}	

语句编号	2	3	4	6	7	9
执行次数	1	1	$n+1$	n	n	1

图 1-19　各语句执行次数

$T(n)$ 的渐近上界称为算法的时间复杂度,它表示算法所需时间随问题规模 n 的增长趋势。对于上述"求 $1\sim n$ 的自然数的和"算法,$T(n)=3n+4=O(n)$,即算法的时间复杂度为 $O(n)$,线性阶。

因输入的不确定性,算法语句频度有的可以直接计算出来(如上例),有的不可以。不同的算法策略有不同的分析方法。下面通过示例介绍最常用到的 4 种分析方法。

(1) 直接计算

直接计算指可以由算法描述直接计算出整个算法的语句频度,如上例中"求 n 个自然数的和"。下面再举两例,一个为常量阶,另一个为平方阶。

【例 1-2】 下列算法为符号函数,分析其时间复杂度。

```
0   int Judge(int x)              //符号函数。大于 0、小于 0 或等于 0,分
1   {                             //别返回 1、-1 或 0
2       if(x>0)                   //1.大于 0
3           flag=1;               //标志为 1
4       else if(x<0)              //2.小于 0
5           flag=-1;              //标志为-1
6       else                      //3.等于 0
7           flag=0;               //标志为 0
8       return flag;              //4.返回标志
9   }
```

【解】 该算法与问题规模无关,记为 $T(n)=O(1)$,常量阶[①]。

【例 1-3】 语句序列如下,分析其时间复杂度。

```
0   for(j=1;j<=n;++j)
1       for(k=1;k<=n;++k)
2           {++x; s+=x; }
```

【解】 语句 0、1、2 的频度分别为 $n+1$、$n(n+1)$ 和 $2\times n\times n$,由定理 1-1 可知,仅分析语句 2 的增长率即可,算法的时间复杂度为 $T(n)=2n^2=O(n^2)$,平方阶。

(2) 通过方程求解

通过方程求解指语句的频度不能直接计算出来,但通过分析算法执行中须满足的条件(如循环条件)得到与频度计算相关的方程,通过求解方程可得相关语句的频度。

【例 1-4】 语句序列如下,分析其时间复杂度。

```
0   i=1;
1   while(i<=n)
2       i=i*2;
```

【解】 在该语句序列中,循环变量在循环体中发生了改变,循环次数不能直接计算

---

① 只要 $T(n)$ 不是问题规模 n 的函数,而是一个常数,其时间复杂度均为 $O(1)$。

出来。

　　设循环次数为 $f(n)$，则 $i=2^{f(n)}$，由循环条件可知 $2^{f(n)}\leqslant n$，则有 $f(n)\leqslant\log_2 n$，根据渐近上界定义可知 $O(f(n))=O(\log_2 n)$，因此，该语句序列的时间复杂度为 $O(\log_2 n)$，对数阶。

　　（3）等概率分析

　　有的算法其语句的执行频度与处理的数据序列有关。如果能够穷尽所有可能，则可以**在假设每一种情况发生的概率相同的条件下进行分析**，这称为**等概率条件下的分析**。

　　【例 1-5】　下列算法是在一维数组 $a[n]$ 中查找值为 k 的元素。如找到，返回其下标；未找到，返回 -1。

```
0   int find_e(int a[], int n, int k)
1   {
2       for(i=0;i<n,i++)
3           if(a[i]==k)          //找到
4               return i;
5       return -1;               //未找到
6   }
```

　　【解】　该算法查找的思路是从首元素开始顺序查找。

　　算法中频度最高且为主要操作的是语句 3“数据比较”，但该语句的执行次数取决于找哪个元素。如果找的是第 1 个元素，需要比较 1 次；如果要找的是第 i 个元素，则需要比较 i 次。设第 i 个元素被找到的概率为 p_i，找到需比较的次数为 c_i。如果每个元素被找到的概率 p_i 相同，即 $p_i=1/n$，则平均比较次数为

$$f(n)=\sum_{i=1}^{n}p_i c_i=\frac{1}{n}\sum_{i=1}^{n}i=\frac{n+1}{2}$$

由此可得，顺序查找的时间复杂度为 $O(n)$。

　　（4）最坏情况分析

　　等概率方法只能用于可穷尽所有情况的场景，当无法穷尽所有可能的情况时，需要选用最坏情况来分析。

　　【例 1-6】　设有交换标志的冒泡排序算法描述如下，分析其时间复杂度。

```
0    void sort(int a [ ], int n)                        //冒泡排序
1    {
2      for(i=1, exchange=true; exchange &&i<n;i++)       //至多 n-1 趟
3      {
4        exchange=false;                                 //每一趟交换标志初值为 false
5        for(j=0; j<n-i; j++)                            //从第一个数开始相邻两数两两比较
6          if(a[j]>a[j+1])                               //如果相邻数为逆序
7          {
8            a[j]←→a[j+1];                               //两两互换
9            exchange=true;                              //设置交换标志为 true
10         }
11       }
12   }
```

【解】 如果初始序列为正序,只需要一趟两两比较,共比较 $n-1$ 次,无数据交换。时间复杂度为 $O(n)$。

如果初始序列为逆序,需要进行 $n-1$ 趟,第 i 趟需要比较 $n-i$ 次,发生 $n-i$ 次数据互换。因此,语句的频率 $T(n) \leqslant k \cdot (n-1+n-2+\cdots+2+1) = k \cdot \dfrac{n \cdot (n-1)}{2}$,冒泡排序的时间复杂度为 $O(n^2)$。

上面通过示例介绍了常见的几种算法分析方法,但这些并不是全部,实际中会有更复杂的情况(如递归程序),需要具体问题具体分析。

4. 算法的空间复杂度

算法的空间复杂度(space complexity)用于度量算法的空间性能,即算法运行时对内存的需求情况。与算法运行所需空间相关的因素有以下 3 个:

① 程序本身所需空间;

② 输入数据所需空间;

③ 辅助存储所需空间。

程序本身所需空间是有限的,输入数据取决于问题本身,与算法无关。因此,算法所需空间性能分析只考虑第③点。

算法空间复杂度是指算法的执行过程中需要的辅助空间数量随问题规模增长的增长趋势,记为 $S(n) = O(f(n))$。

若额外空间相对于输入数据量来说是常数,则称此算法为原地工作。例如上述冒泡排序,只需要一个数据元素大小的空间用于数据元素互换,因此是原地工作,空间复杂度为 $O(1)$。

【例 1-7】 分析下列递归算法的空间复杂度。

```
0   void PrintN(int n)          //输出 n 个自然数
1   { if(n)
2       { PrintN(n-1);
3         cout<<n; }
4       return;
5   }
```

【解】 递归程序每一次递归需要保留断点和中间结果,所需总的额外空间与递归次数成正比。上述算法实现 $1\sim n$ 的自然数的输出,共递归 n 次,因此空间复杂度为 $O(n)$。

如果所需额外空间依赖于特定的输入,则除特别指明外,均按最坏情况来分析。

1.5　小结

1. 本章知识要点

本章知识要点如图 1-20 所示。

图 1-20 本章知识要点

2. 本章示例与应用

本章示例与应用如图 1-21 所示。

图 1-21 本章示例与应用

习题 1

一、填空题

1. 数据的基本单位是(　　　),通常对应现实世界的一个实体。

2. 逻辑结构是根据(　　　)来划分的,典型的逻辑结构有(　　　)、(　　　)、(　　　)和(　　　)。

3. 存储结构指(　　　),两种基本的存储结构是(　　　)和(　　　)。无论哪种存储结构,都要存储两方面的内容:(　　　)和(　　　)。

4. 好的算法有 4 方面的要求,即(　　　)、(　　　)、(　　　)和(　　　)。

5. 算法有 5 个特性,分别是(　　　)、(　　　)、(　　　)、(　　　)和(　　　)。

6. 算法的描述方法有(　　　)、(　　　)、(　　　)和(　　　)四种,类语言描述属于其中的（　　　）。

7. 算法的效率度量包括两个方面,分别是（　　　）和（　　　）。

8. 运算符 O 表示（　　　）,用它度量算法效率的两个方面,分别称为（　　　）和（　　　）。

9. 抽象数据类型的三要素分别是（　　　）、（　　　）和（　　　）。

二、简答题

1. 有下列几种二元组表示的数据结构,试画出它们分别对应的图形表示并指出它们分别属于何种结构。

（1）$A=(D,R)$,其中,$D=\{a_1,a_2,a_3,a_4\}$,$R=\{\}$。

（2）$B=(D,R)$,其中,$D=\{a,b,c,d,e\}$,$R=\{(a,b),(b,c),(c,d),(d,e)\}$。

（3）$C=(D,R)$,其中,$D=\{a,b,c,d,e,f,g\}$,$R=\{(d,b),(d,g),(b,a),(b,c),(g,e),(e,f)\}$。

（4）$K=(D,R)$,其中,$D=\{1,2,3,4,5,6\}$,$R=\{<1,2>,<2,3>,<2,4>,<3,4>,<3,5>,<3,6>,<4,5>,<4,6>\}$。

2. 将下列函数按它们在 $n\rightarrow\infty$ 时从小到大排序。

n,$n-n^3+7n^5$,$n\log n$,$2^{n/2}$,n^3,$\log n$,$n^{1/2}$,$n^{1/2}+\log n$,$(3/2)^n$,$n!$,$n^2+\log n$

3. 当为某一问题选择数据结构时,应从哪些方面进行考虑?

4. 程序是算法吗?

5. 举例说明:一种逻辑结构可以选择不同的存储结构。

6. 举例说明:不同的逻辑结构可以选择同一种存储结构。

7. 分析下列算法的时间复杂度。

```
(1) void fun(int n)
    { x=0;y=0
     for(i=0; i<n; i++)
      for(j=0; j<n; j++)
       for(k=0; k<n; k++)
         x=x+y;
    }
```

```
(2) x=1;
    for(i=1;i<=n; i++)
     for(j=1; j<=i;j++)
       x++;
```

```
(3) i=1; k=0;
    while(i<=n)
    { k=k+2*i;
     i++;
    }
```

```
(4) void fun(int n)
    { y=0;
     while(y*y<=n)
       y++;
    }
```

三、算法设计题

1. 求一组整型数组 $A[n]$ 中的最大值和最小值。给出求解问题性能尽可能好的算法类语言描述。

2. 有 N 枚硬币,其中至多有一枚假币,假币偏轻。设用一架天平找出假币。分别给出 $N=6$ 和 $N=7$ 的算法的流程图描述,说明算法的时间复杂度和空间复杂度。

3. 假定一维整型数组 $a[n]$ 中的每个元素均在 $[0,200]$ 区间内,编写算法,分别统计落

在 $[0,20]$、$[21,50]$、$[51,80]$、$[81,130]$、$[131,200]$ 等各区间的元素个数。给出算法描述并分析算法的时间复杂度。

4. 求多项式 $f(x)$ 的算法可根据下列两个公式之一来设计。

(1) $f(x)=a_nx^n+a_{n-1}x^{n-1}+\cdots+a_1x+a_0$

(2) $f(x)=a_0+(a_1+(a_2+\cdots+a_{m-1}+a_mx)x\cdots x)x$，$n$ 层括号

分析两种思路算法的时间复杂度。

四、上机练习题

1. 常见算法时间函数的增长趋势分析。编写程序，对于集合 $\{2^4,2^6,2^7,2^8\}$ 中的每个整数，输出 $\log_2 n$、$\sqrt{n}$、$n\log_2 n$、n^2、n^3、2^n、$n!$ 的值。

2. 设计一个时间性能尽可能好的算法，求 $1!+2!+3!+\cdots+n!$，说明算法的时间复杂度。

3. 试编写一个函数计算 $n!\times 2^n$ 的值，结果存于数组 $a[N]$ 的第 n 个数组元素中，$0\leqslant n\leqslant N$。若计算过程中出现第 k 项 $k!\times 2^k$ 超出计算机表示范围，则按出错处理。给出下列三种方式的出错处理并记录处理结果。

(1) 用 exit(1) 语句；

(2) 用 return 0 和 return 1 区别正常和非正常返回；

(3) 在函数参数表中设置一个引用型变量来区别正常或非正常返回。

试讨论三种方法各自的优缺点。

第 2 章 线 性 表

CHAPTER

　　线性表是最简单、最基本、最常用的一种线性结构。数组、字符串、二维表均是线性表。

　　线性表可以采用顺序存储结构,也可以采用链式存储结构,它们分别具有不同特性,适用于不同场合。

　　本章讨论的问题有一定的普遍性,是本课程学习的重点和核心;本章讨论问题的方法有示范和引领作用,是其他后续章节的重要基础。

本章主要知识点

- 线性表的结构特性。
- 线性表的顺序存储实现。
- 线性表的链式存储实现。

本章教学目标

- 掌握线性表的结构特性与操作特性。
- 能够根据问题选择合理的存储结构。
- 熟练操作线性表。

2.1 线性表的定义

2.1.1 线性表的逻辑特性

　　线性表(linear list)**是由零个或多个具有相同类型的数据元素的有限序列组成的线性结构。** 非空线性表可表示为

$$L = (a_1, a_2, \cdots, a_i, \cdots, a_n) \tag{2-1}$$

其中,a_i 为线性表的第 i 个数据元素[①];n 为线性表数据元素的个数,称为**线性表的长度。** n 等于 0 时,为空表。

---

① 在线性表定义中,只要是非空表,每个数据元素有且仅有一个确定的位置。

5 个数据元素组成的线性表,其逻辑关系如图 2-1 所示。

图 2-1 线性表示意图

线性表的第一个元素(称为首元素或首元)**没有前驱**(predecessor),**最后一个元素** (称为尾元素或尾元)**没有后继**(successor),**其余元素有唯一前驱和唯一后继**。

一维数组从位序关系(即数组下标)上看,第一个元素没有前驱,最后一个元素没有后继,其余任何一个元素有唯一前驱和唯一后继,如图 2-2(a)所示。因此,**一维数组是线性表**。如果数组元素类型为字符型,就是字符串,如图 2-2(b)所示。因此,**字符串是线性表**。对于二维表,如果把反映每一个实体的一行数据作为一个数据元素,如图 2-2(c)所示,则二维表也是线性表。因此,**线性表是最常见且被普遍使用的逻辑结构**。

int A[5]

A[0]	A[1]	A[2]	A[3]	A[4]

(a) 一维数组

char S[5]= "good"

(b) 字符串

XH	XM	XB	CJ
1001	John	M	87
1002	Mary	F	78
2003	Alice	F	90
3001	Herry	M	80

(c) 二维数组

图 2-2 线性表示例[①]

2.1.2 线性表的抽象数据类型

线性表的抽象数据类型 List 定义如下。

```
ADT List {
数据对象: D={aᵢ|aᵢ∈ElementSet, i=1, 2, …, n, n≥0},其中,n 为表长;n=0 时,为空表。
数据关系: R={<aᵢ₋₁, aᵢ>| aᵢ₋₁, aᵢ∈D, i=2, …, n}
基本操作:
    InitList(&L)                        //初始化线性表
        操作功能:创建一个空的线性表 L。
        操作输出:创建成功,返回 true;不成功,退出。
```

---

① 表中 XH 表示学号、XM 表示姓名、XB 表示性别(其中 M 表示"女"和 F 表示"男")、CJ 表示成绩。

```
        CreateList(&L,n)                //创建表的 n 个元素
            操作功能：在线性表 L 中创建 n 个数据元素。
            操作输出：创建成功,返回 true;不成功,返回 false。
        DestroyList(&L)                 //销毁线性表
            操作功能：释放线性表 L 所占的存储空间。
            操作输出：无。
        GetElem_i(L,i,&e)               //按位序查找
            操作功能：获取线性表 L 第 i 个数据元素值 e。
            操作输出：找到,返回 true;未找到,返回 false。
        LocateElem_e(L,e)               //按值查找
            操作功能：在线性表 L 中查找值为 e 的元素。
            操作输出：找到,返回该元素的位序;未找到,返回 0。
        InsertElem_i(&L,i,e)            //按位序插入元素
            操作功能：在线性表 L 的第 i 个位置处插入一个值为 e 的新元素。
            操作输出：插入成功,返回 true;不成功,返回 false。
        DeleteElem_i(&L,i)              //按位序删除元素
            操作功能：删除线性表 L 的第 i 个元素。
            操作输出：删除成功,返回 true;不成功,返回 false。
        PutElem_i(&L,i,e)               //按位序修改元素值
            操作功能：把线性表 L 的第 i 个数据元素的值修改为 e。
            操作输出：修改成功,返回 true;不成功,返回 false。
        ClearList(&L)                   //清空表
            操作功能：把 L 变成空表。
            操作输出：无。
        ListLength(L)                   //测表长
            操作功能：求线性表 L 的长度。
            操作输出：表长。
        ListEmpty(L)                    //测表空
            操作功能：判断线性表 L 是否为空表。
            操作输出：空表,返回 true;非空表,返回 false。
        ListFull(L)                     //测表满
            操作功能：判断线性表 L 是否为满表。
            操作输出：满表,返回 true;非满表,返回 false。
        DispList(L)                     //遍历①输出表
            操作功能：按位置的先后次序输出线性表 L 中的各元素。
            操作输出：无。
    }ADT List
```

抽象数据类型中的基本操作通常为最小操作子集。其他操作可以由该操作集中的操作实现,例如：

```
        PriorElem_e(L,e,&pre_e)         //按值求前驱元素
```

---

① 依某种次序使结构中的数据元素被访问且仅被访问一次称为遍历(traverse)。不同的结构,其遍历方法不同。

操作功能：在线性表 L 中查找值为 e 的元素的前驱元素 pre_e。

操作输出：找到,返回 true;未找到,返回 false。

```
NextElem_e(L,e, &next_e)              //按值求后继元素
```
操作功能：在线性表 L 中查找值为 e 的元素的后继元素 next_e。

操作输出：找到,返回 true;未找到,返回 false。

```
AppendElem(&L,e)                      //添加元素
```
操作功能：在线性表 L 的表尾插入值为 e 的新元素。

操作输出：插入成功,返回 true;不成功,返回 false。

```
DeleteElem_e(&L,e)                    //按值删除元素
```
操作功能：删除线性表 L 中值为 e 的元素。

操作输出：删除成功,返回 true;不成功,返回 false。

【例 2-1】 用 ADT List 中已定义的基本操作实现按值求前驱元素的操作。

```
PriorElem_e(L,e,&pre_e)
```

【解】【算法思想】 用 LocateElem_e(L,e)查找值为 e 的元素的位序 k。当 k 大于 1 时,则前驱元素为第 $k-1$ 个元素,用 GetElem_i(L,i,&e)获取前驱元素;否则,前驱元素不存在。

算法描述与算法步骤如算法 2.1 所示。

算法 2.1 **【算法描述】**　　　　　　　　　　　　**【算法步骤】**

```
0   bool PriorElem_e(L,e,&pre_e)        //查找值为 e 的元素的前驱元素 pre_e
1   {
2       k=LocateElem_e(L,e);            //1.获取值为 e 的元素的位序
3       if(k>1)                         //2.找到,且有前驱元素
4       {
5           GetElem_i(L,k-1,pre_e);     //2.1 按位序查找前驱元素
6           return true;                //2.2 返回 true
7       }
8       else                            //3.未找到
9           return false;               //返回 false
10  }
```

根据问题域中操作的使用情况,频繁使用的可以放到 ADT 的基本操作集中。在具体的系统中,没有意义的操作需要删除,如链式存储的测表满操作 ListFull。因此,**抽象数据类型中**(例如 ADT List)**的基本操作集不是固定和一成不变的。**

2.2　顺序表

2.2.1　顺序表的定义

采用顺序存储结构的线性表称为**顺序表**(sequential list),即用一组连续的内存空间依次存放线性表的各元素,如图 2-3 所示。**顺序表用数据元素物理位置上的相邻表示数据元素逻辑上的相邻,因此不需要额外存储逻辑关系。**

图 2-3 顺序表示意图

顺序表具有如下特性。

1. 随机性

在顺序表中,因每个数据元素的长度 l 相同,由顺序存储的基址(即首元素的存储地址)$\mathrm{Loc}(a_1)$ 可知表中任何一个其他元素的存储位置,如第 i 个元素的存储地址 $\mathrm{Loc}(a_i)$ 为

$$\mathrm{Loc}(a_i) = \mathrm{Loc}(a_1) + (i-1) \times l$$

因此,可以根据位序访问表中任何一个数据元素,如同数组中用数组下标访问数组元素一样。这种**无须查找按位序可访问任意一个元素的特性被称为随机访问**(random access)**特性**。

2. 连续性

在顺序表中,数据元素必须依次存储在连续的内存空间中。因此,当在表中插入或删除元素时,需要将插入或删除点后的元素后移或前移。

插入操作如图 2-4 所示。当在第 i 个位置插入一个数据元素 e 时,需要将 $a_n \sim a_i$ 共 $n-i+1$ 个数据元素依次后移一个位序,把第 i 个位置让出来,才能插入新元素 e,表长增 1。

删除操作如图 2-5 所示。当删除第 i 个元素时,需要将 $a_{i+1} \sim a_n$ 共 $n-i$ 个元素依次前移一个位序,表示去掉一个元素,表长减 1。

图 2-4 在顺序表第 i 个位置插入元素

图 2-5 从顺序表中删除第 i 个元素

3. 有限性

连续的内存空间在申请之后不能在原基础上延扩。因此,**顺序表的可用空间是有限**的。当进行新元素插入时,需要考虑是否有剩余可用空间,**表满则不能插入新元素**。

2.2.2 顺序表的存储设计

连续内存空间申请方式有两种:①静态申请,类似数组定义;②动态申请,用 new 申请。

考虑到连续内存空间可用容量有限,内存的访问是基于"基址+偏移量"①。设置 3 个属性表示顺序表(基址 elem、容量 size 和表长 length),存储示意图如图 2-6 所示,存储结构定义如下。

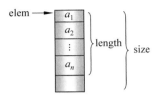

图 2-6　顺序表存储示意图

方式一：静态申请②

```
template<class DT>
struct SqList          //顺序表类型名
{ DT elem[size];       //elem 为基址,size 为表容量
  int length;          //表长,即表中数据元素个数
};
```

方式二：动态申请③

```
template<class DT>
struct SqList          //顺序表类型名
{  DT * elem;          //基址
   int size;           //表容量
   int length;         //表长,即表中数据元素个数
};
```

本书采用方式二。在上述存储定义中,利用模板机制表示广泛意义上的数据类型(DT)。在实际问题中,DT 可能是原子型(如 int、float、char 等),也可能是复合类型。

根据上述定义,下列语句的含义分别为：

SqList<DT>L 声明一个元素类型为 DT 的顺序表变量 L。

L.elem[i−1]表示顺序表 L 的第 i 个元素。

L.length 表示顺序表 L 的表长。当 L.length==0 时,为空表,不能删除元素。

L.size 表示顺序表 L 的表容量。当 L.length==L.size 时,为表满,不能插入新元素。

2.2.3　顺序表的操作及实现

根据 ADT List 中的基本操作定义设置操作参数类型和返回值后,顺序表的基本操

---

① 连续内存空间的起始地址称为基址,其他元素的地址为"基址+偏移量"。第 1 个元素偏移量为 0,第 2 个元素偏移量为 $1 \times$ 元素长度,第 i 个偏移量为 $(i−1) \times$ 元素长度。因此,顺序表中的访问称为"基于基址的访问"。这也可以侧面理解为什么数组的下标从 0 开始。

② 静态申请对应静态存储分配,指在编译时为变量分配内存,并且一经分配就始终占有固定的存储单元,直到该变量退出应用。

③ 动态申请对应动态存储分配,指在程序运行期执行申请内存命令后进行的分配,不需要时用相应的命令释放。

作对应的函数定义简述如表 2-1 所示。

表 2-1 顺序表的基本操作定义

序号	函 数 定 义	功 能 说 明
1	//初始化顺序表 bool InitList(<DT> &L,int m)	创建一个容量为 m 的空顺序表 L；创建成功，返回 true；不成功，退出
2	//创建顺序表 bool CreateList(<DT> &L,int n)	创建顺序表的 n 个元素。创建成功，返回 true；不成功，返回 false
3	//销毁顺序表 void DestroyList(<DT> &L)	释放顺序表 L 所占内存空间
4	//按位序查找 bool GetElem_i(<DT> L,int i,DT &e)	若 $0<i\leqslant$ 表长，获取顺序表 L 的第 i 个元素的值 e 并返回 true；否则，返回 false
5	//按值查找 int LocateElem_e(<DT> L,DT e)	若顺序表 L 中有值为 e 的元素，返回该元素的序号；不存在，返回 0
6	//按位序插入新元素 bool InsertElem_i(<DT> &L,int i,DT e)	在顺序表 L 的第 i 个位置插入一个值为 e 的元素。插入成功，返回 true；不成功，返回 false
7	//按位序删除元素 bool DeleteELem_i(<DT> &L,int i)	删除顺序表 L 的第 i 个数据元素。删除成功，返回 true；不成功，返回 false
8	//按位序修改元素值 bool PutElem_i(<DT> &L,int i,DT e)	把线性表 L 的第 i 个数据元素的值修改为 e。修改成功，返回 true；否则，返回 false
9	//清空顺序表 void ClearList(&L)	把顺序表变成空表
10	//测表长 int ListLength(<DT> L)	求顺序表 L 的长度，即表中元素个数
11	//测表空 bool ListEmpty(<DT> L)	判断顺序表 L 是否为空表。空表，返回 true；非空表，返回 false
12	//测表满 bool ListFull(<DT> L)	判断顺序表 L 是否表满。满表，返回 true；非满表，返回 false
13	//遍历输出表 void DispList(<DT> L)	遍历输出顺序表 L 各元素

下面逐一介绍各操作的算法设计。

1. 初始化顺序表

【算法思想】 初始化顺序表是指创建一个空的顺序表。首先，申请一组连续的内存空间，用来存放线性表。申请到的内存空间首址为顺序表的基址；申请的容量为表容量。新表为空表，表长设为 0。

算法描述与算法步骤如算法 2.2 所示。

算法 2.2　【算法描述】　　　　　　　　　　　　　　　　【算法步骤】

```
0  template<class DT>
1  bool InitSqList(SqList<DT>&L,int m)      //创建容量为 m 的空顺序表
2  {
3    L.elem=new DT[m];                      //1.申请一组连续的内存空间
4    if(!L.elem) exit(1);                   //申请失败,退出
5    L.length=0;                            //2.申请成功,为表属性赋值
6    L.size=m;
7    return true;                           //3.返回 true
8  }
```

2. 创建顺序表

【算法思想】　依次创建表的 n 个数据元素,表长为 n。

算法描述与算法步骤如算法 2.3 所示。

算法 2.3　【算法描述】　　　　　　　　　　　　　　　　【算法步骤】

```
0  template<class DT>
1  bool CreateSqList(SqList<DT>&L,int n)    //创建 n 个数据元素
2  { if(n>L.size)                           //1.n 大于表容量,不能创建
3      return false;
4    for(i=1; i<=n; i++)                    //2.依次输入 n 个数据
5      cin>>L.elem[i-1];                    //元素值
6    L.length=n;                            //3.表长为 n
7    return true;
8  }
```

3. 销毁顺序表

【算法思想】　销毁顺序表,即释放顺序表所占内存。对应 new 申请内存空间命令,用 delete 释放顺序表 L 所占内存空间;置表长为 0,表容量为 0。

算法描述与算法步骤如算法 2.4 所示。

算法 2.4　【算法描述】　　　　　　　　　　　　　　　　【算法步骤】

```
0  template<class DT>
1  void DestroyList(SqList<DT>&L)           //销毁顺序表
2  {
3    delete []L.elem;                       //1.释放顺序表占用的内存空间
4    L.length=0;                            //2.为表属性赋值
5    L.size=0;
6  }
```

4. 按位序查找

【算法思想】　顺序表 L 的第 i 个数据元素为 L.elem$[i-1]$,当 i 取值合理时,即 $0<$

$i \leqslant$ L.length,获取该元素值给 e。

算法描述与算法步骤如算法 2.5 所示。

算法 2.5 【算法描述】 　　　　　　　　　　　　　　**【算法步骤】**

```
0   template<class DT>
1   bool GetElem_i(SqList<DT>L,int i,DT &e)      //获取第 i 个元素值 e
2   {
3       if(i<1 ‖ i>L.length)                     //1.i 不合理,元素不
4           return false;                        //存在,返回 false
5       e=L.elem[i-1];                           //2.获取第 i 个元素值
6       return true;                             //3.查找成功返回 true
7   }
```

【算法分析】 顺序表可按位序访问数据元素,算法的时间复杂度为 $O(1)$。

5. 按值查找

【算法思想】 从表首到表尾顺序把元素值与 e 比较。发现第一个相等的为找到,返回该元素在表中的位序;没有相等的表示未找到,返回 0。

算法描述与算法步骤如算法 2.6 所示。

算法 2.6 【算法描述】 　　　　　　　　　　　　　　**【算法步骤】**

```
0   template<class DT>
1   int LocateElem_e(SqList<DT>L,DT e)            //在顺序表 L 中查找值为 e 的元素
2   {
3     for(i=0;i<L.length;i++)                     //1.从首元开始依次与 e 比较
4       if(L.elem[i]==e)                          //2.找到停止比较,返回该元
5           return i+1;                           //素在顺序表中的序号
6     return 0;                                   //3.未找到,返回 0
7   }
```

【算法分析】 等概率条件下,找到的平均比较次数为 $(n+1)/2$,算法的时间复杂度为 $O(n)$(分析见第 1 章例 1-5)。

6. 按位序插入元素

【算法思想】 表满,不能插入;如果 $i<1$ 或 $i>$ L.length$+1$,插入位置 i 不合理,不能插入;否则,把 $a_n \sim a_i$ 共 $n-i+1$ 个数据元素依次后移一个位序,给第 i 个元素赋值,表长增 1。

算法步骤和算法描述如算法 2.7 所示。

算法 2.7 【算法描述】 　　　　　　　　　　　　　　**【算法步骤】**

```
0   template<class DT>
1   bool InsertElem_i(SqList<DT> &L,int i,DT e)      //在顺序表 L 的第 i 个位置插入
```

		//值为 e 的新元素
2	{	
3	if(L.length>=L.size)	//1.表满
4	return false;	//不能插入,返回 false
5	if(i<1||i>L.length+1)	//2.插入位置不合理
6	return false;	//不能插入,返回 false
7	for(j=L.length;j>=i;j--)	//3.$a_n \sim a_i$ 依次后移
8	L.elem[j]=L.elem[j-1];	
9	L.elem[i-1]=e;	//4.第 i 个元素赋值 e
10	L.length++;	//5.表长增 1
11	return true;	//6.插入成功,返回 true
12	}	

【算法分析】 该算法的主要时间花在元素的移动上。在第 i 个位置插入元素,需要移动的元素个数为 $n-i+1$。可能的插入位置为 $1 \sim n+1$,即首元前($i=1$ 时)至尾元后($i=n+1$ 时)共 $n+1$ 个可能位置。设在第 i 个位置上插入元素的概率为 p_i,在长度为 n 的线性表中插入一个元素所需移动元素次数的期望值(平均次数)为

$$E_{in} = \sum_{i=1}^{n+1} p_i(n-i+1) \tag{2-2}$$

等概率条件下,即设每一个位置上插入的概率一样,$p_i = 1/(n+1)$,则

$$E_{in} = \frac{1}{n+1} \sum_{i=1}^{n+1} (n-i+1) = \frac{n}{2} \tag{2-3}$$

因此,如果在顺序表上执行插入操作,等概率情况下,平均要移动表中一半的元素,算法的时间复杂度为 $O(n)$。

7. 按位序删除元素

【算法思想】 空表,不能删除;如果 $i<1$ 或 $i>$length,删除位置不合理,不能删除;否则,$a_{i+1} \sim a_n$ 共 $n-i$ 个元素,依次前移一个位序,表长减 1。

算法描述与算法步骤如算法 2.8 所示。

算法 2.8   【算法描述】   【算法步骤】

0	template< class DT>	
1	bool DeleteELem_i(SqList<DT>&L, int i)	//删除顺序表 L 的第 i 个元素
2	{	
3	if(L.length==0)	//1.表空,不能删除
4	return false;	//返回 false
5	if(i<1 || i>L.length)	//2.删除位置不合理
6	return false;	//不能删除,返回 false
7	for(j=i;j<L.length;j++)	//3.$a_i \sim a_n$ 依次前移一个位序
8	L.elem[j-1]=L.elem[j];	
9	L.length--;	//4.表长减 1
10	return true;	//5.删除成功,返回 true
11	}	

【算法分析】 该算法的主要时间与按位序插入算法一样,也是花在元素移动上。不同的是元素前移且删除第 i 个元素,需要移动的元素个数为 $n-i$ 个,可能删除的位置为 $1\sim n$,共 n 个。

假设 q_i 是删除第 i 个元素的概率,等概率条件下,即设每个元素被删除的概率一样,则 $q_i = \dfrac{1}{n}$。在长度为 n 的线性表中删除一个元素所需移动元素次数的期望值(平均次数)为

$$E_{\text{in}} = \sum_{i=1}^{n} q_i (n-i) = \frac{1}{n} \sum_{i=1}^{n} (n-i) = \frac{n-1}{2} \tag{2-4}$$

因此,等概率情况下,在顺序表上删除第 i 个元素,平均要移动约表中一半的元素,算法的时间复杂度为 $O(n)$。

8. 按位序修改元素值

【算法思想】 如果 $0 < i \leqslant$ 表长,通过重新赋值 L.elem[i-1]=e 即可。

按位序修改元素的算法描述与算法步骤如算法 2.9 所示。

算法 2.9 【算法描述】　　　　　　　　　　　　　　　【算法步骤】

```
0   template<class DT>
1   bool PutElem_i(SqList<DT>&L, int i, DT e)    //修改顺序表 L 第 i 个元素值
2   {
3       if(i<1‖i>L.length)                        //1.i 不合理,不能修改
4           return false;                          //返回 false
5       L.elem[i-1]=e;                             //2.修改第 i 个元素值
6       return true;                               //3.修改成功,返回 true
7   }
```

【算法分析】 顺序表可以按位序找到元素。因此,该操作的时间复杂度为 $O(1)$。

9. 清空顺序表

【算法思想】 置 L.length 为 0 即可。

【算法描述】 略。

10. 测表长

【算法思想】 返回 L.length 的值。

【算法描述】 略。

11. 测表空

【算法思想】 当 L.length==0 时,为表空,返回 true;否则,返回 false。

【算法描述】 略。

12. 测表满

【算法思想】 当 L.length==L.size 时,为表满,返回 true;否则,返回 false。

【算法描述】 略。

13. 遍历输出表

【算法思想】 访问线性表中每一个元素且每个元素仅被访问一次称为遍历 (traverse)。遍历输出即输出各元素。

算法描述与算法步骤如算法 2.10 所示。

算法 2.10 【算法描述】 　　　　　　　　　　　　　　　　【算法步骤】

```
0   template<class DT>
1   void DispList(SqList<DT> L)              //依次输出顺序表各元素
2   {
3     for(i=0;i<L.length; i++)              //从首元素开始直至最后一个元素
4       cout<<L.elem[i];                    //依次输出各元素
5     return;
6   }
```

【算法分析】 因为依次访问表中所有元素,所以算法的渐近时间复杂度显然为 $O(n)$。

顺序表的基本操作实现对顺序表的增、删、改、查、建与毁。利用这些基本操作,还可以解决更复杂的问题。

【应用 2-1】 分别用两个顺序表表示集合 A 与 B,设集合元素类型为整型。设计算法,用基本操作实现两个集合的并: $A = A \cup B$。

【解】 设用顺序表 La、Lb 分别表示集合 A、B。求两个集合的并集,即扩大线性表 La,将存在于线性表 Lb 中而不存在于线性表 La 中的数据元素加入线性表 La 中。

【算法思想】 用"按位序查找操作"依次获取 Lb 中的每一个元素 e;对每一个 e,用"按值查找操作"在 La 中查找,如果没有,将其添加到 La 中。

算法描述与算法步骤如算法 2.11 所示。

算法 2.11 【算法描述】 　　　　　　　　　　　　　　　　【算法步骤】

```
0    void union(SqList<int>&La,SqList<int>Lb)   //用顺序表 La、Lb 分别存储集合 A、B
1    {
2        for(i=1;i<=Lb.length;i++)              //对 Lb 的每一个元素
3        {
4        GetElem_i(Lb,i,e);                      //1.获取元素值 e
5        if(!LocateElem_e(La,e))                 //2.La 中无值为 e 的元素
6           { k=La.length+1;                     //e 插入 La 的表尾
7               InsertElem_i(La,k,e);
8           }
9        }
10   }
```

2.2.4　顺序表应用举例

顺序表具有随机性、连续性和有限性,对顺序表的操作一定要充分利用第一特性,满

足第二、第三特性。

【应用 2-2】　设数据元素类型为整型,设计顺序表逆置算法。

【解】　线性表逆置,即把元素的顺序由 $(a_1, a_2, \cdots, a_{n-1}, a_n)$ 变成 $(a_n, a_{n-1}, \cdots, a_2, a_1)$。最简单的方法就是把正数第 i 个位置上的元素与倒数第 i 个位置上的元素互换,即 $a_1 \longleftrightarrow a_n, a_2 \longleftrightarrow a_{n-1}, \cdots, a_{\lfloor n/2 \rfloor} \longleftrightarrow a_{n-\lfloor n/2 \rfloor+1}$,如图 2-7 所示。

【算法思想】　i 从 0 开始至 $\lfloor n/2 \rfloor - 1$,L.elem[i] $\longleftrightarrow$ L.elem[L.length$-i-1$]

算法描述与算法步骤如算法 2.12 所示。

算法 2.12　【算法描述】　　　　　　　　　　　　　　【算法步骤】

0	void ReverseSqList(Sqlist<int>&L)	//顺序表逆置,DT 为数据
1	{	//元素类型
2	if(L.length==0 or L.length==1)	//1.空表或长度为 1
3	return;	//无须操作
4	for(i=0; i<L.length/2; i++)	//2.首、尾对应位置上的
5	L.elem[i]←→L.elem[L.length-i-1];	//元素互换
6	return	
7	}	

【算法分析】　发生元素互换的次数为 $\lfloor \text{L.length}/2 \rfloor$。因此,算法的渐近时间复杂度为 $O(n)$。元素互换需要一个元素的辅助空间,渐近空间复杂度为 $O(1)$。

【算法讨论】　如果借助另一个顺序表 L2,把原表中数据从尾部开始逆序依次取出,从头部开始顺序存入 L2 中,最后销毁原表,也可以实现顺序表逆置,如图 2-8 所示。分析该算法的时间、空间性能。

图 2-7　顺序表就地逆置

图 2-8　借助辅助表逆置

【应用 2-3】　两个一元多项式如下,求它们的和。

$$f_a(x) = a_0 + a_1 x + a_2 x^2 + a_3 x^3 + \cdots + a_m x^m$$
$$f_b(x) = b_0 + b_1 x + b_2 x^2 + b_3 x^3 + \cdots + b_n x^n$$

【解】【算法思想】　多项式求和,是同幂项的系数相加。设和多项式为 $f_c(x)$,则 $f_c(x) = c_0 + c_1 x + c_2 x^2 + c_3 x^3 + \cdots + c_i x^i + \cdots$,其中 c_i 为系数。

当 $i \leqslant m$ 且 $i \leqslant n$ 时,$c_i = a_i + b_i$。

当 $m > n$ 且 $i > n$ 时,$c_i = a_i$。

当 $m < n$ 且 $i > m$ 时,$c_i = b_i$。

【存储设计】　根据指数幂为连续的自然数,可以用顺序表存储系数,系数的存储位序隐射幂指数(如图 2-9 所示)。

图 2-9　多项式存储示意图

【算法设计】　设顺序表 la、lb、lc 分别表示多项式 $f_a(x)$、$f_b(x)$、$f_c(x)$。求和多项式 f_c 的各项,分以下三种情况:

case 1:i<=m && i<=n,lc.elem[i]=la.elem[i]+lb.elem[i]。

case 2:m>n && i>n,lc.elem[i]=la.elem[i]。

case 3:m<n && i>m,lc.elem[i]=lb.elem[i]。

算法描述与算法步骤如算法 2.13 所示。

算法 2.13　　**【算法描述】**　　　　　　　　　　　　**【算法步骤】**

```
0    void PolyAdd(SqList<float>la,        //求 lc=la+lb
       SqList<float>lb, SqList<float>&lc)
1    {
2      i=0;                               //1.设置处理起始位置
3      while(i<la.length && i<lb.length)  //2.两个多项式均未处理完
4      {
5        lc.elem[i]=la.elem[i]+lb.elem[i]; //对应位序上的值相加
6        i++;                             //处理下一项
7      }
8      if(la.length>lb.length)            //3.lb 处理完
9      {
10       while(i<la.length)               //lc 取 la 剩余的对应位
11       {                                //上的元素
12         lc.elem[i]=la.elem[i];
13         i++;
14       }
15     }
16     else                               //4.la 处理完
17     {while(i<lb.length)                //lc 取 lb 剩余的对应位
18        {lc.elem[i]=lb.elem[i];         //上的元素
19          i++;
20        }
21     }
22   }
```

【算法分析】　求多项式的和需要扫描两个多项式。因此算法的渐近时间复杂度为 $O(\max(m+n))$。

【算法讨论】　如果多项式为稀疏多项式，例如 $f(x)=1+10x^{50}+5x^{200}$，该算法适用吗？从时间、空间性能两方面进行考虑。

2.3　链表

采用链式存储结构的线性表统称为链表（linked list）。链式存储的线性表中逻辑上相邻的元素，其物理位置不一定相邻。因此，**链式存储的线性表不能用位序映射元素之间的相邻关系**。存储时，除存储数据元素外，还需要额外存储数据元素之间一对一的逻辑关系。

2.3.1　单链表的定义及特性

用链表存储的线性表如果每个结点只有一个指针域，则称为**单链表**（single linked list）。链表结点由两部分组成（数据域和指针域），其结构如图 2-10 所示。数据域用来存储数据元素，指针域指向后继元素结点。

数据域	指针域
data	next

图 2-10　结点结构示意图

线性表 $L=(a_1,a_2,a_3,\cdots,a_n)$，其单链表存储示意图如图 2-11 所示。

图 2-11　单链表存储示意图

线性表的最后一个结点没有后继，因此指针域为空指针。指向首元结点的指针称为**头指针**（head pointer），用于标识整个链表。空表时，头指针为空指针，即 $L=$NULL。需要注意的是，单链表用后继指针把所有元素连接在一起。一般情况下，**单链表不存储线性表中元素的位序信息**。

通常为操作方便，会在首元结点前多设置一个不存储数据元素的结点，这被称为**头结点**（head node）。有头结点的单链表，其头指针指向头结点。只有头结点的单链表为空表，如图 2-12 所示。

(a) 空表　　　　　　　　　　　　　　　　(b) 非空表

图 2-12　有结点的单链表

单链表具有如下特性。

1. 顺序性

对单链表的访问只能顺序访问（sequential access），即只能从头指针开始，并且根据指针信息依次找到后继数据元素。例如，访问单链表的第 3 个元素 a_3 需要从头指针开始，依次后移并计数，数到第 3 号元素。如果要知道单链表的长度，必须从头指针开始，依次后移数结点个数，直到数完所有结点。

2. 独立性

单链表中各结点的存储位置是相对独立的，彼此之间没有约束关系，**结点之间的联系由指针指向确定**。通过改变指针可以改变结点的排列顺序。例如在单链表中，插入或删除元素时，不需要移动元素，只需要改变指针指向即可。

在单链表中插入元素，如图 2-13 所示。设 p 指向插入点的前驱，s 为要插入的结点，插入操作为：①s 的后继指向 p 的后继；②p 的后继指向 s。

从单链表中删除元素，如图 2-14 所示。设 q 指向被删除结点，p 指向被删除结点的前驱，删除 q 的操作为：①p 的后继指向删除点 q 的后继；②释放 q 结点所占内存空间。

图 2-13　在单链表中插入元素

图 2-14　从单链表中删除元素

3. 可扩性

理论上，只要内存没有用完，单链表就可以增扩新的结点。一般认为单链表容量不受限。

2.3.2　单链表的存储设计

单链表的结点包括数据域和指针域两部分，存储定义如下：

```
template<class DT>
  struct LNode             //结点类型名
  { DT data;               //数据域，存储数据元素
    LNode * next;          //指针域，指向后继结点
  };
```

标识单链表的是指向单链表的头结点或首元结点的头指针。根据定义，下列语句的含义分别为

```
LNode<DT> * L;            //声明一个数据元素类型为 DT 的单链表变量 L
p=L->next;               //p 指向 L 的后继结点
p->data;                 //p 所指结点的数据元素值
p->next;                 //p 所指结点的指针域的值，即其后继结点位置
p=p->next;               //p 指针后移
```

8888888888888888

2.3.3　单链表的操作及实现

根据 ADT List 中的基本操作定义，考虑到单链表的特殊之处，去掉"测表满"操作。设置操作参数类型和返回值后，单链表的基本操作函数定义如表 2-2 所示。

表 2-2　单链表的基本操作函数定义

序号	函 数 定 义	功 能 说 明
1	//初始化单链表 bool InitList(LNode<DT> * &L)	创建空的单链表 L；创建成功，返回 true；不成功，退出
2	//创建单链表 bool CreateList(LNode<DT> * &L,int n)	创建单链表 L 的 n 个结点。创建成功返回 true；不成功，返回 false
3	//销毁单链表 void DestroyList(LNode<DT> * &L)	释放单链表 L 所占内存空间
4	//按位序查找 bool GetElem_i(LNode<DT> * L,int i,DT &e)	若 i 合理，则获取单链表 L 的第 i 个元素的值给 e 并返回 true；否则，返回 false
5	//按值查找 int LocateElem_e(LNode<DT> * L,DT e)	若单链表 L 中有值为 e 的元素，则返回该元素的序号；不存在，返回 0
6	//按位序插入新元素 bool InsertElem_i(LNode<DT> * &L,int i,DT e)	在单链表 L 的第 i 个位置插入一个值为 e 的元素。插入成功，返回 true；不成功，返回 false
7	//按位序删除元素 bool DeleteELem_i(LNode<DT> * &L,int i)	删除单链表 L 的第 i 个数据元素。删除成功，返回 true；不成功，返回 false
8	//按位序修改元素值 bool PutElem_i(LNode<DT> * &L,int i,DT e)	把单链表 L 第 i 个数据元素的值修改为 e。修改成功，返回 true；不成功，返回 false
9	//清空单链表 void ClearList(LNode<DT> * &L)	把单链表 L 变成空表
10	//测表长 int ListLength(LNode<DT> * L)	求单链表 L 的长度，即表中元素个数
11	//测表空 bool ListEmpty(LNode<DT> * L)	判断单链表 L 是否为空表。空表，返回 true；非空表，返回 false
12	//遍历输出表 void DispList(LNode<DT> * L)	遍历输出单链表 L 的各元素

下面以带头结点的单链表为例，陈述各操作的算法设计。

1. 初始化单链表

【算法思想】　创建仅有头结点的单链表。

算法描述与算法步骤如算法 2.14 所示。

算法 2.14 【算法描述】 【算法步骤】

```
0  template<class DT>
1  bool InitList(LNode<DT> * &L)      //单链表初始化
2  {
3    L=new LNode<DT>;                 //1.创建头结点
4    if(!L) exit(1);                  //2.创建失败,退出
5    L->next=NULL;                    //3.创建成功,指针为空
6    return true;                     //返回 true
7  }
```

2. 创建单链表

创建单链表的 n 个结点有两种方法:尾插法和头插法。

(1)尾插法

每次在表尾插入新结点,如图 2-15 所示。

图 2-15 尾插法创建单链表

【算法思想】 设置表尾指针 p,初值指向头结点;每次新建结点 s,链在 p 之后(s->next=p->next;p->next=s;),将 s 设为新的表尾(p=s)。

算法描述与算法步骤如算法 2.15 所示。

算法 2.15 【算法描述】 【算法步骤】

```
0  template<class DT>
1  bool CreateList(LNode<DT> * &L,int n)   //尾插法创建单链表 L 的 n 个元素
2  {
3    p=L;                                   //1.工作指针指向尾结点
4    for(i=1;i<=n;i++)                      //2.按正序创建各结点
5    {
6      s=new LNode<DT>;                     //2.1 新建元素结点
7      if(!s)                               //2.2 创建失败
8        return false;                      //返回 false
```

9	cin>>s->data;	//2.3 输入新建元素值
10	s->next=p->next;	//2.4 新结点链在表尾
11	p->next=s;	
12	p=s;	//2.5 表尾移至新结点处
13	}	
14	return true;	//3.创建成功返回 true
15	}	

（2）头插法

每次在头结点之后插入新结点，如图 2-16 所示。

图 2-16　头插法创建单链表

在头插法中，因为后插入的结点排在前面，所以创建结点时需要按线性表逆序进行创建。

【算法思想】　重复 n 次：每次新建结点 s，将其插在头结点之后；即新结点 s 后继指向首元结点（s->next＝L->next），s 为新的首元结点（L->next＝s）。

算法描述与算法步骤如算法 2.16 所示。

算法 2.16　【算法描述】　　　　　　　　　　　【算法步骤】

0	template<class DT>	
1	bool CreateList(LNode<DT> * &L, int n)	//头插法创建单链表的 n
2	{	//个结点
3	for(i=1;i<=n;i++)	//1.按逆序创建各结点
4	{	
5	s=new LNode<DT>;	//1.1 新建元素结点
6	if(!s)	//1.2 创建失败
7	return false;	//返回 false
8	cin>>s->data;	//1.3 输入新建元素值
9	s->next=L->next;	//1.4 新结点插在头结点
10	L->next=s;	//之后
11	}	
12	return true;	//2.创建成功,返回 true
13	}	

3. 销毁单链表

单链表的结点是一个个创建而成的,因此销毁时需要逐个进行。

【算法思想】 从头结点开始依次释放结点所占内存。

算法描述与算法步骤如算法 2.17 所示。

算法 2.17 【算法描述】　　　　　　　　　　　　　　【算法步骤】

```
0   template<class DT>                         //销毁单链表 L
1   void DestroyList(LNode<DT> * &L)
2   {
3   while(L)                                    //1.表非空,依次释放各结点所
4     {                                         //占内存
5       p=L;                                    //1.1 从头结点开始
6       L=L->next;                              //1.2 头指针后移
7       delete p;                               //1.3 释放首结点所占内存
8     }
9       L=NULL;                                 //2.头指针置空,表示表不存在
10  }
```

【算法分析】 因为逐个处理各结点,因此算法的渐近时间复杂度为 $O(n)$。

4. 按位序查找

【算法思想】 单链表不存储位序信息,要找到第 i 号元素,只能通过从头开始,依次**数**结点,如图 2-17 所示。如果能数到第 i 个,则找到;否则,表示 i 过小(小于 1)或过大(大于结点总数),该元素不存在。

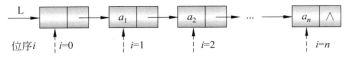

图 2-17　单链表中元素的位序

算法描述与算法步骤如算法 2.18 所示。

算法 2.18 【算法描述】　　　　　　　　　　　　　　【算法步骤】

```
0   template<class DT>
1   bool GetElem_i(LNode<DT> * L,int i,DT &e)   //获取第 i 个元素的值 e,得到,
2   {                                           //返回 true,未找到,返回 false
3     p=L->next;                                //1.初始化:从首元结点开始
4     j=1;                                      //计数器 j,初值为 1
5     while(p && j<i)                           //2.当 p 非空且未到第 i 个结点时
6     {
7       p=p->next;                              //2.1 工作指针后移
8       j++;                                    //2.2 计数器增 1
```

9	`    }`	
10	`    if(!p||j>i)`	//3.判断是否找到
11	`      return false;`	//3.1 未找到,返回 false
12	`    else`	//3.2 找到
13	`      { e=p->data;`	//获取第 i 个结点的值
14	`        return true;`	//返回 true
15	`      }`	
16	`}`	

【算法分析】　该算法的时间主要花在移动指针定位上,实际移动的次数取决于位序 i。$i=1$,移动 0 次;第 i 个结点移动 $i-1$ 次。共有 n 个可能被找到的元素,等概率条件下,找到的平均查找次数为 $(1+2+\cdots+n-1)/n=(n-1)/2$,算法的时间复杂度为 $O(n)$。找不到时,指针须移动 n 次,时间复杂度为 $O(n)$。

【算法讨论】

① 上述算法中,工作指针 p 初值指向首元结点,计数器 j 初值为 1。工作指针 p 初值是否可以指向头结点? 如果可以,计数器 j 初值应设为多少?

② 按位序 i 查找,如果 i 小于 1 或大于表长,为不合理值。单链表中没有表长属性,那算法中是如何对 i 的合理性进行判断的? 在哪些语句中实现?

③ 未找到条件为 $!p \parallel j>=i$,具体指什么?

5. 按值查找

【算法思想】　采用顺序查找方法。与顺序表的顺序查找不一样的地方在于,顺序表通过位序遍历表,单链表通过指针移动遍历表,如图 2-18 所示。

图 2-18　单链表的顺序访问

算法描述与算法步骤如算法 2.19 所示。

算法 2.19　【算法描述】 　　　　　　　　　　　　　**【算法步骤】**

0	`template<class DT>`	
1	`int LocateElem_e(LNode<DT> * L, DT e)`	//按值查找,返回位序
2	`{`	//1.初始化:工作指针 p
3	`  p=L->next;`	//从首元结点开始
4	`  j=1;`	//计数器 j,初值为 1
5	`  while(p && p->data ! =e)`	//2.顺序比较元素值,不
6	`  {`	//相等且未比完
7	`    p=p->next;`	//2.1 指针后移
8	`    j++;`	//2.2 位序增 1

```
 9        }
10     if(p==NULL)                        //3.判断是否找到
11        return 0;                        //3.1 未找到返回 0
12     else                                //3.2 找到
13        return j;                        //返回位序
14   }
```

【算法分析】 按值查找与按位序查找都是顺序查找,因此算法性能一样。等概率条件下,找到的平均查找次数为$(n+1)/2$,算法的时间复杂度为$O(n)$。找不到的时间复杂度为$O(n)$。

6. 按位序插入新元素

【算法思想】 定位到插入点的前驱 p;定位成功,创建一新结点 s,插到 p 之后;定位不成功,表示 i 不合理,不能插入。可能的插入位置是首元之前至尾元之后,因此**可能的定位点是头结点至尾结点**。插入单链前后的单链表的变化如图 2-19 所示。

(a) 插入前   (b) 插入后

图 2-19 单链表在第 i 个结点处插入新结点

算法描述与算法步骤如算法 2.20 所示。

算法 2.20 【算法描述】   **【算法步骤】**

```
 0   template<class DT>
 1   bool InsertElem_i(LNode<DT> * &L, int i, DT e)    //在位序 i 上插入新元素 e
 2   {
 3     p=L;                                           //1.初始化:工作指针 p 指向
 4     j=0;                                           //头结点,计数器为 0
 5     while(p && j<i-1)                              //2.定位到插入点的前驱,
 6     {p=p->next;j++;}                               //即第 i-1 个结点处
 7     if(!p || j>i-1)                                //3.判断定位是否成功
 8         return false;                             //3.1 定位失败,不能插入
 9     else                                          //3.2 定位成功
10       {
11         s=new LNode<DT>;                          //3.2.1 新建结点 s
12         if(!s)
13           return false;                           //创建失败,不能插入,退出
14         s->data=e;                                //3.2.2 赋值
15         s->next=p->next;                          //3.2.3 s 插到 p 之后
16         p->next=s;
17           return true;                            //3.2.4 插入成功,返回 true
18       }
19   }
```

【算法分析】　算法的主要时间用在指针移动定位上。实际移动次数与插入位置 i 有关。插在表首,移动 0 次;插在第 i 个位置,移动 $i-1$ 次;共有 $n+1$ 个可能插入的位置。等概率条件下,平均移动次数为 $(0+1+2+\cdots+n)/(n+1)=n/2$,算法的时间复杂度为 $O(n)$。

【算法讨论】　单链表与顺序表中按位序插入新元素的时间复杂度均为 $O(n)$。单链表中时间用在定位上;顺序表中时间用到元素移动上。什么情况下各自更优呢?

7. 按位序删除元素

【算法思想】　定位到删除点的前驱 p,如果定位成功,把 p 的后继指向其后继的后继,即把 p 的后继(被删除点)从链表中摘除,释放该结点所占内存空间;如果定位不成功,不能删除。可能的删除位置是 1~表长,因此可能的定位点是头结点至尾结点的前一个结点。删除前后的单链表的变化如图 2-20 所示。

(a) 删除前　　　　　　　　　　　　　　(b) 删除后

图 2-20　单链表删除第 i 个结点

算法描述与算法步骤如算法 2.21 所示。

算法 2.21　【算法描述】　　　　　　　　　　　【算法步骤】

```
0    template<class DT>
1    bool DeleteELem_i(LNode<DT> * &L, int i)    //删除单链表的第 i 个数据元素
2    {
3      p=L;                                      //1.初始化:从头结点
4      j=0;                                      //开始,计数器为 0
5      while(p->next && j<i-1)                   //2.定位到删除点的前驱
6      {p=p->next;j++;}
7      if(!p->next||j>i-1)                       //3.判断定位是否成功
8          return false;                         //3.1 定位失败,不能删除
9      else                                      //3.2 定位成功
10     {
11       q=p->next;                              //3.2.1 取被删除点 q
12       p->next=q->next;                        //3.2.2 从链表中摘除 q
13       delete q;                               //3.2.3 释放 q 所占内存空间
14       return true;                            //3.2.4 删除成功,返回 true
15     }
16   }
```

【算法分析】　算法的主要时间用在移动指针定位上,实际移动次数与删除位置 i 有关。删除第 i 个元素需要移动 $i-1$ 次;共有 n 个可能被删除的元素。等概率条件下,平

均移动次数为 $(0+1+2+\cdots+n-1)/n=(n-1)/2$，算法的时间复杂度为 $O(n)$。

　　【算法讨论】　按位序插入结点和删除结点均须先定位到插入点或删除点的前驱，为什么二者的循环条件不同（如表 2-3 所示）？可以写成一样的吗？

表 2-3　插入和删除操作对比

操作名	循环条件	判断定位成功
插入元素	while(p && j<i−1)	if(!p ‖ j>i−1)
删除元素	while(p->next && j<i−1)	if(!p->next ‖ j>i−1)

8. 按位序修改元素值

　　【算法思想】　如果 $0<i\leqslant$ 表长，定位到第 i 个结点 p 处，修改 p->data。单链表中没有表长属性，只能通过结点是否有后继或当前点是否为空判断是否结束扫描。

　　算法描述与算法步骤如算法 2.22 所示。

算法 2.22　【算法描述】　　　　　　　　　　　　　**【算法步骤】**

```
0   template<class DT>
1   bool PutElem_i(LNode<DT> * &L, int i, DT e)    //修改链表第 i 个元素值
2   {
3     p=L->next;                                    //1.工作变量初始化,从首元
4     j=1;                                          //结点开始
5     while(p && j<i)                               //2.定位到第 i 个结点
6       {p=p->next;
7        j++;}
8     if(!p||j>i)                                   //3.定位失败
9         return false;                             //返回 false
10    p->data=e;                                    //4.定位成功,修改元素值
11    return true;                                  //返回 true
12  }
```

　　【算法分析】　算法时间主要用在指针移动定位上。等概率条件下,平均移动次数等于顺序查找的平均比较次数 $(n-1)/2$。因此,操作的时间复杂度为 $O(n)$。

　　【算法讨论】　同样是修改线性表的第 i 个数据元素的值,为什么顺序表的操作时间复杂度为 $O(1)$,而链表的操作时间复杂度为 $O(n)$ 呢?

9. 清空单链表

　　【算法思想】　释放除头结点之外的所有结点所占内存。

　　【算法描述】　参考销毁单链表的算法。

10. 测表长

　　【算法思想】　从头结点开始,通过指针移动数结点个数,直至表尾。

　　算法描述与算法步骤如算法 2.23 所示。

算法 2.23　【算法描述】　　　　　　　　　　　　　**【算法步骤】**

```
0  template<class DT>
1  int ListLength(LNode<DT> * L)              //求表长
2  {
3    p=L;                                     //1.初始化,工作指针从头开始
4    len=0;                                   //计数器初值为 0
5    while(p->next)                           //2.有后继结点
6    {len++; p=p->next;}                      //表长增 1,指针后移
7    return len;                              //3.返回表长
8  }
```

【算法分析】　遍历表,数结点个数,算法的渐近时间复杂度为 $O(n)$。

11. 测表空

【算法思想】　只有头结点的单链表为空表。因此,当满足 L->next==NULL 时,为空表,返回 true;否则,返回 false。

【算法描述】　略。

12. 遍历输出表

【算法思想】　从头结点开始,通过指针后移依次输出各数据元素。

算法描述与算法步骤如算法 2.24 所示。

算法 2.24　【算法描述】　　　　　　　　　　　　　**【算法步骤】**

```
0  template<class DT>
1  void DispList(LNode<DT> * L)               //单链表遍历输出
2  {
3    p=L->next;                               //1.从首元结点开始
4    while(p)                                 //2.只要是结点非空,循环
5    {
6      cout<<p->data;                         //2.1 输出数据元素
7      p=p->next;                             //2.2 指针后移
8    }
9  }
```

【算法分析】　遍历表,算法的时间复杂度为 $O(n)$。

【算法讨论】　关于测表长与遍历输出,同样是遍历表,工作指针初始化及循环判断条件写法不一样,如表 2-4 所示。可以互换吗?

表 2-4　遍历操作方法对比

操 作 名	工作指针初始化	循 环 条 件
测表长	p=L;	while(p->next)
遍历输出	p=L->next;	while(p)

2.3.4 其他形式的链表

1. 循环链表

在单链表中,如果将尾结点的指针域由空指针改为指向头结点或首元结点(无头结点时),整个单链表就形成一个环。这种头尾相接的单链表称为单循环链表,简称**循环链表**(circular linked list)。有头结点的循环链表如图 2-21 所示。其中,图 2-21(a)为空循环链表,此时 L->next==L。

图 2-21 循环链表存储示意图

循环链表基本操作的实现与单链表类似,不同之处在于定位时循环操作的结束条件。例如单链表从头开始遍历,循环结束条件是 p=NULL;而循环链表遍历,循环结束条件是 p=L。循环单链表没有明显的尾端,很可能会使循环链表的正常操作进入死循环,因此需要格外注意。

在单链表中,结点的查找只能从头结点开始依次往后进行;而在**循环链表中,从任何一个结点出发均可访问表中其他结点**。因此,循环单链表的头指针可以设在表的任何位置处,都不影响其数据元素的可访问性。当头指针设在头结点处时,访问首元结点的时间是 $O(1)$,访问尾元结点的时间是 $O(n)$。如果把链表指针设在表尾处,即为**尾指针**(rear pointer),如图 2-22 所示,此时 L 指向尾结点,L->next->next 指向首元结点,即访问首元结点和尾元结点的时间都是 $O(1)$。因此,当需要频繁在首、尾操作时,把链表指针设在表尾要好于设在表头。

图 2-22 带尾指针的循环链表

2. 双向链表

单链表和循环链表均具有单向性,要寻找结点的前驱必须要遍历整个表,平均时间性能为 $O(n)$。为克服这种单向性,可在结点中增加一个指针域,指向直接前驱。结点结构如图 2-23 所示。具有这种结点结构的链表称为双向链表,简称双链表(double linked list)。

双链表结点的定义如下:

图 2-23 双链表结点结构示意图

```
template<class DT>
struct DLNode
```

```
{ DT data;                    //数据域
  DLNode * prior;             //前驱指针
  DLNode * next;              //后继指针
}
```

与单链表类似,双链表一般由头指针唯一确定,具有头结点的双链表如图 2-24(a)和图 2-24(b)所示。

(a) 空双链表

(b) 非空双链表

图 2-24　有头双链表示意图

如果将头结点和尾结点链接起来,则构成双向循环链表,如图 2-25(a)(空双向循环链表)和图 2-25(b)(非空双向循环链表)所示。

(a) 空双循环链表

(b) 非空双循环链表

图 2-25　双循环链表示意图

双链表具有下列特性:

- **双向性**。从任一结点出发,可以往前驱、后继两个方向进行查找操作。对于某结点 p,访问其前驱(p->prior)和后继(p->next)的时间均为 $O(1)$。如果是双循环链表,从任一结点往前或往后均可遍历访问表中任何一点。

- **对称性**。设 p 指向双循环链表中的某一结点,双循环链表的对称性表现为:p 的前驱的后继与 p 的后继的前驱指向同一结点 p,即

```
p->prior->next=p->next->prior=p
```

在双链表中,测表长、按值查找、遍历等操作的实现与单链表的操作相比,除循环结束条件有所差异外,操作基本相同。但元素插入和删除操作有很大不同:①定位。在双链表中,前驱位置和后继位置都可直接获取,因此定位在插入或删除点前、中、后都可以;②改变链接。在双链表中需要同时修改 4 个(插入操作)或 2 个(删除操作)指针。

(1) 插入

设在 p 结点前插入一个新结点 s,则需要修改 4 个指针,如图 2-26 所示。

① s->prior＝p->prior;

② p->prior->next＝s;

③ s->next＝p;

④ p->prior＝s;

图 2-26　双链表插入结点　　　其中,①、②、③语句顺序可以任意。

（2）删除

设删除 p 所指结点,则需要修改 2 个指针,如图 2-27 所示。

图 2-27　双链表删除结点

① p->prior->next＝p->next;

② p->next->prior＝p->prior;

③ delete p;

其中,①、②语句顺序可以任意。

3. 静态链表

静态链表（static linked list）**指用顺序存储模拟的链表。**
如图 2-28 所示,静态链表的每个数据元素由两个域组成:数
据域 data 和指针域 next（也称游标）。数据域存储数据元素,
指针域存放该元素后继元素在数组中的下标,类型为整型。
静态链表的存储结构定义如下:

	data	next
0		
1		
2		
3		
4		
5		
6		
7		

图 2-28　静态链表（未用状态）

```
template<class DT>
const int MaxSize=100;          //数组容量
struct SLNode                   //元素结点类型
{ DT data;                      //数据域
  int next;                     //指针域
} SList[MaxSize];               //静态数组类型
```

在静态链表中,可以用 0 单元模拟头结点,其 next 域存放首元素的下标。为了在插
入时快速找到可用空闲单元,通常把空闲单元也组成一个链并设指针 avail 指向首个空闲
单元。

图 2-29(a)是空表时空闲单元组成的链表 avail→0→1→2→3→4→5→6→7→−1（−1
表示结束）,所有单元均可用;图 2-29(b)是某一时刻的静态链表,其中含有 4 个数据元素
0→2(a_1)→4(a_2)→1(a_3)→5(a_4)→−1,空链为 avail→3→6→7→−1。

	data	next
avail→ 0		1
1		2
2		3
3		4
4		5
5		6
6		7
7		−1

(a) 空表

	data	next
0		2
1	a_3	5
2	a_1	4
avail→ 3		6
4	a_2	1
5	a_4	−1
6		7
7		−1

(b) 某一状态

	data	next
0		**3**
1	a_3	5
2	a_1	4
3	**e**	**2**
4	a_2	1
5	a_4	−1
avail→ 6		7
7		−1

(c) 表首插入元素 e

	data	next
0		3
avail→ 1		6
2	a_1	3
3	e	2
4	a_2	**5**
5	a_4	−1
6		7
7		−1

(d) 删除 a3

图 2-29 静态链表

在顺序表中插入或删除元素时需要移动其他元素,链表中不需要。因此,静态链表中也不需要,只需要修改 next 的值即可。

若在表头插入元素 e,则一是把 avail 所指的第一个可用单元 3 分配给新元素,avail 指向下一个可用单元 6;二是线性表首元位置由 2 变为 3,新元素的后继为原来的首元下标 2。插入后的静态链表如图 2-29(c)所示。此时,空链为 avail→6→7→−1,线性表为 $0→3(e)→2(a_1)→4(a_2)→1(a_3)→5(a_4)→−1$。

若删除元素 a_3,则一是回收 a_3 所在 1 号单元,可用空间链为 avail→1→6→7→−1;二是把 a_3 前趋元素 a_2 的后继值改为原 a_3 的后继值 5。此步的操作为:①获取 a_3 的单元号 1;②遍历静态链表的 next,找到 1 所在单元号 4,此元素为 a_3 的前驱元素;③修改 4 号单元的 next 值为 a_3 的 next。终态如图 2-29(d)所示。

单链表具有结点的相对独立性,插入和删除操作不需要移动数据元素,但它实现时需要语言支持指针数据类型。当不具备此条件时,可以用静态链表。

2.3.5 链表应用举例

链表具有访问顺序性、结点独立性、容量可扩性等特性,对链表的操作必须满足第一特性,充分利用第二、三特性。

【应用 2-4】 设计单链表的逆置算法,设数据元素类型为整型。

【解】 所谓单链表逆置,即把单链表 L1 变成单链表 L2(见图 2-30)。链表的结点具有相对独立性,因此可以通过重排结点实现逆置。单链表的创建有头插法和尾插法,其中,头插法以逆序进行创建。

图 2-30 单链表逆置

【算法思想】 用头插法重建单链表。首先把头结点从 L1 中摘除,作为逆置后的表的头结点；然后扫描原表，依次摘除各结点，以头插法插到逆置后的表中。

算法描述与算法步骤如算法 2.25 所示。

算法 2.25 　【算法描述】　　　　　　　　　　　　　　　　【算法步骤】

```
0    void ReverseLinkList(LNode<int> * &L)      //单链表逆置
1    {
2        p=L->next;                             //1.原表置为空表
3        L->next=NULL;                          //头指针为 L
4        while(p)                               //2.顺序处理各结点
5        {
6            q=p;                               //2.1 q 取当前结点位置
7            p=p->next;                         //2.2 p 指向下一个待处
8            q->next=L->next;                   //理结点
9            L->next=q;                         //2.3 将 q 插入头结
10       }                                      //点 L 之后
11   }
```

【算法讨论】　对于单链表逆置，可以像顺序表逆置方法那样，通过首、尾对应位置上的元素互换实现吗？

【应用 2-5】　一元稀疏多项式求和。

例：$A(x)=7+3x^2+9x^8+5x^{100}$、$B(x)=8x+22x^2-9x^8$，求：$A(x)=A(x)+B(x)$。

稀疏多项式的特点是各项的幂指数非连续，且缺项很多。此时，如果采用顺序存储方法，以系数的位序隐射幂指数，则如 $A(x)$ 的表示如图 2-31 所示，将因大量的 0 项造成存储空间的极大浪费。

0	1	2	3	4	5	6	7	8	9	10	…	99	100
7	0	3	0	0	0	0	0	9	0	0	…	0	5

图 2-31　稀疏多项式 $A(x)$ 的顺序存储

一般情况下，一元 n 次多项式可写成

$$f_n(x)=p_1x^{e_1}+p_2x^{e_2}+p_3x^{e_3}+\cdots+p_mx^{e_m}$$

其中，p_i 为系数，e_i 为幂指数，且满足 $0 \leqslant e_1 < e_2 < \cdots < e_m$。多项式的每一项可表示为（系数 p，指数幂 e），一个多项式可以看成由 m 个这样的数据元素组成的且按幂有序排列的线性表，即 $((p_1,e_1),(p_2,e_2),\cdots,(p_m,e_m))$。

由于非零项的个数预先无法确定，因此较宜采用链式存储。结点结构如图 2-32 所示，定义如下：

coef	exp	next

图 2-32　一元多项式链表结点结构

```
struct PloyNode
{ float coef;          //系数域，存放非零项的系数
  int exp;             //指数域，存储非零项的指数
PloyNode * next;       //指针域，指向下一个结点
}
```

多项式 $A(x)=7+3x^2+9x^8+5x^{100}$ 和 $B(x)=8x+22x^2-9x^8$ 的链式存储分别如图 2-33(a)和图 2-33(b)所示。

图 2-33　多项式 $A(x)$ 和 $B(x)$ 的单链表存储

【算法思想】　一元多项式求和是相同幂的项系数求和,且系数和为零的项不计入和多项式中。根据该原则,扫描两个多项式,处理各个多项式项。求解过程如下:

Step 1. 设置工作指针 pa、pb,分别指向两个多项式的头结点。qa、qb 分别为 pa、pb 的后继,是当前被处理的结点,如图 2-34 所示。

图 2-34　工作指针初始化

Step 2. 只要 qa、qb 均不为空,比较 qa->exp 和 qb->exp。

2.1　如果 qa->exp<qb->exp,指针 pa、qa 后移,如图 2-35 所示。

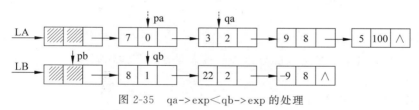

图 2-35　qa->exp<qb->exp 的处理

2.2　如果 qa->exp>qb->exp,将结点 qb 插到 pa 之后,pa、qb 分别后移,如图 2-36 所示。

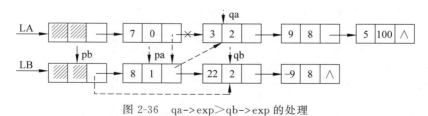

图 2-36　qa->exp>qb->exp 的处理

2.3　如果 qa->exp==qb->exp,计算 sum=qa->coef+qb->coef。

2.3.1　如果 sum≠0,修改 qa 结点系数域为 sum,pa、qa 后移,删除 qb 结点,qb 后移,如图 2-37 所示。

2.3.2　如果 sum==0,删除 qa、qb 结点,qa、qb 后移,如图 2-38 所示。

图 2-37 qa->exp==qb->exp && sum!=0 的处理

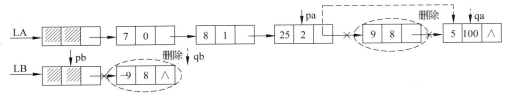

图 2-38 qa->exp==qb->exp && sum==0 的处理

Step 3. 有一表为空的处理。

3.1 如果 qa 不空,qb 为空,删除链表 LB 的头结点,算法结束,如图 2-39 所示。

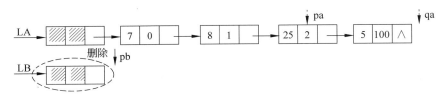

图 2-39 qa 不空,qb 空的处理

3.2 如果 qa 空,qb 不空,将 qb 为头的链表接在 qa 之后,删除链表 LB 的头结点,算法结束。

算法描述与算法步骤如算法 2.26 所示。

算法 2.26 【算法描述】 　　　　　　　　　　　　　　**【算法步骤】**

0	`void PolyAdd(PloyNode * &LA,` `            PloyNode * &LB)`	//求多项式和：LA=LA+LB
1	`{`	
2	`  pa=LA;qa=pa->next;`	//1.工作指针初始化
3	`  pb=LB;qb=pb->next;`	
4	`  while(qa!=NULL && qb!=NULL)`	//2.两表均不空,比较指数幂的大小
5	`  {`	
6	`    if(qa->exp<qb->exp)`	//2.1 qa->exp<qb->exp
7	`    { pa=qa;qa=qa->next; }`	//pa,qa 后移
8	`    else if(qa->exp>qb->exp)`	//2.2 qa->exp>qb->exp
9	`    { pb->next=qb->next;`	//2.2.1 qb 链接到 pa 后
10	`      qb->next=qa;`	
11	`      pa->next=qb;`	//2.2.2 pa、qb 后移

```
12          pa=qb;
13          qb=pb->next;
14        }
15        else
16        {                                   //2.3 a->exp==qb->exp
17          sum=qa->coef+qb->coef;            //计算系数和 sum
18          if(sum!=0)                        //2.3.1 系数和不为 0
19          {
20            qa->coef=sum;                   //2.3.1.1 qa->coef←sum
21            pa=qa; qa=qa->next;             //2.3.1.2 pa、qa 后移
22            pb->next=qb->next;
23            delete qb;                      //2.3.1.3 删除 qb
24            qb=pb->next;                    //2.3.1.4 qb 后移
25          }
26          else                             //2.3.2 系数和为 0
27          {
28            pa->next=qa->next;
29            delete qa;                      //2.3.2.1 删除 qa
30            qa=pa->next;                    //2.3.2.2 qa 后移
31            pb->next=qb->next;
32            delete qb;                      //2.3.2.3 删除 qb
33            qb=pb->next;                    //2.3.2.4 qb 后移
34          }
35        }
36      }                                     //while
37      if(qb!=NULL)                          //3.qa 空,qb 不空
38        pa->next=qb;                        //3.1 qb 链到 qa 之后
39      delete pb;                            //3.2 删除 LB 头结点
40      LB= NULL;
41    }
```

　　【算法分析】　求多项式的和需要把两个多项式遍历一次,依次处理各结点。如果两个多项式分别有 m 和 n 项,算法的渐近时间复杂度为 $O(m+n)$。

　　【算法讨论】　求多项式的和实质是按幂进行有序表的合并,据此考虑两个有序单链表的合并算法。

2.4　顺序表与链表的比较

　　顺序存储与链式存储各有优缺点。在实际应用中,不能笼统地说哪种存储结构更好,需要从多个方面综合考虑。

2.4.1 空间性能比较

1. 存储空间容量

顺序表的容量一次申请,其后不能延扩;申请少了,不够用,申请多了,造成浪费。而链表空间,只要内存空间允许,就可以延扩。基于此,当线性表长度变化较大而难以预估存储规模时,宜采用链表形式。

2. 存储密度

存储密度(storage density)是指数据元素本身所占用的存储量和整个结点结构所占用的存储量之比,即

$$存储密度 = \frac{数据元素本身占用的存储量}{结点结构占用的存储量} \tag{2-5}$$

顺序表用物理位置相邻表示逻辑上的相邻,除存储数据元素外,不需要额外存储其他信息,存储密度为1。链表除存储数据元素外,还要额外设置指针域,用来存储数据元素的逻辑关系,存储密度小于1。

基于此,当线性表的长度变化不大而易于事先确定其大小时,采用顺序存储方式更节省空间。

2.4.2 时间性能比较

1. 存取元素的效率

按位序访问元素时,顺序表具有随机存取的特性,存取效率高,可以在$O(1)$时间内直接存取任何元素。链表只能顺序存取,时间复杂度为$O(n)$,存取效率低。

基于此,当线性表主要操作与位序有关,且很少进行插入和删除时,宜采用顺序表。

2. 插入和删除操作的效率

顺序表和链表的插入和删除操作的时间复杂度均为$O(n)$。前者时间花在元素移动上,后者时间花在指针定位上。当每个结点的信息量较大时,移动元素的时间开销会相当可观。

基于此,对于频繁进行插入或删除操作的线性表宜采用链表。

2.4.3 环境性能比较

顺序表易实现,任何高级语言都有数组类型,使用面广。链表的实现需要编程支持指针类型,否则只能用静态链表。

2.5 小结

1. 本章知识要点

本章知识要点如图 2-40 所示。

图 2-40　本章知识要点

2. 本章相关算法

本章相关算法与应用如图 2-41 所示。

图 2-41　本章相关算法与应用

习题 2

一、填空题

1. 顺序表是用（　　　）内存空间存储的线性表。顺序表的元素必须在内存中（　　　）存放,顺序表具有（　　　）访问特性。

2. 链表是用（　　　）存储空间存储的线性表,链表中的元素在内存中一般是（　　　）存放的。链表的访问只能（　　　）访问。

3. 一个顺序表的第一个元素的存储地址是 100,每个元素的长度为 2,则第 6 个元素的存储地址是(　　　)。

4. 顺序表中有 100 个元素,插入一个元素平均移动(　　　)个元素,删除一个元素平均移动(　　　)个元素。如果删除第 50 个元素,须移动位序为(　　　)的元素,共(　　　)个元素。

5. 在单链表中,每个结点包含两个域:(　　　)和(　　　)。双向链表中有两个指针域,分别指向(　　　)结点和(　　　)结点;头指针是(　　　)。通过改变(　　　)就可以改变链表中元素的逻辑关系。

6. 顺序存储结构通过(　　　)表示元素之间的关系;链式存储结构通过(　　　)表示元素之间有关系。

7. 对于一个长度为 n 的顺序表,在表头插入元素的时间复杂度为(　　　),在表尾插入元素的时间复杂度为(　　　)。

8. 对于一个长度为 n 的单链表,在表头插入元素的时间复杂度为(　　　),在表尾插入元素的时间复杂度为(　　　)。

9. 对于设置尾指针且长度为 n 的循环单链表,在表头插入元素的时间复杂度为(　　　),在表尾插入元素的时间复杂度为(　　　)。

10. 图 2-42 所示静态链表存储一个线性表,a[0]为头结点,则该线性表为(　　　),删除 42 所做的操作是(　　　)。

	0	1	2	3	4	5	6	7	8
data		60		42	38		74	25	
next	4	3		6	7		−1	1	

图 2-42　静态链表

11. 在循环双链表中,如果向 p 所指结点之后插入一个新结点 s,操作是(　　　)、(　　　)、(　　　)和(　　　)。

12. 有头结点的单链表 L,其空表特征是(　　　),非空表尾结点特征是(　　　);有头结点的循环链表 L,其空表特征是(　　　),非空表尾结点特征是(　　　);有头结点的循环双链表,其空表特征是(　　　),非空表尾结点特征是(　　　)。

13. 两个长度分别为 m 和 n 的有序表合并,时间复杂度为(　　　)。

二、简答题

1. 描述一下三个概念(头指针、头结点和首元结点)的区别,并给予图示。

2. 在单链表和双链表中,能否从当前结点出发访问任何一个结点,为什么?

3. 对于有头结点的单链表,分别写出下列定位成功时的语句序列。

(1) 定位到第 i 个结点 a_i;

(2) 定位到第 i 个结点的前驱 a_{i-1};

(3) 定位到尾结点;

(4) 定位到尾结点的前驱(即倒数第 2 个结点)。

4. 已知 L 是有头结点的单链表,且 p 结点既不是首元结点,也不是尾结点,试写出实现下列功能的语句序列。

（1）在 p 结点后插入 s 结点；

（2）在 p 结点前插入 s 结点；

（3）在表首插入 s 结点；

（4）在表尾插入 s 结点。

5. 请描述下列关于单链表的操作过程：

（1）删除一个数据元素；

（2）插入一个数据元素。

6. 在线性表的三种链式结构(单链表、双链表和循环单链表)中,若未知链表头结点的地址,仅已知 p 指针指向结点,能否删除结点 p? 为什么?。

7. 根据顺序表、链表各自的特点,为下列应用选择合适的存储结构并陈述选择的理由：

（1）通讯录管理；

（2）软工 171 班学习成绩管理；

（3）两个有序表的原地合并。

8. 以顺序表和单链表为例,说明相同的逻辑结构可以采用不同的存储结构,且带来不同特性。

9. 阅读算法,给出算法的功能。

（1）
```
pre=H->next;
{ if(pre!=NULL)
  { while(pre->next!=NULL)
   { p=pre->next;
     if(p->data>=pre->data) pre=p
       else return false;
   }
  }
  return true;
}
```

（2）
```
LNode * link(LNode * h1, LNode * h2)
{ p=h1;
  while(p->next!=h1) p=p->next;        //定位到 h1 表尾
  q=h2;
  while(q->next!=h2) q=q->next;        //定位到 h2 表尾
  p->next=h2; q->next=h1;
  return h1;
}
```

三、算法设计题

1. 用 ADT List 中定义的基本操作设计算法,解决"删除线性表中值为 e 的元素"

问题。

2. 分别用顺序表表示两个数据元素类型为整型的集合 A 和 B,用顺序表的基本操作求解问题:$A = A \cap B$。

3. 分别用有头结点的单链表表示两个数据元素类型为整型的集合 A 和 B,用单链表的基本操作求解问题:$A = A \cap B$。

4. 设计一个尽可能高效的算法,删除顺序表中所有值位于 (m, n) 中的元素,说明算法的时间、空间性能(设数据元素类型为整型)。

5. 线性表采用顺序存储,设计一个算法,用尽可能少的辅助存储空间将顺序表的前 m 个元素和后 n 个元素进行整体互换,即将 $(a_1, a_2, \cdots, a_m, b_1, b_2, \cdots, b_n)$ 改为 $(b_1, b_2, \cdots, b_n, a_1, a_2, \cdots, a_m)$。

6. 对于无头结点单链表,设计其按位序插入元素和删除元素的算法,并且分别与有头结点的按位序插入元素的算法 InsertElem_i(LNode * &L, int i) 和按位序删除元素的算法 DeleteElem_i(LNode * &L, int i) 比较,指出异同处。

四、上机练习题

1. 编程实现算法设计题 2 和算法设计题 3。提醒:要解决问题,需要先实现相关的基本操作。

2. 实现下列有头结点单链表(设数据元素类型为整型)的操作:①有序表的创建;②插入一个新元素,表依然有序;③两个有序单链表的原地合并。

第**3**章 栈 和 队 列

CHAPTER

　　栈和队列是两种特殊的线性结构。从数据结构的角度看,栈和队列也是一种线性表。它们的特殊性在于栈和队列的操作相比于线性表受到了一定的限制。因此,栈和队列也称为操作受限的线性表。

　　生活中栈和队列的使用十分广泛。例如枪膛的子弹与叠起的餐盆,只在一端进一端出,即为栈;而排队,一端进另一端出,则为队列。栈和队列因操作受限而有了特殊的特性,在解决问题中起到特殊的工具作用。

　　本章除了讨论栈和队列的定义和存储结构外,还将侧重介绍栈的"先进后出"原则和队列的"先进先出"原则,给出一些应用实例,以体会两种特殊线性表的应用场景。

本章主要知识点

- 栈和队列的结构特性。
- 栈和队列的顺序存储实现。
- 栈和队列的链式存储实现。

本章教学目标

- 掌握栈和队列的结构特性与操作特性。
- 灵活运用栈和队列解决应用问题。

3.1　栈

3.1.1　栈的定义和特点

　　栈(stack)是限定只能在一端进行插入或删除操作的线性表。表中允许进行插入和删除操作的一端称为**栈顶**(top),另一端相应地称为**栈底**(bottom)。栈中没有数据元素时称为**空栈**。栈的插入操作称为**入栈/进栈/压栈**(push),栈的删除操作称为**出栈/弹栈**(pop)。栈结构如图 3-1所示。

图 3-1 栈结构示意图

在栈中,无论是存数据还是取数据,都必须遵循"先进后出"原则,即最先入栈的元素最后出栈。因此,栈又称为**先进后出**(first in last out,FILO)或后进先出的线性表,简称**FILO 线性表**。如图 3-1 所示的栈,从当前数据的存储状态可知,元素 a_1 是最先入栈的。因此,当要从栈中取出元素 a_1 时,需要提前将元素 $a_n, a_{n-1}, \cdots, a_2$ 从栈中取出,然后才能成功取出 a_1。

图 3-2 是一个栈的操作示意图,图中箭头表示当前栈顶元素位置。图 3-2(a)表示一个空栈;图 3-2(b)表示插入一个元素 a 之后栈的状态;图 3-2(c)表示插入元素 b、c、d 之后栈的状态;图 3-2(d)表示删除一个元素 d 之后栈的状态。

图 3-2 栈操作示意图

由于栈是一种只能从表的一端存取数据且遵循"先进后出"原则的线性存储结构,因此线性表的操作特性它都具备,只是栈的插入和删除操作改名为入栈和出栈。除此之外,栈的基本操作还包括初始化、判栈空、取栈顶元素等。

下面是栈的抽象数据类型 Stack 的定义。

```
ADT Stack {
数据对象: D={a_i|a_i∈ElementSet, i=1, 2, …, n, n≥0}。
数据关系: R={<a_{i-1}, a_i>|a_{i-1}, a_i∈D, i=2, …, n},约定 a_n 端为栈顶,a_1 端为栈底。
基本操作:
    InitStack(&S)                   //初始化栈
        操作功能: 创建一个空的栈 S。
        操作输出: 创建成功,返回 true;不成功,退出。
    DestroyStack(&S)                //销毁栈
        操作功能: 释放栈 S 所占的存储空间。
        操作输出: 无。
    GetTop(S,&e)                    //取栈顶元素
        操作功能: 读取栈 S 的栈顶元素。
        操作输出: 如果栈不空,输出栈顶元素,不修改栈顶指针。
    Push(&S,e)                      //入栈
```

　　　　操作功能：在栈顶插入新元素 e。

　　　　操作输出：插入元素 e 为新的栈顶元素。

　　Pop(&S,&e)　　　　　　　　　　//出栈

　　　　操作功能：删除栈顶元素。

　　　　操作输出：删除栈 S 的栈顶元素并用 e 返回其值。

　　StackLength(S)　　　　　　　　//测栈长

　　　　操作功能：求栈 S 的长度。

　　　　操作输出：返回栈 S 的元素个数。

　　StackEmpty(S)　　　　　　　　//判栈空

　　　　操作功能：判断栈 S 是否为空。

　　　　操作输出：如果 S 是空栈,返回 true;否则,返回 false。

　　ClearStack(&S)　　　　　　　　//清空栈

　　　　操作功能：删除栈 S 中的所有元素。

　　　　操作输出：栈 S 被置为空栈。

}ADT Stack

【例 3-1】　设有 4 个元素 a、b、c、d 进栈,给出它们所有可能的出栈次序。

【解】　栈对线性表的插入和删除位置进行了限制,但并没有对元素进出的时间进行限制。也就是说,在不是所有元素都进栈的情况下,先进栈的元素也可以出栈,只要保证是栈顶元素出栈即可。因此,所有可能的出栈次序如下：$abcd$、$abdc$、$acbd$、$acdb$、$adcb$、$bacd$、$badc$、$bcad$、$bcda$、$bdca$、$cbad$、$cbda$、$cdba$、$dcba$。

【例 3-2】　设 n 个元素进栈序列是 $1,2,\cdots,n$,其输出序列是 $p_1,p_2,\cdots,p_n$,若 $p_1=3$,则 p_2 的值(　　　)。

　　(A)一定是 2　　　　(B)一定是 1　　　　(C)不可能是 1　　　　(D)以上都不对

【解】　当 $p_1=3$ 时,说明 $1,2,3$ 先进栈,立即出栈 3,然后可能出栈的为 2,也可能为 4 或后面的元素进栈,再出栈。因此,p_2 可能是 2,也可能是 $4,\cdots,n$,但一定不能是 1。因此本题答案为 C。

　　与线性表类似,栈也有两种存储结构,分别称为顺序栈和链栈。

3.1.2　顺序栈

　　顺序栈(sequential stack)**是用顺序表实现栈的存储结构**,即利用一组地址连续的存储单元依次存放自栈底到栈顶的数据元素。

　　连续内存的使用是基于起始地址的,设指针 base 为这个存储空间的基地址。栈的操作只能在栈顶进行,为方便操作,定义一个 top 变量指示栈顶元素在顺序栈中的位置[①]。另设栈的容量为 stacksize。顺序栈的存储示意图如图 3-3 所示,存储结构定义如下。

```
template<class DT>
struct SqStack
```

图 3-3　顺序栈存储示意图

---

①　也有将栈顶指针设在栈顶元素的上方,此种情况下空栈 top=1。解题时,需要了解清楚题目中的设置。

```
{ DT * base;                  //栈底指针
  int top;                    //栈顶
  int stacksize;              //栈可用的最大容量
}
```

由上述定义可知下列语句的含义。

SqStack S 表示声明一个顺序栈变量 S。

S.base[S.top]表示顺序栈 S 的栈顶元素。

S.top 表示栈顶元素位置。当 S.top==−1,表示栈空,无法出栈。

S.stacksize 表示顺序栈 S 的容量。当 S.top==S.stacksize−1,表示栈满,无法入栈。

这里约定 base 为栈底指针,若 base 的值为 NULL,表示栈结构不存在;元素 e 进栈时,先将 top 增 1,然后将其放在栈顶指针处;元素要出栈时,先将栈顶指针处的元素取出,然后 top 减 1。因此,top+1 的值实际上反映了栈中元素的个数,与顺序表中 length 值的意义相同。

【思考】 因为连续内存单元容量受限,所以在顺序表中设置了表长属性 length(线性表中元素的个数),以指示连续内存中已被用掉的单元并由它判断表空和表满。顺序栈中没有设置栈的长度,如何判断栈空和栈满?

图 3-4 所示为栈空、栈满、入栈以及出栈时 top 的特征及变化。

(a) 空栈   (b) 入栈   (c) 栈满   (d) 出栈

图 3-4　栈顶指针与栈中元素的关系

由于顺序栈的插入和删除操作限制在栈顶进行,因此对应栈的基本操作比顺序表要简单得多。根据 ADT Stack 中的基本操作定义设置操作参数类型和返回值后,顺序栈的基本操作的函数定义简述如表 3-1 所示。

表 3-1　顺序栈的基本操作的函数定义

序号	函 数 定 义	功 能 说 明
1	//初始化顺序栈 bool InitStack(SqStack<DT> &S,int m)	创建一个容量为 m 的空栈 S;创建成功,返回 true;否则,退出
2	//销毁顺序栈 void DestroyStack(SqStack<DT> &S)	释放顺序栈 S 所占内存空间
3	//取栈顶元素 bool GetTop(SqStack<DT> S,DT &e)	栈 S 空返回 false;否则取栈顶元素赋给 e,返回 true

续表

序号	函 数 定 义	功 能 说 明
4	//入栈 bool Push(SqStack<DT> &S,DT e)	栈 S 满返回 false;否则在栈顶插入一个值为 e 的元素,返回 true
5	//出栈 bool Pop(SqStack<DT> &S,DT &e)	栈 S 空返回 false;否则删除栈顶元素,返回 true
6	//测栈长 int StackLength(SqStack<DT> S)	求顺序栈 S 的长度,即栈中元素个数
7	//判栈空 bool StackEmpty(SqStack<DT> S)	判断顺序栈 S 是否为空栈。如果是空栈,返回 true;否则,返回 false
8	//清空栈 void ClearStack(SqStack<DT> &S)	把顺序栈变成空栈

顺序栈部分基本操作的实现算法如下。

1. 初始化顺序栈

【算法思想】 申请一组连续的内存空间,用来存放顺序栈,使 base 指向这段空间的基址;新栈为空栈,栈顶 top 设为 -1;申请的容量为栈最大可用容量 m。

算法描述与算法步骤如算法 3.1 所示。

算法 3.1 【算法描述】 　　　　　　　　　　**【算法步骤】**

```
0  template<class DT>
1  bool InitStack(SqStack<DT>&S,int m)    //创建容量为 m 的空栈
2  { S.base=new DT[m];                    //1.申请一组连续的内存空间
3    if(!S.base) exit(1);                 //申请失败,退出
4    S.top=-1;                            //2.申请成功,为栈属性赋值
5    S.stacksize=m;
6    return true;                         //3.返回 true
7  }
```

2. 销毁栈

【算法思想】 对应 new 申请内存空间命令,用 delete 释放顺序栈 S 所占内存空间;置栈顶 top 为 -1;栈最大可用容量 StackSize 为 0。

算法描述与算法步骤如算法 3.2 所示。

算法 3.2 【算法描述】 　　　　　　　　　　**【算法步骤】**

```
0  template<class DT>
1  void DestroyStack(SqStack<DT>&S)       //销毁顺序栈
2  {
3    delete [] S.base;                    //1.释放顺序栈占用的内存空间
4    S.top=-1;                            //2.为栈属性赋值
5    S.stacksize=0;
6  }
```

3. 入栈

【算法思想】 判断栈是否满,满则返回 false;否则将栈顶指针增 1,新元素插入栈顶指针位置。

算法描述与算法步骤如算法 3.3 所示。

算法 3.3 **【算法描述】**   **【算法步骤】**

0	`template<class DT>`	
1	`bool Push(SqStack<DT>&S, DT e)`	//在栈顶插入一个新元素
2	`{`	
3	`  if(S.top==S.stacksize-1)`	//1.栈满的情况,即栈上溢出
4	`    return false;`	//无法入栈,返回 false;
5	`  S.top++;`	//2.栈顶指针增 1
6	`  S.base[S.top]=e;`	//元素 e 放在栈顶指针处
7	`  return true;`	//3.返回 true
8	`}`	

4. 出栈

【算法思想】 判断栈是否空,空则返回 false;否则取栈顶元素赋给 e,然后将栈顶指针减 1。

算法描述与算法步骤如算法 3.4 所示。

算法 3.4 **【算法描述】**   **【算法步骤】**

0	`template<class DT>`	
1	`bool Pop(SqStack<DT>&S,DT &e)`	//删除栈顶元素
2	`{`	
3	`  if(S.top==-1)`	//1.栈空的情况,即栈下溢出
4	`    return false;`	//无法出栈,返回 false
5	`  e=S.base[S.top];`	//2.取栈顶元素,赋值给 e
6	`  S.top--;`	//栈顶指针减 1
7	`  return true;`	//3.返回 true
8	`}`	

5. 取栈顶元素

【算法思想】 判断栈是否空,空则返回 false;否则取栈顶元素赋给 e。此操作栈顶指针保持不变。

算法描述与算法步骤如算法 3.5 所示。

算法 3.5 **【算法描述】**   **【算法步骤】**

0	`template<class DT>`	
1	`bool GetTop(SqStack<DT>S,DT &e)`	//取栈顶元素
2	`{`	

```
3    if(S.top==-1)                        //1.栈空的情况,即栈下溢出
4        return false;                     //无法出栈,返回 false
5    e=S.base[S.top];                      //2.取栈顶元素,赋值给 e
6    return true;                          //3.返回 true
7  }
```

　　顺序栈与顺序表一样,操作时会受最大空间容量的限制,虽然在出现"满"的情况时可以通过重新分配存储空间来扩大容量,但此项工作量大,应尽量避免。如果在一个程序中需要同时使用具有相同数据类型的两个栈,那么可以为它们各自开辟数组空间,也可以用一个数组来存储两个栈,具体做法如下。

　　让一个栈的栈底在数组的始端,即下标为 0 处;让另一个栈的栈底在数组的末端,即下标为数组长度 $n-1$ 处。这样,两个栈如果增加元素,每个栈从各自的端点向中间延伸。假设 top1 和 top2 分别是栈 1 和栈 2 的栈顶指针,如图 3-5 所示。可以想象,只要它们不"见面",两个栈就可以一直使用。从这里也就可以分析出来,当 top1 等于 -1 时,栈 1 为空;当 top2 等于 n 时,栈 2 为空。那么,什么时候栈满呢?

图 3-5　栈顶指针与栈中元素的关系

　　可以思考极端的情况:若栈 2 是空栈,栈 1 的 top1 等于 $n-1$ 时,为栈 1 满;反之,当栈 1 为空栈,top2 等于 0 时,为栈 2 满。但更多的情况是在两个栈"见面"之时,也就是两个指针之间相差 1(即 top1+1==top2)时栈满。

　　此时,只有当整个存储空间都被两个栈占满,才会发生上溢。使用这样的数据结构通常都是当两个栈的空间需求有相反关系时,也就是一个栈增长时另一个栈在缩短的情况。这样使用两栈共享存储空间才有较大意义。两栈共享一个长度为 n 的存储空间与两个栈分别占用两个长度为 $\lfloor n/2 \rfloor$ 和 $\lceil n/2 \rceil$[①] 的存储空间相比较,前者发生上溢的概率要比后者小得多。

　　在实际应用中,如果应用程序无法预先估计栈可能达到的最大容量,建议使用链栈。

3.1.3　链栈

　　链栈(linked stack)**是用链表实现栈的存储结构**,通常用单链表表示。

　　对于链栈来说,一般不考虑栈满上溢的情况,除非内存已经没有可以使用的空间。由于链栈的主要操作是在栈顶进行插入和删除,因此把栈顶放在单链表的头部是最方便的,这样可以避免实现数据"入栈"和"出栈"时做大量遍历链表的耗时操作。而且,在链栈中没有必要像单链表那样为操作方便附加一个头结点。因此,链栈实际上是一个只能采用

---

　　① $\lfloor n/2 \rfloor$ 表示下取整,即不大于 $n/2$ 的最大整数;$\lceil n/2 \rceil$ 表示上取整,即不小于 $n/2$ 的最小整数。

头插法插入或删除数据的单链表。

链栈的存储及操作示意图如图 3-6 所示。

(a) 链栈存储示意图　　　　(b) 入栈　　　　(c) 出栈

图 3-6　链栈的存储及操作示意图

链栈的结点结构与单链表的结点结构相同,其存储结构定义如下:

```
template<class DT>
struct SNode              //结点类型名
{ DT data;                //数据域,存储数据元素
  SNode * next;           //指针域,指向后继结点
};
```

标识链栈的是指向栈顶元素结点的头指针。

根据定义,声明一个链栈变量 S 的语句为 SNode * S。

根据 ADT Stack 中的基本操作定义设置操作参数类型和返回值后,链栈的基本操作的函数定义简述如表 3-2 所示。

表 3-2　链栈的基本操作的函数定义

序号	函 数 定 义	功 能 说 明
1	//初始化链栈 bool InitStack(SNode<DT> * &S)	创建一个空栈 S,返回 true
2	//销毁链栈 void DestroyStack(SNode<DT> * &S)	释放链栈 S 所占内存空间
3	//取栈顶元素 bool GetTop(SNode<DT> * S,DT &e)	栈 S 空返回 false;否则取栈顶元素赋给 e,返回 true
4	//入栈 bool Push(SNode<DT> * &S,DT e)	在栈顶插入一个值为 e 的元素,返回 true
5	//出栈 bool Pop(SNode<DT> * &S,DT &e)	栈 S 空返回 false;否则删除栈顶元素,返回 true
6	//测栈长 int StackLength(SNode<DT> * S)	求链栈 S 的长度,即栈中元素个数

续表

序号	函 数 定 义	功 能 说 明
7	//判栈空 bool StackEmpty(SNode<DT> * S)	判断链栈 S 是否为空栈。如果是空栈,返回 true;否则,返回 false
8	//清空栈 void ClearStack(SNode<DT> * &S)	把链栈变成空栈

下面给出链栈中部分基本操作的实现算法。

1. 初始化链栈

【算法思想】 构造一个空栈,直接将栈顶指针置空即可。

算法描述与算法步骤如算法 3.6 所示。

算法 3.6 【算法描述】   【算法步骤】

```
0  template<class DT>
1  bool InitStack(SNode<DT> * &S)           //构造一个空栈
2  {
3    S=NULL;                                //1.栈顶指针置空
4    return true;                           //2.返回 true
5  }
```

2. 销毁栈

【算法思想】 从栈顶结点开始,将栈 S 中的结点逐个销毁。

算法描述与算法步骤如算法 3.7 所示。

算法 3.7 【算法描述】   【算法步骤】

```
0  template<class DT>
1  void DestroyStack(SNode<DT> * &S)        //销毁链栈 S
2  {
3    while(S)                               //栈非空
4    {
5      p=S;                                 //1.取第一个结点
6      S=S->next;                           //2.栈顶指针后移
7      delete p;                            //3.释放原第一个结点
8    }
9  }
```

3. 入栈

【算法思想】 为入栈元素动态分配一个结点空间 p,插入栈顶并修改栈顶指针为 p。

算法描述与算法步骤如算法 3.8 所示。

算法 3.8　【算法描述】　　　　　　　　　　　　　　　　**【算法步骤】**

```
0   template<class DT>
1   bool Push(SNode<DT> * &S,DT e)        //插入元素 e 为新的栈顶元素
2   {
3       p=new SNode<DT>;                  //1.生成新结点
4       if(!p) return false;              //创建失败,返回 false
5       p->data=e;                        //2.新结点数据域置为 e
6       p->next=S;                        //将新结点插入栈顶
7       S=p;                              //修改栈顶指针为 p
8       return true;                      //3.返回 true
9   }
```

4. 出栈

【算法思想】　判断栈是否空,空则返回 false;否则取栈顶元素赋给 e,然后修改栈顶指针并释放原栈顶元素的空间。

算法描述与算法步骤如算法 3.9 所示。

算法 3.9　【算法描述】　　　　　　　　　　　　　　　　**【算法步骤】**

```
0    template<class DT>
1    bool Pop(SNode<DT> * &S,DT &e)       //删除 S 栈顶元素,e 返回其值
2    {
3      if(S==NULL)                        //1.栈空的情况,即栈下溢出
4        return false;                    //无法出栈,返回 false
5      p=S;                               //2.p 暂存栈顶结点
6      e=p->data;                         //栈顶元素赋值给 e
7      S=S->next;                         //修改栈顶指针
8      delete p;                          //释放原栈顶元素的空间
9      return true;                       //3.返回 true
10   }
```

5. 取栈顶元素

【算法思想】　判断栈是否空,空则返回 false;否则取栈顶元素赋给 e。此操作栈顶指针保持不变。

算法描述与算法步骤如算法 3.10 所示。

算法 3.10　【算法描述】　　　　　　　　　　　　　　　**【算法步骤】**

```
0    template<class DT>
1    bool GetTop(SNode<DT> * S,DT &e)     //取栈顶元素
2    {
3      if(S==NULL)                        //1.栈空的情况,即栈下溢出
4        return false;                    //无法出栈,返回 false
```

```
5      p=S;                          //2.取栈顶元素
6      e=p->data;                    //赋值给 e
7      return true;                  //3.返回 true
8    }
```

3.1.4　顺序栈和链栈的比较

　　顺序栈和链栈基本操作的实现在时间上都是一致的,都是常数级 $O(1)$。在空间上,初始化一个顺序栈必须先声明一个固定长度,这样在栈不满时,就浪费了一部分存储空间,并且存在栈满溢出的问题;链栈没有栈满的问题,只有当内存没有可用空间时才会出现栈满,但是每个元素都需要一个指针域,从而产生了结构性开销。因此,当栈的使用过程中元素个数变化较大时,用链栈是适宜的,反之应该采用顺序栈。

3.1.5　栈的应用

　　日常生活中栈的应用很常见。例如,洗干净的盘子总是逐个叠放在已经洗好的盘子上面,使用时从上往下逐个取出;在软件使用中,很多软件都有"撤销"或"后退"操作,可以像时间倒退一样,返回到之前的某个操作或某个页面。栈的操作特点正是这些实际应用的抽象。

　　栈是一种非常重要的数据结构,用途十分广泛。在程序设计中,如果需要对数据存取采用"先进后出"原则的特点,则可以利用栈来实现。在后续二叉树的各种算法中会大量使用栈。下面通过括号匹配和算术表达式求值的例子说明栈的应用。

　　【应用 3-1】　括号匹配的校验。

　　在表达式中经常会用到两种括号:圆括号和方括号。不管使用哪种括号,表达式没有问题的一个重要因素就是所使用的括号是否能够匹配上。括号可以嵌套,([()])或([ ]())等为正确格式,但([)、([]或(())都不符合要求。

　　括号匹配要求"就近匹配",后面的先配,一层层由内而外。因此,可以使用栈的"先进后出"原则来校验括号是否匹配。每当读入一个左括号,直接入栈,等待相匹配的同类右括号。每当读入一个右括号,若栈不空且与当前栈顶元素匹配,则将栈顶元素出栈,继续进行比较;否则返回。

　　【算法思想】　首先初始化一个空栈 S,设置 flag 标志位,用来标志匹配结果以控制循环以及返回结果。1 表示匹配成功,0 表示匹配失败,flag 初值置为 1。然后从左往右扫描表达式,依次读入字符 ch,如果表达式没有扫描结束或 flag 非零,则循环执行下列操作。

　　若 ch 是左括号"("或"[",ch 入栈;若 ch 是右括号")",如栈不空且栈顶元素是"(",则匹配成功,栈顶元素出栈后继续扫描,否则匹配失败,flag 置为 0;若 ch 是右括号"]",如栈不空且栈顶元素是"[",则匹配成功,栈顶元素出栈后继续扫描,否则匹配失败,flag 置为 0。

　　循环结束后,如果栈空并且 flag 的值为 1,则匹配成功,返回 true;否则返回 false。

算法描述与算法步骤如算法 3.11 所示。

算法 3.11 　【算法描述】 　　　　　　　　　　　　　　　【算法步骤】

```
0    bool match(string exp)              //括号匹配校验
1    {
2      InitStack<char>(S);               //1.初始化空栈
3      flag=1; i=0;                       //2.标志匹配结果以控制循环以
4      ch=exp[i++];                       //及返回结果
5      while(ch!='#'&& flag==1)           //假设表达式以#结尾
6      {
7        switch(ch)
8        {
9          case '(':
10         case '[':                      //3.左括号入栈
11           Push(S,ch);
12           break;
13         case ')':                      //4.右括号入栈
14           GetTop(S,e);
15           if(!StackEmpty(S) && e=='(') //4.1 栈非空且栈顶是'(',匹
16             Pop(S,x);                  //配正确,出栈
17           else                         //4.2 栈空或栈顶不是'(',匹
18             flag=0;                    //配失败
19           break;
20         case ']':
21           GetTop(S,e);
22           if(!StackEmpty(S) && e=='[') //4.3 栈非空且栈顶是'[',匹
23             Pop(S,x);                  //配正确
24           else                         //4.4 栈空或栈顶不是'[',匹
25             flag=0;                    //配失败
26           break;
27       }
28       ch=exp[i++];                     //5.继续读入下一个字符
29     }
30     if(StackEmpty(S) && flag)
31         return true;                   //6.匹配成功,返回 true
32     else
33         return false;                  //匹配失败,返回 false
34   }
```

　　【算法分析】　算法执行过程中需要从头到尾扫描表达式中的每个字符,设表达式对应的字符串长度为 n,则算法的时间复杂度为 $O(n)$。算法运行时所占用的辅助存储空间主要取决于栈 S 的大小,显然栈 S 的空间大小不会超过 n,因此算法的空间复杂度也为 $O(n)$。

【**应用 3-2**】　算术表达式求值。

表达式求值是数学中的一个基本问题,也是程序设计中的一个基本问题。这里我们仅讨论简单算术表达式的求值问题。表达式包含数字和符号,表达式中处理的符号包括+、−、*、/、(、)。

根据运算符在操作数中的位置,表达式分为三种形式:前缀表达式(prefix expression)、中缀表达式(infix expression)和后缀表达式(postfix expression)。中缀表达式就是我们平常用的标准四则运算表达式,运算符在双目操作数中间且带有括号,例如表达式 $1+2*(7-4)/3$。

(1) 中缀表达式求值

表达式求值的一个常用方法是算符优先法,即从左到右扫描表达式,按运算符的优先级高低进行计算。算术四则运算的规则可概括为:从左到右,先括号内,后括号外,先乘除后加减。在表达式计算的每一步中,任意两个相邻出现的运算符 θ_1 和 θ_2 存在如下三种关系之一。

- $\theta_1 < \theta_2$:θ_1 的优先权低于 θ_2;
- $\theta_1 = \theta_2$:θ_1 的优先权等于 θ_2;
- $\theta_1 > \theta_2$:θ_1 的优先权高于 θ_2。

图 3-7 定义了运算符的优先级关系。

θ_1 \ θ_2	+	-	*	/	(	)	#
+	>	>	<	<	<	>	>
-	>	>	<	<	<	>	>
*	>	>	>	>	<	>	>
/	>	>	>	>	<	>	>
(	<	<	<	<	<	=	error
)	>	>	>	>	error	>	>
#	<	<	<	<	<	error	=

图 3-7　运算符的优先级关系

这里假设所求表达式不会出现语法错误,即不考虑 error 的情况。

为实现算符优先算法,设置两个工作栈:运算符栈 OP,用于存放暂不进行运算的运算符;操作数栈 OD,用于存放操作数或运算结果。一个运算符是否进行运算取决于其后出现的运算符,对应的操作分为三种:一是直接入栈($\theta_1 < \theta_2$);二是直接出栈($\theta_1 = \theta_2$);三是将当前栈顶符号出栈($\theta_1 > \theta_2$)并计算,然后根据新的栈顶符号与当前符号的优先级关系重复操作类型的判断。

【**算法思想**】　初始化 OP 栈和 OD 栈,将表达式起始符"♯"入 OP 栈。扫描表达式,读入第一个字符 ch。当读到的字符不是表达式结束符"♯"或 OP 的栈顶元素不是"♯"时,循环执行以下操作。

① 若 ch 是操作数,则入 OD 栈,读入下一个字符 ch;

② 若 ch 是运算符,则根据 OP 的栈顶元素(θ_1)和 ch(θ_2)的优先级比较结果,进行相

应处理。

- 如果 $\theta_1 < \theta_2$，则 ch 入 OP 栈，读入下一个字符 ch；
- 如果 $\theta_1 = \theta_2$，则 OP 栈顶元素为'('且 ch 为')'时，将 OP 栈顶元素弹出，相当于括号匹配成功，消去括号，读入下一个字符 ch；
- 如果 $\theta_1 > \theta_2$，则弹出 OP 栈顶元素，并且从 OD 栈弹出两个操作数，进行相应运算并将运算结果入 OD 栈。

最后操作数栈的栈顶元素即为表达式求值的结果，输出即可。

【例 3-3】　给出中缀表达式 $1+2*(7-4)/3$ 计算中栈的变化。

【解】　根据上述步骤，对表达式 $1+2*(7-4)/3$ 的计算过程如表 3-3 所示。

表 3-3　$1+2*(7-4)/3$ 计算过程中栈的变化

步骤	OP 栈	OD 栈	读 入 字 符	主 要 操 作
1				Push(**OP**,'#')
2	=		<u>1</u>+2*(7-4)/3=	Push(**OD**,'1')
3	=	1	1<u>+</u>2*(7-4)/3=	Push(**OP**,'+')
4	=+	1	1+<u>2</u>*(7-4)/3=	Push(**OD**,'2')
5	=+	1 2	1+2<u>*</u>(7-4)/3=	Push(**OP**,'*')
6	=+*	1 2	1+2*<u>(</u>7-4)/3=	Push(**OP**,'(')
7	=+*(	1 2	1+2*(<u>7</u>-4)/3=	Push(**OD**,'7')
8	=+*(	1 2 7	1+2*(7<u>-</u>4)/3=	Push(**OP**,'-')
9	=+*(-	1 2 7	1+2*(7-<u>4</u>)/3=	Push(**OD**,'4')
10	=+*(-	1 2 7 4	1+2*(7-4<u>)</u>/3=	Pop(**OP**,'-'),Pop(**OD**,4),Pop(**OD**,7),Push(**OD**,7-4)
11	=+*(	1 2 3	1+2*(7-4<u>)</u>/3=	Pop(**OP**,'(')
12	=+*	1 2 3	1+2*(7-4)<u>/</u>3=	Pop(**OP**,'*'),Pop(**OD**,3),Pop(**OD**,2),Push(**OD**,2*3)
13	=+	1 6	1+2*(7-4)<u>/</u>3=	Push(**OP**,'/')
14	=+/	1 6	1+2*(7-4)/<u>3</u>=	Push(**OD**,'3')
15	=+/	1 6 3	1+2*(7-4)/3<u>=</u>	Pop(**OP**,'/'),Pop(**OD**,3),Pop(**OD**,6),Push(**OD**,6/3)
16	=+	1 2	1+2*(7-4)/3<u>=</u>	Pop(**OP**,'+'),Pop(**OD**,2),Pop(**OD**,1),Push(**OD**,1+2)
17	=	3	1+2*(7-4)/3<u>=</u>	PoP(**OP**,'=')

算法描述与算法步骤如算法 3.12 所示。

算法 3.12　【算法描述】　　　　　　　　　　　　　　　　【算法步骤】

```
0   float valExp(char * exp)                //表达式求值
1   {
2     InitStack<char>(OP);                  //1.初始化 OP 栈
3     InitStack<int>(OD);                   //2.初始化 OD 栈
4     Push(OP,'#');                         //3.表达式起始符"#"入 OP 栈
5     cin>>ch;                              //4.输入表达式,边输入边处理
6     GetTop(OP,e);                         //5.获取 OP 栈顶元素
7     while(ch!='#' || e!='#')              //6.表达式没有扫描完或 OP 的栈顶元
8     {                                     //素不是'#'
9       if(!In(ch))                         //6.1 ch 不是运算符
10      {
11        Push(OD,ch);                      //6.1.1 入 OD 栈
12        ch= * exp++;    }                 //6.1.2 读入下一个字符
13      else                                //6.2 ch 是运算符
14        switch(Precede(e,ch))             //比较 OP 栈顶元素和 ch 的优先级
15        {
16          case '<':                       //6.2.1 栈顶运算符级别低
17            Push(OP,ch);                  //ch 入 OP 栈
18            cin>>ch;                      //读入下一个字符 ch
19            break;
20          case '=':                       //6.2.2 优先级相等
21            Pop(OP,x);                    //出栈
22            ch= * exp++;                  //读入下一个字符 ch
23            break;
24          case '>':                       //6.2.3 栈顶运算符优先级高
25            Pop(OP,x);                    //6.2.3.1 运算符出栈
26            Pop(OD,b);                    //6.2.3.2 弹出 OD 栈顶两个操作数
27            Pop(OD,a);                    //6.2.3.3 运算并将运算结果入 OD 栈
28            Push(OD,Operate(a,x,b));
29            break;
30        }
31        GetTop(OP,e);                     //6.2.3.4 获取栈顶运算符
32    }
33    GetTop(OD,result);                    //7.OD 栈顶元素为表达式求值的结果
34    return result;
35  }
```

　　【算法分析】　同样地,算法执行过程中需要从头到尾扫描表达式中的每个字符,若表达式对应的字符串长度为 n,则算法的时间复杂度为 $O(n)$。算法运行时所占用的辅助存储空间主要取决于 OP 栈和 OD 栈的大小,显然它们的空间大小之和不会超过 n,所以算法的空间复杂度也为 $O(n)$。

（2）中缀表达式转换为后缀表达式

后缀表达式是一种把所有运算符都放在操作数后面的式子，因此被称为后缀表达式，这样就解决了运算优先级和括号的问题。计算机在计算一个标准四则运算表达式时，一般都是先将中缀表达式转换为后缀表达式，然后进行计算，例如将中缀表达式 $1+2*(7-4)/3$ 转换为后缀表达式 $1274-*3/+$。

这是因为计算机处理后缀表达式求值问题是比较方便的。首先扫描后缀表达式，将遇到的操作数暂存于一个操作数栈中，凡是遇到运算符，便从栈中弹出两个操作数并将运算结果存于操作数栈中，直到对后缀表达式中最后一个操作数处理完，最后压入栈中的数就是最后表达式的计算结果。

利用运算符的优先级，我们可以把中缀表达式转换为后缀表达式，其过程如下。

Step 1. 创建一个运算符栈，结束符入栈。

Step 2. 从左到右扫描读取表达式，执行下列运算，直至表达式结束符。

2.1 如果是操作数，则直接输出，读入下一个字符。

2.2 如果是运算符 θ_2，则把运算符栈栈顶运算符 θ_1 与 θ_2 进行比较。

2.2.1 若 $\theta_1 < \theta_2$，则 θ_2 入运算符栈，读入下一个字符。

2.2.2 若 $\theta_1 = \theta_2$，则退栈不输出，若退出的是右括号")"，则读入下一个字符。

2.2.3 若 $\theta_1 > \theta_2$，则退栈并输出。

这里给出一个手动将中缀表达式转换为后缀表达式的方法，如表 3-4 所示。

表 3-4　中缀表达式转换为后缀表达式

步　　骤	方　法　描　述	示　例　说　明
1	写出中缀表达式	$1+2*(7-4)/3$
2	按运算先后把每一次运算用括号括起	$(1+((2*(7-4))/3))$
3	把运算符移至对应的括号的后面	$(1((2(7\ 4)-)*3)/)+$
4	去除括号	$1274-*3/+$

（3）后缀表达式求值

将中缀表达式转换成对应的后缀表达式后，对表达式求值时不需要再考虑运算符的优先级，只需要从左到右扫描一遍后缀表达式即可。后缀表达式的求值过程为：从左到右读入后缀表达式，若读入的是一个操作数，则将其入操作数栈；若读入的是一个运算符 θ，则从操作数栈中连续出栈两个元素 a、b（两个操作数），进行运算 $b\theta a$ 并把运算结果入操作数栈。重复上述过程直到表达式结束，操作数栈的栈顶元素即为该后缀表达式的计算结果。

算法描述与算法步骤如算法 3.13 所示。

算法 3.13　【算法描述】　　　　　　　　　　　　**【算法步骤】**

```
0   float valPostExp(char * postexp)        //后缀表达式求值
1   {
2     InitStack(OD);                         //1.初始化栈
3     ch= * postexp++;                       //2. 从左到右读入后缀表达式
4     while(ch!='#')
5     {
6       if(ch 是操作数)                       //2.1 操作数,入栈
7         Push(OD,ch);
8       else
9         if(ch 是运算符)                     //2.2 运算符
10        {
11          Pop(OD,a);Pop(OD,b);             //2.2.1 出栈两个元素
12          Push(OD,Operate(b,ch,a));        //2.2.2 运算后的结果入栈
13        }
14      ch= * postexp++;                     //2.2.3 读入表达式
15    }
16    GetTop(OD,result);                     //3.栈顶元素为后缀表达式的值
17    return result;
18  }
```

例如后缀表达式 1 2 7 4 — * 3 / ＋的求值过程如表 3-5 所示。

表 3-5　后缀表达式 1 2 7 4 — * 3 / ＋的求值过程

步　　骤	操 作 数 栈	说　　明
1	1	1 进栈
2	1 2	2 进栈
3	1 2 7	7 进栈
4	1 2 7 4	4 进栈
5	1 2	遇 —,4、7 出栈
6	1 2 3	7—4＝3,结果入栈
7	1	遇 *,3、2 出栈
8	1 6	2 * 3＝6,6 入栈
9	1 6 3	3 入栈
10	1	遇 /,3、6 出栈
11	1 2	6 / 3＝2,2 入栈
12		遇 ＋,2、1 出栈
13	3	1＋2＝3,3 入栈
14	3	扫描结束

最后求得后缀表达式 1 2 7 4 - * 3 / + 的结果为 3,与用中缀表达式求得的结果一致,显然后缀表达式的求值要简单得多。

3.2 队列

3.2.1 队列的定义和特点

队列(queue)和栈一样,也是一种操作受限的线性表。但与栈不同的是,队列是一种**先进先出**的线性表。它只允许在一端进行插入操作,而在另一端进行删除操作。这里,允许插入的一端称为**队尾**(rear),允许删除的一端称为**队头**或**队首**(front)。向队列中插入新元素称为**进队**或**入队**(enqueue),新元素入队后就成为新的队尾元素。从队列中删除元素称为**出队**(dequeue)或**离队**,元素出队后,其直接后继元素就成为新的队首元素。队列结构如图 3-8 所示。

图 3-8　队列结构示意图

图 3-9 是一个队列的操作示意图,图中 front 指向队首元素位置,rear 指向队尾元素的下一个位置。图 3-9(a)表示一个空队;图 3-9(b)表示插入 3 个元素之后队列的状态;图 3-9(c)表示进行一次出队操作之后队列的状态;图 3-9(d)表示再出队一次之后队列的状态。

(a) 空队　　(b) 元素a、b、c入队　　(c) 出队一次　　(d) 再出队一次

图 3-9　队列的操作示意图

队列的操作与栈的操作类似,不同的是插入数据只能在队尾进行,删除数据只能在队头进行。下面是队列的抽象数据类型 Queue 的定义。

```
ADT Queue {
数据对象: D={a_i|a_i ∈ ElementSet, i=1, 2, …, n, n≥0}。
数据关系: R={<a_{i-1}, a_i>|a_{i-1}, a_i ∈ D, i=2, …, n},约定 a_n 端为队尾, a_1 端为队头。
基本操作:
    InitQueue(&Q)                    //初始化队列
        操作功能:创建一个空的队列 Q。
        操作输出:创建成功,返回 true;不成功,返回 false。
    DestroyQueue(&Q)                 //销毁队列
        操作功能:释放队列 Q 所占的存储空间。
```

操作输出：无。
GetHead(Q)　　　　　　　　　//取队头元素
　　操作功能：读取队列 Q 的队头元素。
　　操作输出：如果队列不空，输出队头元素。
EnQueue(&Q,e)　　　　　　　//入队
　　操作功能：在队尾插入新元素 e。
　　操作输出：插入元素 e 为队列 Q 新的队尾元素。
DeQueue(&Q,&e)　　　　　　//出队
　　操作功能：删除队头元素。
　　操作输出：删除队列 Q 的队头元素并用 e 返回其值。
QueueLength(Q)　　　　　　//测队长
　　操作功能：求队列 Q 的长度。
　　操作输出：返回队列 Q 的元素个数。
QueueEmpty(Q)　　　　　　　//判队空
　　操作功能：判断队列 Q 是否为空。
　　操作输出：如果 Q 是空队，返回 true；否则，返回 false。
ClearQueue(&Q)　　　　　　//清空队列
　　操作功能：删除队列 Q 中的所有元素。
　　操作输出：队列 Q 被置为空队。
}ADT Queue

【例 3-4】　若元素入队顺序为 1234，能否得到 3142 的出队顺序？

【解】　入队顺序为 1234，那么由队列的先进先出原则，出队顺序也为 1234。因此不能得到 3142 的出队顺序。

3.2.2　循环队列

队列作为一种特殊线性表，同样也存在顺序存储和链式存储两种方式。我们首先了解队列的顺序存储结构——顺序队列。

和顺序栈类似，**顺序队列**（sequential queue）**是利用一组连续的存储单元存放从队头至队尾的数据元素**。为操作方便，附设两个整型变量 front 和 rear，分别指示队头和队尾元素的位置。顺序队列定义如下。

```
template<class DT>
struct SqQueue
{ DT * base;          //存储空间基地址
  int front;          //队头指针,指向队首元素①
  int rear;           //队尾指针,指向队尾元素的后面
  int queuesize;      //队列容量
}
```

由上述定义可知下列语句的含义。

———————

① 也有将队头元素指向队首元素前和将队尾元素指向队尾元素的，那出队元素与入队元素在位置上是有区别的。

SqQueue<DT> Q;表示声明一个顺序队列变量 Q。

Q.front 表示队头指针,Q.base[Q.front]表示队首元素,队不空时,即出队该元素。

Q.rear 表示队尾指针,如果元素入队,队不满时,存入 Q.base[Q.rear]处。

这里约定初始化创建空队列时,Q.front=Q.rear=0;元素入队时,若队列不满,新入队元素送入 Q.rear 所指单元,队尾指针 Q.rear 增1;元素出队时,若队列不空,从 Q.front 所指单元取出队头元素,队头指针 Q.front 增1(注意,这与现实生活中队列的队头元素出队操作不同)。因此,在非空队列中,队头指针始终指向队首元素位置,队尾指针始终指向队尾元素的下一个位置。

顺序队列结构及操作示意图如图 3-10 所示。

(a) 空队　　(b) a、b、c入队　　(c) a、b出队　　(d) d、e、f入队

图 3-10　顺序队列结构及操作示意图

在图 3-10(d)中,由于当前队列分配的最大存储空间为 6,如有新元素插入,则无法继续入队,会产生数组越界引起程序非法操作的错误,此现象称为溢出。而实际上,此时队列中还有可用空闲空间,因此这种现象称为假溢出。

为解决"假溢出"现象,使得数组中的存储空间可以充分利用起来,一种比较巧妙的方法是假设存储队列的连续存储空间是头尾相接的环状结构,形成一个环形的顺序表,我们称之为**循环队列**(circular queue)。

在循环队列中,头、尾指针以及队列元素之间的关系不变,只是头、尾指针"依环增1"的操作需要通过模运算来实现。通过取模,循环队列的头指针和尾指针可以在顺序表空间内以头尾相接的方式"循环"移动。循环队列头、尾指针的调整方法如下。

- 队尾指针增1:Q.rear=(Q.rear+1)%Q.queuesize。
- 队头指针增1:Q.front=(Q.front+1)%Q.queuesize。

如图 3-10(d)所示,在元素 f 入队前,rear 的值为 5。当元素 f 入队后,通过模运算,Q.rear=(Q.rear+1)%6,因此得到 rear 的值为 0,不会出现"假溢出"现象。若此后有元素 g 和 h 相继入队,则队列空间满,此时 Q.front=Q.rear。

如图 3-10(c)所示,元素 c 出队,则出现队空的状态,此时 Q.front=Q.rear。

由此可见,引入循环队列后,出现了队空与队满的条件一样的情况。那么,如何区分某一状态是队空还是队满呢?为解决这一问题,采用的方法之一是牺牲一个存储单元,即当队尾指针加1等于队首指针时判定为队满。因此,本书约定循环队列中队空和队满的条件如下。

- 队空:Q.front==Q.rear。

● 队满：（Q.rear＋1）％Q.queuesize＝＝Q.front。

循环队列结构及操作示意图如图 3-11 所示。

图 3-11　循环队列结构及操作示意图

　　类似地,根据 ADT Queue 中的基本操作定义设置操作参数类型和返回值后,循环队列的基本操作的函数定义简述如表 3-6 所示。

表 3-6　循环队列的基本操作的函数定义

序号	函 数 定 义	功 能 说 明
1	//初始化队列 bool InitQueue(SqQueue<DT> &Q,int m)	创建容量为 m 的空队列 Q;创建成功,返回 true;否则,结束运行
2	//销毁队列 void DestroyQueue(SqQueue<DT> &Q)	释放队列 Q 所占内存空间
3	//取队头元素 bool GetHead(SqQueue<DT> Q,DT &e)	队列 Q 空,返回 false;否则取队头元素赋给 e,返回 true
4	//入队 bool EnQueue(SqQueue<DT> &Q,DT e)	队列 Q 满,返回 false;否则在队尾插入一个值为 e 的元素,返回 true
5	//出队 bool DeQueue(SqQueue<DT> &Q,DT &e)	队列 Q 空,返回 false;否则删除队头元素,返回 true
6	//测队长 int QueueLength(SqQueue<DT> Q)	求队列 Q 的长度,即队中元素个数
7	//判队空 bool QueueEmpty(SqQueue<DT> Q)	判断队列 Q 是否为空。如果是空队列,返回 true;否则,返回 false
8	//清空队 void ClearQueue(SqQueue<DT> &Q)	把队列 Q 变成空队列

　　循环队列的类型定义与前面给出的顺序队列的类型定义相同。循环队列部分基本操作的实现算法如下。

1. 初始化队列

　　【算法思想】　申请一组连续的内存空间,用来存放循环队列,使 base 指向这段空间的基址;新队列为空,头指针和尾指针置为 0;申请的容量为队列最大可用容量 m。

　　算法描述与算法步骤如算法 3.14 所示。

算法 3.14　【算法描述】 　　　　　　　　　　　　　　【算法步骤】

0	template<class DT>	
1	bool InitQueue(SqQueue<DT>&Q,int m)	//创建容量为 m 的空队列
2	{	
3	Q.base=new DT[m];	//1.申请一组连续的内存空间
4	if(!Q.base) exit(1);	//申请失败,退出
5	Q.front=Q.rear=0;	//2.申请成功,为队列属性赋值
6	Q.queuesize=m;	
7	return true;	//3. 返回 true
8	}	

2. 销毁队列

【算法思想】　对应 new 申请内存空间命令,用 delete 释放循环队列 Q 所占内存空间;置头指针和尾指针为 0;队列最大可用容量为 0。

算法描述与算法步骤如算法 3.15 所示。

算法 3.15　【算法描述】 　　　　　　　　　　　　　　【算法步骤】

0	template<class DT>	
1	void DestroyQueue(SqQueue<DT>&Q)	//销毁循环队列
2	{	
3	delete [] Q.base;	//1.释放循环队列占用的内存空间
4	Q.front=Q.rear=0;	//2.为队列属性赋值
5	Q.queuesize=0;	
6	}	

3. 入队

【算法思想】　判断队列是否满,满则返回 false;否则将新元素插入队尾,队尾指针加 1。

算法描述与算法步骤如算法 3.16 所示。

算法 3.16　【算法描述】 　　　　　　　　　　　　　　【算法步骤】

0	template<class DT>	
1	bool EnQueue(SqQueue<DT>&Q,DT e)	//在队尾插入一个新元素
2	{	
3	if((Q.rear+1)%Q.queuesize==Q.front)	//1.队满的情况
4	return false;	//无法入栈,返回 false
5	Q.base[Q.rear]=e;	//2.元素 e 放在队尾指针处
6	Q.rear=(Q.rear+1)%Q.queuesize	//队尾指针增 1
7	return true;	//3.返回 true
8	}	

4. 出队

【算法思想】　判断队列是否空,空则返回 false;否则取队头元素赋值给 e,然后将队头指针加 1。

算法描述与算法步骤如算法 3.17 所示。

算法 3.17　【算法描述】　　　　　　　　　　　　　　　　【算法步骤】

```
0  template<class DT>
1  bool DeQueue(SqQueue<DT>&Q,DT &e)        //删除队头元素
2  {
3    if(Q.front==Q.rear)                    //1.队空的情况
4      return false;                        //无法出队,返回 false
5    e=Q.base[Q.front];                     //2.取队头元素,赋值给 e
6    Q.front=(Q.front+1)%Q.queuesize;       //队头指针加 1
7    return true;                           //3.返回 true
8  }
```

5. 取队头元素

【算法思想】　判断队列是否空,空则返回 false;否则取队头元素赋值给 e。此操作队头指针保持不变。

算法描述与算法步骤如算法 3.18 所示。

算法 3.18　【算法描述】　　　　　　　　　　　　　　　　【算法步骤】

```
0  template<class DT>
1  bool GetHead(SqQueue<DT>Q,DT &e)         //取队头元素
2  {
3    if(Q.front==Q.rear)                    //1.队空的情况
4      return false;                        //无队头元素,返回 false
5    e=Q.base[Q.front];                     //2.取队头元素,赋值给 e
6    return true;                           //3.返回 true
7  }
```

循环队列同样面临数组可能会溢出的问题,因此如果应用程序无法预先估计所用队列的最大长度,宜选择使用链队列。

3.2.3　链队

队列的链式存储结构简称为**链队列**或**链队**(linked queue),是使用链表实现的队列存储结构,通常用单链表表示。链队的实现思想与顺序队列类似,通过创建两个指针 front 和 rear 分别指向链表中队列的队头元素和队尾元素。为操作上的方便,与单链表一样,给链队添加一个头结点,队头指针始终指向头结点。

链队的结构及操作示意图如图 3-12 所示。

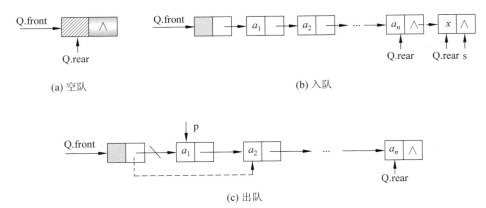

图 3-12　链队的结构及操作示意图

链队的结点结构与单链表的结点结构相同。队列的链式存储结构定义如下。

```
template<class DT>                            template <class DT>
struct QNode          //结点类型名          struct LinkQueue
{ DT data;            //数据域,存储数据元素   { QNode<DT> * front;        //队头
  QNode * next;       //指针域,指向后继结点     QNode<DT> * rear;         //队尾
};                                           };
```

根据定义,声明一个链队变量 Q 的语句为 LinkQueue Q。

Q.front->next 指向队头元素,出队指删除此元素。Q.front->Q.rear 指向队尾元素,入队指在此元素后增添新的元素。

其他相关语句的操作含义同单链表。

根据 ADT Queue 中的基本操作定义设置操作参数类型和返回值后,链队的基本操作的函数定义简述如表 3-7 所示。

表 3-7　链队的基本操作的函数定义

序号	函 数 定 义	功 能 说 明
1	//初始化队列 bool InitQueue(LinkQueue<DT> &Q)	创建一个只有一个头结点的空队,返回 true
2	//销毁队列 void DestroyQueue(LinkQueue<DT> &Q)	释放队列 Q 所占内存空间
3	//取队头元素 bool GetHead(LinkQueue<DT>,DT &e)	队列 Q 空,返回 false;否则取队头元素赋值给 e,返回 true
4	//入队 bool EnQueue(LinkQueue<DT> &Q,DT e)	在队尾插入一个值为 e 的元素,返回 true
5	//出队 bool DeQueue(LinkQueue<DT> &Q,DT &e)	队列 Q 空,返回 false;否则删除队头元素,返回 true
6	//测队长 int QueueLength(LinkQueue<DT> Q)	求队列 Q 的长度,即队中元素个数

续表

序号	函 数 定 义	功 能 说 明
7	//判队空 bool QueueEmpty(LinkQueue<DT> Q)	判断队列 Q 是否为空。如果是空队列,返回 true;否则,返回 false
8	//清空队 void ClearQueue(LinkQueue<DT> &Q)	把队列 Q 变成空队列

下面给出链队中部分基本操作的实现算法。

1. 初始化队列

【算法思想】　申请一个结点作为头结点;空队列无后继元素,指针域为空;队首 Q.front 和队尾 Q.rear 均指向该结点。

算法描述与算法步骤如算法 3.19 所示。

算法 3.19　【算法描述】　　　　　　　　　　　**【算法步骤】**

```
0  template<class DT>
1  bool InitQueue(LinkQueue<DT> * &Q)          //链队列初始化
2  {
3    Q.front=new QNode<DT>;                     //1.创建头结点
4    if(!Q.front) exit(1);                      //申请失败,退出
5    Q.front->next=NULL;                        //2.成功,头结点指针域为空
6    Q.rear=Q.front;                            //3.头、尾指针都指向头结点
7    return true;                               //4.返回 true
8  }
```

2. 销毁队列

【算法思想】　从头结点开始,依次销毁。

算法描述与算法步骤如算法 3.20 所示。

算法 3.20　【算法描述】　　　　　　　　　　　**【算法步骤】**

```
0  template<class DT>
1  void DestroyQueue(LinkQueue<DT> * &Q)        //销毁队列
2  {
3    while(Q.front)                             //链队非空
4    {
5      p=Q.front;                               //1.取第一个结点
6      Q.front=Q.front->next;                   //2.头结点后移
7      delete p;                                //3.释放原第一个结点
8    }
9  }
```

3. 入队

【算法思想】　与循环队列的入队操作不同,链队在入队前不需要判断队是否满。为入队元素动态分配一个结点空间 p,插到队尾并修改队尾指针为 p。

算法描述与算法步骤如算法 3.21 所示。

算法 3.21　【算法描述】　　　　　　　　　　　　　【算法步骤】

0	`template<class DT>`	
1	`bool EnQueue(LinkQueue<DT> &Q,DT e)`	//在队尾插入一个新元素
2	`{`	
3	`  p=new QNode<DT>;`	//1.生成新结点
4	`  if(!p) return false;`	//创建失败,返回 false
5	`  p->data=e;`	
6	`  p->next=NULL;`	//2.新结点数据域置为 e
7	`  Q.rear->next=p;`	//将新结点插到队尾
8	`  Q.rear=p;`	
9	`  return true;`	//修改队尾指针为 p
10	`}`	//3.返回 true

4. 出队

【算法思想】　判断队列是否空,空则返回 false;否则取队头元素赋值给 e,然后修改队头指针。

算法描述与算法步骤如算法 3.22 所示。

算法 3.22　【算法描述】　　　　　　　　　　　　　【算法步骤】

0	`template<class DT>`	
1	`bool DeQueue(LinkQueue<DT> * &Q,DT &e)`	//删除队头元素
2	`{`	
3	`  if(Q.front==Q.rear)`	//1.队空,无法出队
4	`    return false;`	//返回 false
5	`  p=Q.front->next;`	//2.p 指向队头元素
6	`  e=p->data;`	//e 保存队头元素值
7	`  Q.front->next=p->next;`	//修改头指针
8	`  if(Q.rear==p)`	//3.最后一个元素被删
9	`    Q.rear=Q.front;`	//队尾指针指向头结点
10	`  delete p;`	//释放原队头元素空间
11	`  return true;`	//4.返回 true
12	`}`	

5. 取队头元素

【算法思想】　判断队列是否空,空则返回 false;否则取队头元素赋值给 e。此操作队头指针保持不变。

算法描述与算法步骤如算法 3.23 所示。

算法 3.23 【算法描述】   【算法步骤】

```
0   template<class DT>
1   bool GetHead(LinkQueue<DT> * Q,DT &e)        //取队头元素
2   {
3     if(Q.front==Q.rear)                        //1.队列空
4       return false;                            //无队头元素,返回 false
5     e=Q.front->next->data;                     //2.取队头元素,赋值给 e
6     return true;                               //3.返回 true
7   }
```

3.2.4 循环队列与链队列的比较

从时间上看,循环队列和链队列的基本操作都是常数时间,即都为 $O(1)$。但是,循环队列是事先申请好空间,使用期间不释放。而对于链队列,每次申请和释放结点会存在一些时间开销,如果入队和出队操作频繁,两者还是有细微的差异。

从空间上看,循环队列必须有一个固定的长度,因此就有了存储元素个数和空间浪费的问题。而链队列不存在这个问题,尽管它需要一个指针域,会产生一些空间上的开销,但也可以接受。因此在空间上,链队列更加灵活。

总体来说,在可以确定队列长度最大值的情况下,建议使用循环队列;而如果无法预估队列的长度,则建议使用链队列。

3.2.5 队列的应用

在日常生活中,队列的使用非常广泛。餐厅排队点单、售票窗口排队买票、医院挂号系统等都是队列的例子。队列在程序设计中也频繁出现。在具体的问题求解中,只要涉及"先进先出"的设计,都可以采用队列作为数据结构。在支持多道程序设计的计算机系统中,若干个作业需要通过一个通道输出,那就需要按照请求输入的先后次序排队。当通道传输完毕可以接收新的输出任务时,队头的作业先从队列中退出完成输出任务,申请输出的作业都从队尾进入队列。在实际使用时,注意不要混淆栈和队列:栈结构是一端封口,特点是"先进后出";而队列的两端全都开口,特点是"先进先出"。

【应用 3-3】 舞伴问题。周末舞会上,男士和女士进入舞厅时分别排成一队。开始跳舞时,依次从男队和女队的队头各出一人配成舞伴。若两队初始人数不等,则较多的那队中未配对者等待下一轮。

显然,这一问题具有典型的先进先出特征,因此可选择队列作为算法的数据结构。设置两个队列分别保存进入舞厅的男士和女士,根据性别决定进男队还是女队。队列构造完成后,依次将两队的队头元素出队,完成配对,直到其中某队为空。

【算法思想】 算法中舞者的个人信息定义如下。

```
typedef struct
```

```
{ char name[20];            //姓名
  char sex;                 //性别,F表示女士,M表示男士
}Dancer;
```

step 1. 创建两个空队,一个为男队GenQueue,另一个为女队LadyQueue;

step 2. 反复循环,依次将跳舞者根据其性别插入男队或女队;

step 3. 舞曲开始,只要男队和女队都不空,循环执行:男队和女队各出队一人,配对入场;

step 4. 配对结束,从非空队列中输出下一轮第一个出场的未配对者的姓名。

算法描述与算法步骤如算法3.24所示。

算法3.24   【算法描述】   **【算法步骤】**

0	`void DancePartner(Dancer person[],int num)`	//舞伴问题
1	`{`	
2	`  InitQueue(GenQueue);`	//1.男队初始化
3	`  InitQueue(LadyQueue);`	//女队初始化
4	`  for(i=0;i<num;i++)`	//2.舞者根据性别依次入队
5	`  {`	
6	`    p=person[i];`	
7	`    if(p.sex=='F') EnQueue(LadyQueue,p);`	//2.1女士入女队
8	`    else EnQueue(GenQueue,p);`	//2.2男士入男队
9	`  }`	
10	`  while(!QueueEmpty(GenQueue)`	//3.男队女队均不空
11	`    && !QueueEmpty(LadyQueue))`	
12	`  {`	
13	`    DeQueue(LadyQueue,p);`	//3.1女士出队
14	`    cout<<p.name<<"   ";`	
15	`    DeQueue(GenQueue,p);`	//3.2男士出队
16	`    cout<<p.name<<endl;`	
17	`  }`	
18	`  if(!QueueEmpty(GenQueue))`	//4.男队非空
19	`  {`	
20	`    GetHead(GenQueue,p);`	//取男队队头
21	`    cout<<p.name<<"有先生等着呢!"<<endl;`	
22	`  }`	
23	`  else if(!QueueEmpty(LadyQueue))`	//5.女队非空
24	`  {`	
25	`    GetHead(LadyQueuee,p);`	//取女队队头
26	`    cout<<p.name<<"有女士等着呢!"<<endl;`	
27	`  }`	
28	`  else`	//6.男、女队均空,正好配对
29	`    cout<<"配对完美结束!"<<endl;`	
30	`}`	

【算法分析】　若跳舞总人数为 n,则该算法的时间复杂度为 $O(n)$。算法的空间复杂度取决于两个队列的长度,两队长度之和不超过 n,因此空间复杂度也为 $O(n)$。

3.3　小结

1. 本章知识要点
本章知识要点如图 3-13 所示。

图 3-13　本章知识要点

2. 本章相关算法
本章相关算法与应用如图 3-14 所示。

图 3-14　本章相关算法与应用

习题 3

一、填空题

1. 栈是（　　）的线性表,其运算遵循（　　）的原则。

2. 若一个栈的输入序列是 1、2、3,则不可能的栈输出序列是（　　）。

3. 用 S 表示入栈操作,X 表示出栈操作,若元素入栈的顺序为 1234,为得到 1342 的出栈顺序,相应的 S 和 X 的操作串为（　　）。

4. 循环队列的引入,其目的是为了（　　）。

5. 队列是限制插入只能在表的一端,而删除在表的另一端进行的线性表,其特点是（　　）。

6. 已知链队列的头尾指针分别是 f 和 r,则将值 x 入队的操作序列是（　　）。

7. 表达式求值是（　　）应用的一个典型例子。

8. 循环队列用数组 A[0..m−1] 存放其元素值,已知其头尾指针分别是 front 和 rear,则当前队列的元素个数是（　　）。

9. 以下运算实现在链栈上的进栈,请用适当语句补充完整。

```
void Push(SNode * ls, DT x)
{
    SNode * p;
    p=new Lstack;
    _____;
    p->next=ls;
    _____;
}
```

10. 以下运算实现在链队上的入队,请用适当语句补充完整。

```
void EnQueue(QueptrTp * lq, DT x)
{
    Lqueue * p;
    p=new Lqueue;
    _____=x;
    p->next=NULL;
    (lq->rear)->next=_____;
    _____;
}
```

二、简答题

1. 简述顺序栈的类型定义。

2. 简述链栈的类型定义。

3. 简述循环队列的类型定义。

4. 简述链队的类型定义。

5. 对于循环队列,试写出求队列长度的算法。

6. 设有编号为 1、2、3、4 的四辆列车顺序进入一个车站的站台。试写出这四辆列车开出车站的所有可能的顺序。

7. 阅读下列程序,写出程序的运行结果。

```
#define sqstack_maxsize 40
Typedef struct SqStack
{
    char data[SqStack_maxsize];
    int top;
}
Main()
{
    SqStack sq;
    int i;
    char ch;
    InitStack(&sq);
    for(ch='A';ch<='A'+12;ch++)
    {
        Push(&sq,ch);
        cout<<ch;
    }
    cout<<endl;
    while(!EmptyStack(sq))
    {
        Pop(&sq,&ch);
        cout<<cn;
    }
    cout<<endl;
}
```

8. 阅读下列算法,写出其完整的功能。

```
void reverse_list(LNode * head)
{
    SqStack ls,p;
    DataType x;
    InitStack(&ls);
    p=head->next;
    while(p!=NULL)
    {
        Push(&ls,p->data);
        p=p->next;
    }
```

```
    p=head->next;
    while(!EmptyStack(&ls))
    {
        Pop(&ls,&x);
        p->data=x;
        p=p->next
    }
}
```

9. 写出下列中缀表达式的后缀表达式。

(1) $-A+B-C+D$

(2) $(A+B)*D+E/(F+A*D)+C$

(3) $A\&\&B||!(E>F)$

10. 用栈实现将中缀表达式 $8-(3+5)*(5-6/2)$ 转换成后缀表达式，(1)写出其后缀表达式；(2)画出中缀式转变成后缀表达式过程中栈的变化过程图。

三、算法设计题

1. 假设以 I 和 O 分别表示入栈和出栈操作。栈的初态和终态均为空。

(1) 下面所示的序列中哪些是可操作序列？

    A. IOIIOIOO   B. IOOIOIIO   C. IIIOIOIO   D. IIIOOIOO

(2) 写出一个算法，判定所给的操作序列是否合法。若合法，返回 true，否则返回 false(假定被判定的操作序列已存入一维数组中)。

2. 假设以数组 cycque[m](假设数组范围为 $0..m$)存放循环队列的元素，同时设变量 rear 和 quelen 分别指示循环队列中队尾元素位置和内含元素的个数。试给出此循环队列的队满条件，并且写出相应的入队列和出队列的算法。

3. 借助栈(可用栈的基本运算)来实现单链表的逆置运算。

四、上机练习题

1. 设有两个栈 S_1 和 S_2 都采用顺序栈方式，并且共享一个存储区[$0..maxsize-1$]。为尽量利用空间，减少溢出的可能，采用栈顶相向、迎面增长的存储方式。试设计 S_1 和 S_2 有关入栈和出栈的操作算法。

2. 假设以带头结点的循环链表表示队列，并且只设一个指针指向队尾元素结点(注意不设头指针)，试编写相应的初始化队列、入队列和出队列算法。

第 **4** 章

CHAPTER

数组和矩阵

　　数组是计算机中数据组织与管理的一种形式,数组元素可以是数字、字符等多种类型。矩阵是数学上的一个概念,矩阵元素只能是数字。两者操作集不一样,但外观形状和数据逻辑结构一样。本章主要讨论它们的存储方法。

　　多维数组映射到一维内存中,可采用低下标优先或高下标优先进行顺序存储;特殊矩阵中有许多相同元素,稀疏矩阵中有许多零元素,它们可以进行压缩存储,即不需要存储所有元素。

　　数组和矩阵是很常用的数据组织形式,它们是线性表的推广。

本章主要知识点

- 多维数组的存储。
- 特殊矩阵的压缩存储方法及应用。
- 稀疏矩阵的压缩存储方法及应用。

本章教学目标

- 掌握多维数组到一维内存的映射方法。
- 掌握特殊矩阵的压缩存储设计方法。
- 掌握稀疏矩阵的压缩存储设计方法。
- 对于具体问题,能够选用或设计合适的存储结构。

4.1　多维数组

4.1.1　数组的定义

　　数组(array)是程序中最常用的数据结构,其本质是内存中一段大小固定、地址连续的存储单元。

　　从逻辑结构上看,数组是由 $n(n \geqslant 1)$ 个相同类型数据元素 $a_1, a_2, \cdots, a_n$ 构成的有限序列。其中,每个元素称为数组元素,受 $n(n \geqslant 1)$ 个线性关系的约束。每个元素在 n 个线性关系中的序号 $i_1, i_2, \cdots, i_n$ 称为该元素的下标,可以通过下标访问该数据元素。用于标识数组元素位置下标的个数称为数组的**维数**。每个下标的取值范围称为该维的**维界**。

如果数组中每个元素处于 $n(n \geqslant 1)$ 个关系中,则称该数组为 n 维数组。数组可以看成线性表的推广。例如,一个一维数组可以看成一个线性表,一个二维数组可以看成每个数据元素都是相同类型一维数组的一维数组。

图 4-1(a)所示的二维数组可以看成一个线性表。其中每个数据元素是一个行向量形式的线性表(见图 4-1(b))或是一个列向量形式的线性表(见图 4-1(c)),以此类推。一个 n 维数组类型可以定义为其数据元素为 $n-1$ 维数组类型的一维数组类型。

(a) 矩阵表示   (b) 行向量的一维数组

(c) 列向量的一维数组

图 4-1   二维数组示意图

可以看出,数组数据类型具有以下性质。

- 结构中的元素本身可以是具有某种结构的数据,但属于同一数据类型。
- 数组一旦被定义,它的维数和维界就不再改变。因此,除结构的初始化和销毁外,数组只有存取元素和修改元素的操作。
- 数组中的每个数据元素都和唯一的下标值对应。
- 数组是一种随机存储结构,可以随机存取数组中的任意数据元素。

抽象数据类型 Array 定义如下。

```
ADT Array {
数据对象: jᵢ=0,···,bᵢ-1,i=1,2,···,n;
        D={aⱼ₁ⱼ₂...ⱼₙ|n(n>0)称为数组的维数,bᵢ 是数组第 i 维的长度,
        jᵢ 是数组元素的第 i 维下标,aⱼ₁ⱼ₂...ⱼₙ∈ElementSet}。
数据关系: R={R1,R2,···,Rn}。
基本操作:
    InitArray(&A,n,boundᵢ,···,boundₙ)              //创建数组
        操作功能:若维数 n 和各维长度合法,则构造相应的数组 A 并返回 true。
        操作输出:无。
    DestroyArray(&A)                               //销毁数组
        操作功能:销毁数组 A。
```

操作输出：无。

Value(A,&e,index₁,…,indexₙ) //获得数组元素值
　　操作功能：如果各下标不超界，则 e 赋值为所指定的 A 的元素值并返回 true。
　　操作输出：无。

Assign(&A,e,index₁,…,indexₙ) //数组元素赋值
　　操作功能：如各下标不超界，则将 e 的值赋给所指定的 A 的元素并返回 true。
　　操作输出：无。

}ADT Array

4.1.2　数组的顺序存储

存储单元是一维线性结构，而数组可能是多维的结构，因此如何用一组连续的存储单元存放数组元素就有次序约定问题。例如图 4-1(a)所示的二维数组可以看成如图 4-1(b)所示的一维数组，也可以看成如图 4-1(c)所示的一维数组。相应地，对二维数组可以有两种存储方式：**低下标优先或以行序为主序**（row major order）的存储方式和**高下标优先或以列序为主序**（column major order）的存储方式。在 C、Pascal 等大多数程序设计语言中，采用的都是低下标优先的存储方式。在 FORTRAN 等少数程序设计语言中，采用的是高下标优先的存储方式。

1. 低下标优先

低下标优先的存储方式为：最右边的下标先变化，即最右下标从小到大循环一遍后，右边的第二个下标再变，……，从右往左，最后是左下标。

$$A_{mn} = \begin{bmatrix} a_{00} & a_{01} & \cdots & a_{0\,n-1} \\ a_{10} & a_{11} & \cdots & a_{1\,n-1} \\ \vdots & \vdots & \ddots & \vdots \\ a_{m-1\,0} & a_{m-1\,1} & \cdots & a_{m-1\,n-1} \end{bmatrix}$$

图 4-2　二维数组 A_{mn}

以二维数组为例，一个 m 行 n 列的二维数组 A_{mn}（如图 4-2 所示），其下标从 0 开始，低下标优先存储的示意图如图 4-3 所示。

图 4-3　二维数组的低下标优先存储

由图 4-3 可知，在低下标优先存储中，"按行依次排放"数组元素；即先存储第 0 行，然后是第 1 行，最后是第 $m-1$ 行。因此，低下标优先存储方法也称为"以行序为主序"的存储方法。

二维数组经过一维映射后，下标为 (i,j) 的数组元素 a_{ij} 在一维存储中的位序 k（k 从 0 开始）为多少呢？这取决于排在 a_{ij} 之前的元素个数。a_{ij} 前有 i 行，每行有 n 个元素，共有 $i \times n$ 个元素；a_{ij} 位于所在行（第 i 行）第 j 个，因此

$$k = i \times n + j = i \times n + j \tag{4-1}$$

假设 $\text{LOC}(0,0)$ 是元素 a_{00} 的存储位置，$\text{LOC}(i,j)$ 是元素 a_{ij} 的存储位置，每个数据元素占 L 个存储单元，则元素 a_{ij} 的存储位置为

$$\text{LOC}(i,j) = \text{LOC}(0,0) + (n \times i + j) \times L \tag{4-2}$$

【例 4-1】 C/C++ 中二维数组 float a[5][4]的起始地址是 2000，且每个数组元素长

度为 32 位(4 字节),求数组元素 a[3][2]的内存地址。

【解】　因为 C/C++ 中数组采用以行序为主序的存储方式,根据式(4-2),数组元素 a[3][2]的内存地址为

$$LOC(3,2)=LOC(0,0)+(n \times i+j) \times L=2000+(4 \times 3+2) \times 4=2056$$

【讨论】

① 假设数据元素下标 i、j 均从 1 开始,k 也从 1 开始,采用低下标优先存储,a_{ij} 的位序 $k=(i-1) \times m+j$。如果元素首地址为 $LOC(1,1)$,则 $LOC(i,j)=LOC(1,1)+((i-1) \times m+j-1) \times L$,为什么?

② 推广到一般,对于二维数组 A[c1..c2][d1..d2]采用低下标优先存储,数据元素 a_{ij} 对应的位序 k 为多少?

2. 高下标优先

高下标优先的存储方式为:最左边的下标先变化,即最左下标从小到大循环一遍后,左边的第二个下标再变,……,从左往右,最后是右下标。同样地,以二维数组 A_{mn} 为例,高下标优先存储的示意图如图 4-4 所示。

图 4-4　二维数组的高下标优先存储

由图 4-4 可知,在高下标优先的存储顺序中,数组元素"按列依次排放"在存储器中。因此,高下标优先存储方法也称为"以列序为主序"的存储方法。

在一维存储中,a_{ij} 前有 j 列,每列 m 个元素,共 $j \times m$ 个元素;a_{ij} 位于所在列(第 j 列)第 i 个,因此数组元素 a_{ij} 一维内存中的位序 k 为

$$k=j \times m+i \tag{4-3}$$

存储位置为

$$LOC(i,j)=LOC(0,0)+(j \times m+i) \times L \tag{4-4}$$

【例 4-2】　数组 a[0..5,0..6]的每个元素占 5 个单元,将其按列优先次序存储在起始地址为 1000 的连续内存单元中,求数组元素 a[5][5]的内存地址。

【解】　根据式(4-4),数组元素 a[5][5]的内存地址为

$$1000+(5 \times 6+5) \times 5=1175$$

【讨论】　如果数组元素下标(i,j)及位序 k 均从 1 开始,它们之间的关系如何?

3. 高维数组

先看三维数组。设三维数组 a 的维界为 $p \times m \times n$,如图 4-5(a)所示。它采用低下标优先存储,如图 4-5(b)所示。

从一维映射可知,三维数组的低下标优先存储可以看成按高下标切成 p 个面,每面有 $m \times n$ 个元素。首先存储第 1 面元素,然后存储第 2 面元素……最后存储第 p 面元素,每一面上按低下标优先存储。经过一维映射后,下标为(j_1,j_2,j_3)的元素,位序 k(从 1 开始)为

(a) 三维数组

| a_{111} | a_{112} | ... | a_{11n} | a_{121} | a_{122} | ... | a_{12n} | ... | a_{1m1} | a_{1m2} | ... | a_{1mn} | a_{211} | ... | a_{2mn} | ... | a_{p11} | ... | a_{pmn} |

　1面1行　　　　　　1面2行　　　　　　1面m行　　　2面　　　　　　　p面

(b) 三维数组的低下标优先存储

图 4-5　三维数组及其低下标优先存储示意图

$$k = (j_1 - 1) \times (m \times n) + (j_2 - 1) \times n + j_3 \tag{4-5}$$

$$\begin{aligned}
\mathrm{LOC}(j_1, j_2, j_3) &= \mathrm{LOC}(1,1,1) + (k-1) \times L \\
&= \mathrm{LOC}(1,1,1) + ((j_1 - 1) \times (m \times n) + \\
&\quad\ (j_2 - 1) \times n + j_3 - 1) \times L
\end{aligned} \tag{4-6}$$

当下标从 0 开始时，

$$\mathrm{LOC}(j_1, j_2, j_3) = \mathrm{LOC}(0,0,0) + (j_1 \times m \times n + j_2 \times n + j_3) \times L \tag{4-7}$$

推广到 n 维数组，设维界为 $b_1 \times \cdots \times b_n$，可以得到

$$\begin{aligned}
\mathrm{LOC}(j_1, j_2, \cdots, j_n) &= \mathrm{LOC}(0,0,\cdots,0) + (j_1 \times b_2 \times b_3 \times \cdots \times b_n + \\
&\quad\ j_2 \times b_3 \times \cdots \times b_n + \cdots + j_{n-1} \times b_n + j_n) \times L \\
&= \mathrm{LOC}(0,0,\cdots,0) + \left(\sum_{i=1}^{n-1} j_i \prod_{k=i+1}^{n} b_k + j_n \right) \times L
\end{aligned} \tag{4-8}$$

【思考】　如果是高下标优先，多维元素的下标 (j_1, j_2, j_3) 与映射后的位序 k 之间关系如何？

4.2　特殊矩阵

　　矩阵是很多科学与工程计算问题中研究的数学对象，用二维数组表示矩阵是最自然的方法。**特殊矩阵**（special matrix）是指非零元素或零元素的分布有一定规律的矩阵。为节省存储空间，可以对这类矩阵进行压缩存储。所谓**压缩存储**，是指为多个值相同的元素只分配一个存储空间，对零元素不分配存储空间。

　　特殊矩阵主要包括对称矩阵、三角矩阵和对角矩阵等，它们都是方阵，即行数和列数相同。下面重点讨论这三种特殊矩阵的压缩存储。

4.2.1 对称矩阵

若一个 n 阶方阵 A 中的元素满足 $a_{ij}=a_{ji}(0 \leqslant i,j \leqslant n-1)$，则称其为 n 阶**对称矩阵**（symmetric matrix），如图 4-6 所示。

由于对称矩阵中的元素关于主对角线对称，因此可以为每一对对称元素分配一个存储空间。对于 $n \times n$ 个元素的对称矩阵，只需要存储对角线及其以上或以下的元素，共有 $(1+2+\cdots+n)=n(n+1)/2$ 个元素。

$$\begin{bmatrix} 8 & 3 & 4 & 2 & 1 \\ 3 & 6 & 9 & 7 & 3 \\ 4 & 9 & 5 & 2 & 4 \\ 2 & 7 & 2 & 7 & 6 \\ 1 & 3 & 4 & 6 & 0 \end{bmatrix}$$

图 4-6 对称矩阵

假设以一维数组 $B[0..n(n+1)/2-1]$ 作为 n 阶对称矩阵 A 的存储结构，不失一般性，以行序为主序存储其下三角（包括对角线）的元素，如图 4-7 所示。

a_{00}
a_{10} a_{11}
a_{20} a_{21} a_{22}
$\cdots$ $\cdots$ a_{ij} a_{ii}
$a_{n-1,0}$ $a_{n-1,1}$ $a_{n-1,2}\cdots\cdots a_{n-1,n-1}$

0	1	2	3	$\cdots$	$\cdots$	k	$\cdots$	$n(n+1)/2-1$
a_{00}	a_{10}	a_{11}	a_{20}	$\cdots$	$\cdots$	$a_{i,j}$		$a_{n-1,n-1}$

(a) 对称矩阵   (b) 对称矩阵的压缩存储

图 4-7 n 阶对称矩阵的低下标优先存储示意图

对于下三角中的任一元素 $a_{ij}(i \geqslant j)$，它前面共有 i 行，第 1 行有 1 个元素，第 2 行有 2 个元素，……，第 i 行有 i 个元素，共有 $1+2+\cdots+i=i(i+1)/2$ 个元素；在当前行中，排在它前面的有 j 个元素。因此，A 中任一元素 a_{ij} 与 b_k 之间存在着如下对应关系。

$$k=\begin{cases} \dfrac{i(i+1)}{2}+j & i \geqslant j \\ \dfrac{j(j+1)}{2}+i & i < j \end{cases} \tag{4-9}$$

【例 4-3】 将 10 阶对称矩阵 A 压缩存储在一维数组 B 中，求 B 中包含的元素个数是多少？$A[5][8]$ 在 B 中的位序是多少？

【解】 设以行序优先存储对角线及其以下的元素，则 B 中共有 $1+2+\cdots+10=55$ 个元素。

对于 $A[5][8]$，$i=5<j=8$，$k=j(j+1)/2+i=41$。

4.2.2 三角矩阵

主对角线以上或以下的元素值为常数 c（通常 c=0）的矩阵称为**三角矩阵**（triangular matrix）。三角矩阵有上三角矩阵和下三角矩阵两种。主对角线以上的元素为常数的称为下三角矩阵（如图 4-8(a) 所示），主对角线以下的元素为常数的称为上三角矩阵（如图 4-8(b) 所示）。对三角矩阵进行压缩存储时，方式与对称矩阵类似。不同之处在于除了存储主对角线及其以上（下）的元素外，还需要多存储一个常数 c。

图 4-9 所示为下三角矩阵及其按行优先的压缩存储。二维数组下标 (i,j) 与 k 的关系为

$$
\begin{pmatrix}
a_{00} & c & \cdots & c \\
a_{10} & a_{11} & \cdots & c \\
\vdots & \vdots & a_{ij} & c \\
a_{n-1,0} & a_{n-1,1} & \cdots & a_{n-1,n-1}
\end{pmatrix}
\qquad
\begin{pmatrix}
a_{00} & a_{01} & \cdots & a_{0,n-1} \\
c & a_{11} & \cdots & a_{1,n-1} \\
\vdots & \vdots & a_{ij} & \vdots \\
c & c & c & a_{n-1,n-1}
\end{pmatrix}
$$

(a) 下三角矩阵　　　　　　　　　　(b) 上三角矩阵

图 4-8　三角矩阵

0	1	2	3	4	5	$\cdots$	k	$\cdots$			$n(n+1)/2$
a_{00}	a_{10}	a_{11}	a_{20}	a_{21}	a_{22}	$\cdots$	a_{ij}	$\cdots$	$a_{n-1\,n-1}$		c

图 4-9　下三角矩阵存储示意图

$$
\begin{cases}
k = i(i+1)/2 + j & i \geqslant j \\
k = n(n+1)/2 & i < j
\end{cases}
$$

【例 4-4】 已知 n 阶下三角矩阵 $\boldsymbol{A}$（即当 $i<j$ 时，有 $a_{ij}=0$），按照压缩存储的思想，可以将其主对角线以下所有元素（包括主对角线上元素）依次存放于一维数组 B 中。请写出从第一列开始采用列序为主序分配方式时在 B 中确定元素 a_{ij} 的存放位置的公式。

【解】 有 n 阶下三角矩阵元素 $\boldsymbol{A}[i][j]$（$1\leqslant i,j\leqslant n, i\geqslant j$）。第 1 列有 n 个元素，第 j 列有 $n-j+1$ 个元素，第 1 列到第 $j-1$ 列是梯形，元素数为 $(n+(n-j+2))(j-1)/2$，而 a_{ij} 在第 j 列上的位置是为 $i-j+1$。因此 n 阶下三角矩阵 $\boldsymbol{A}$ 按列存储，其元素 a_{ij} 在一维数组 B 中的存储位置 k 与 i 和 j 的关系为

$$
k = (n+(n-(j-1)+1))(j-1)/2 + (i-j+1) = (2n-j)(j-1)/2 + i
$$

4.2.3　对角矩阵

若一个 n 阶方阵 $\boldsymbol{A}$ 的所有非零元素都集中在以主对角线为中心的带状区域中，则称之为 n 阶**对角矩阵**（diagonal matrix），如图 4-10(a) 所示。除了主对角线上和直接在对角线上、下方若干条对角线上的元素外，所有其他元素皆为 0。

(a) 一般情形　　　　　　　　　　(b) 三对角矩阵

0	1	2	3	4	5	$\cdots$	k	$\cdots$	$3n-4$	$3n-3$
a_{00}	a_{01}	a_{10}	a_{11}	a_{12}	a_{21}	$\cdots$	a_{ij}	$\cdots$	$a_{n-1\,n-2}$	$a_{n-1\,n-1}$

(c) 三对角矩阵（以行序为主序）的压缩存储

图 4-10　对角矩阵

对于图 4-10(b)所示的三对角矩阵,若将其非零元素存储到一维数组 B 中,可以发现,A 中第 0 行和第 $n-1$ 行都只有两个非零元素,其余各行非零元素均为 3 个。对于不在第 0 行的非零元素 a_{ij} 来说,它前面存储了矩阵的前 i 行元素,这些元素的总数为 $2+3(i-1)$。若 a_{ij} 是本行中需要存储的第一个非零元素,则 $k=2+3(i-1)=3i-1$,此时 $j=i-1$,则有 $k=2i+i-1=2i+j$。若 a_{ij} 是本行中需要存储的第二个非零元素,则 $k=2+3(i-1)+1=3i$,此时 $j=i$,则有 $k=2i+i=2i+j$。……如此归纳起来有 $k=2i+j$。三对角矩阵采用按行序为主序来存储的压缩存储,如图 4-10(c)所示。

【例 4-5】 设有三对角矩阵 A_{nn},将其三条对角线上的元素逐行存放于数组 $B[1..3n-2]$ 中,使得 $B[k]=a_{ij}$,给出用 i 和 j 表示 k 的下标变换公式。

【解】 三对角矩阵第一行和最后一行各有两个非零元素,其余每行均有三个非零元素,因此共有 $3n-2$ 个元素。主对角线左下对角线上的元素下标间有关系 $i=j+1$,k 与 i 和 j 的关系为 $k=3(i-1)$;主对角线上的元素下标间有关系 $i=j$,k 与 i 和 j 的关系为 $k=3(i-1)+1$;主对角线右上对角线上的元素下标间有关系 $i=j-1$,k 与 i 和 j 的关系为 $k=3(i-1)+2$。综合以上三个等式,有 $k=2(i-1)+j$ ($1\le i,j\le n$, $|i-j|\le 1$)。

在上述这些特殊矩阵中,非零元素的分布都有一个明显的规律,因而可将其压缩存储到一维数组中。这样的压缩存储只需要在算法中按公式进行映射,即可找到每个非零元素在一维数组中的对应关系。

4.3 稀疏矩阵

在实际应用中还会经常遇到另一类矩阵,其非零元素较少,而且分布没有一定规律,我们称之为**稀疏矩阵**(sparse matrix)。

对稀疏矩阵如果采用常规方法进行顺序存储,会造成内存的很大浪费。不同于前面讨论的几种特殊矩阵的压缩存储方法,稀疏矩阵的压缩存储方法是只存储非零元素。由于稀疏矩阵中非零元素的分布没有任何规律,因此在存储非零元素的同时,还必须存储该非零元素的位置 (i,j),i 和 j 分别为行号和列号。这样,稀疏矩阵中的每一个非零元素由一个三元组 (i,j,a_{ij}) 唯一确定,对三元组表不同的存储方法形成稀疏矩阵不同的压缩方法。

4.3.1 三元组表顺序存储

采用顺序存储结构存储的三元组表称为**三元组顺序表**。要确定一个稀疏矩阵,除三元组表外,还需要存储矩阵的行数、列数和非零元素个数。设数据元素数据类型为整型,三元组表顺序存储的类型定义如下。

```
typedef struct {
    int i, j;                //该非零元的行号和列号
    int e;                   //该非零元的值
} MTNode;                    //三元组
typedef struct{
```

```
    MTNode  * data;              //三元组表
    int mu,nu,tu;                //矩阵行数、列数、非零元素个数
  } TSMatrix;
```

其中,三元组表中存储的非零元素通常以行序为主序顺序排列。矩阵 **A** 按行优先的三元组表顺序存储如图 4-11 所示。

(a) 矩阵**A**   (b)**A** 的三元组表顺序存储

图 4-11　三元组表顺序存储

这样的存储方法节约了存储空间,但矩阵的运算从算法上可能变得复杂。下面讨论这种存储方式下的稀疏矩阵的转置运算。

设 **A** 表示一个 $m \times n$ 的稀疏矩阵,其转置矩阵 **B** 则是一个 $n \times m$ 的稀疏矩阵。由 **A** 求 **B** 需要完成下列操作。

① **A** 的行、列转换成 **B** 的列、行;

② 将 **A** 中每一个三元组的行列交换后转换到 **B** 中。

三元组表顺序存储中规定,三元组是按一行一行且每行中的元素是按列号从小到大的规律顺序存放的,因此 **B** 也必须按此规律实现。在进行上述第二步的转换时,如何在 **A** 的三元组表存储基础上得到 **B** 的三元组表存储呢?

方法一:直接取,顺序存

【算法思想】　按照转置后元素在压缩存储中位置的先后,从 **A** 中以列为顺序取元素,存入 **B** 的压缩存储中。

算法描述与算法步骤如算法 4.1 所示。

算法 4.1　【算法描述】　　　　　　　　　　　**【算法步骤】**

0	`void TransMatrix(TSMatrix A,TSMatrix &B)`	//求稀疏矩阵 **A** 的转置矩阵 **B**
1	`{`	
2	`  B.mu=A.nu; B.nu=A.mu; B.tu=A.tu;`	//1.行数、列数、非零元个数
3	`  if(B.tu)`	//矩阵有非零元素
4	`  {`	
5	`    q=0;`	
6	`    for(col=0; col<A.nu;++col)`	//转置矩阵 **B** 的初始存储位置
7	`      for(p=0; p<A.tu;++p)`	//2.依次寻找各列非零元
8	`        if(A.data[p].j==col)`	

9	{	//2.1 找到
10	B.data[q].i=A.data[p].j;	
11	B.data[q].j=A.data[p].i;	//2.2 行号、列号互换
12	B.data[q].e=A.data[p].e;	//2.3 非零元存入 B
13	++q;	//指向下一个存储位置
14	}	
15	}	
16	}	

【算法分析】 该算法的时间主要耗费在嵌套的 for 循环上,时间复杂度为 $O(nu \times tu)$[①],如果非零元个数与矩阵元素个数同数量级,则算法的时间复杂度为 $O(mu \times nu^2)$。显然,压缩存储后,节约了存储空间,但增加了算法的时间复杂度。

压缩存储后算法效率低的原因是算法要从 **A** 的三元组表中寻找第一列、第二列……要反复搜索 **A** 的三元组表。若能直接确定 **A** 中每一个三元组在 **B** 中的位置,则对 **A** 的三元组表扫描一次即可。这是可以做到的,因为 **A** 中第一列的第一个非零元素一定存储在 B.data[0] 中,如果还知道第一列的非零元素的个数,那么第二列的第一个非零元素在 B.data[] 中的位置则等于第一列的第一个非零元素在 B.data[] 中的位置加上第一列的非零元素的个数……如此类推,因为 **A** 中三元组的存放顺序是先行后列,对同一行来说,必定先遇到列号小的元素,这样只需要扫描一遍 A.data[] 即可。方法二的思路即基于此得来。

方法二:顺序取,直接存

在这个方法中,需要引入两个辅助向量:num[col] 和 cpot[col]。其中,num[col] 表示矩阵 **A** 中第 col 列的非零元素的个数,cpot[col] 表示矩阵 **A** 中第 col 列的第一个非零元素在 **B** 的三元组中的位置。

根据前面的分析,cpot 的初始值为 cpot[0]=0;同时可以得到下面的递推关系。

$$cpot[col] = cpot[col-1] + num[col-1], \quad 1 \leqslant col \leqslant n-1$$

图 4-11(a)所示矩阵的 num 和 cpot 值如图 4-12 所示。

col	0	1	2	3	4	5
num[col]	1	2	1	2	0	1
cpot[col]	0	1	3	4	6	6

图 4-12 矩阵 **A** 的 num 和 cpot 值

【算法思想】 根据 **A** 中非零元的分布,确定每列首个非零元在 **B** 中的位置;然后,扫描 **A**,依次取三元组,交换其行号、列号后放到 **B** 中合适的位置,并且调整相应列的下一个元素存储地址,直至取完 **A** 的三元组表中最后一个元素。

算法描述与算法步骤如算法 4.2 所示。

---

① 这里 nu 表示矩阵的列数 M.nu,tu 表示矩阵的非零元个数 M.tu,同样以 mu 表示矩阵行数 M.mu。

算法 4.2 　【算法描述】　　　　　　　　　　　　　　　【算法步骤】

```
 0  void TransMatrix(TSMatrix A, TSMatrix &B)    //求稀疏矩阵 A 的转置矩阵 B
 1  {
 2      B.mu=A.nu; B.nu=A.mu; B.tu=A.tu;         //1. B 的行数、列数、非零元个数
 3      num=new int[B.nu];
 4      cpot=new int[B.nu];
 5      if(B.tu>0)                               //2.计算 A 各列非零元个数
 6      {
 7        for(col=0;col<A.nu; col++)             //num[col]
 8          num[col]=0;
 9        for(i=0; i<A.tu;i++)                   //2.1 初始化 num[]
10          {
11              j=A.data[i].j;                   //2.2 求矩阵 A 中每一列非零元素的个数
12              num[j]++;
13          }
14        cpot[0]=0;
15        for(col=1;col<A.nu;col++)
16          cpot[col]=cpot[col-1]+num[col-1];    //3.计算 B 中各行首元存储位置
17        for(k=0; k<A.tu; k++)
18          {
19              col=A.data[k].j;                 //4.扫描 A 的三元组表
20              q=cpot[col];                     //4.1 找到 B 中的存储位置
21              B.data[q].i=A.data[k].j;
22              B.data[q].j=A.data[k].i;
23              B.data[q].e=A.data[k].e;         //4.2 交换行号、列号存入 B 中
24              cpot[col]++;
25          }
26      }
27  }
```

【算法分析】　这个算法中有四个循环，分别执行 nu、tu、nu−1、tu 次，在每个循环中，每次迭代的时间是一常量，因此总的计算量是 $O(nu+tu)$。与方法一相比，它在时间性能上有所改进，也称为"快速转置"算法；但是它所需要的存储空间比方法一多了两个向量。

4.3.2　带行指针向量的链式存储

如果每个三元组用一个结点表示，并且把具有相同行号的三元组结点按照列号从小到大的顺序链接成一个单链表，则这种存储方法称为**带行指针向量的链式存储**。每个三元组结点的定义如下。

```
struct MTNode
{  int i,j;                    //行号,列号
   T e;                        //元素值,T 为元素类型
```

```
    MTNode * next;                  //指向同行下一个结点
}
```

带行指针向量的链式存储结构的定义如下。

```
typedef struct
{   MTNode **rpos;                  //存放各行链表的头指针
    int mu,nu,tu;                   //行数、列数、非零元个数
} LMatrix
```

图 4-13(a)所示的稀疏矩阵 M 的带行指针向量的链式存储如图 4-13(b)所示。

$$M = \begin{bmatrix} 0 & 0 & 9 & 0 & 7 & 0 \\ 0 & 0 & 0 & 0 & 0 & 0 \\ 0 & 8 & 0 & 3 & 2 & 0 \\ 1 & 0 & 0 & 0 & 0 & 0 \\ 0 & 0 & 5 & 0 & 4 & 0 \end{bmatrix}$$

(a) 稀疏矩阵 M (b) M 的带行指针向量的链式存储

图 4-13　稀疏矩阵 M 的带行指针向量的链式存储

如果无法预知结果矩阵中的非零元分布情况,则采用链表存储稀疏矩阵更为合适。在类似于矩阵的求和运算中,矩阵中的数据元素变化较大(这里的变化主要是非零元素变为 0,0 变为非零元素),因此选择链式存储结构存储三元组更为合适。图 4-14 为两个矩阵、行向量存储及它们的和。

$$A = \begin{bmatrix} 0 & 3 & 0 & 0 & 0 & 0 \\ 0 & 2 & 0 & 5 & 0 & 0 \\ 0 & 0 & 0 & 0 & 0 & 0 \\ 9 & 0 & 0 & 0 & 0 & 1 \end{bmatrix}_{4\times6} \quad B = \begin{bmatrix} 0 & 0 & 7 & 0 & 0 & 0 \\ 0 & 6 & 0 & -5 & 0 & 0 \\ 0 & 4 & 0 & 0 & 0 & 0 \\ 0 & 0 & 0 & 0 & 0 & 0 \end{bmatrix}_{4\times6} \quad C = A+B = \begin{bmatrix} 0 & 3 & 7 & 0 & 0 & 0 \\ 0 & 8 & 0 & 0 & 0 & 0 \\ 0 & 4 & 0 & 0 & 0 & 0 \\ 9 & 0 & 0 & 0 & 0 & 1 \end{bmatrix}_{4\times6}$$

图 4-14　矩阵加法示意图

下面讨论带行指针向量的链式存储方式下稀疏矩阵的求和运算。

设 A 和 B 都是 $m \times n$ 的稀疏矩阵,它们的和 C 也是一个 $m \times n$ 的稀疏矩阵。矩阵相加是矩阵对应位置上的元素相加,因此 C 中的非零元不仅和 A、B 中非零元的分布有关,还和对应位置上元素相加的结果有关。

【算法思想】 两个矩阵规模如果不一样,则不能求和。对于规模相同的矩阵 A、B,依次处理各行。每一行按列序将 A 和 B 中结点复制到 C 中,相同列号的元素值相加,和

非零则在 *C* 生成新结点。

算法描述与算法步骤如算法 4.3 所示。

算法 4.3　【算法描述】　　　　　　　　　　　　　　　【算法步骤】

0	`Matrix Add (LMatrix ma, LMatrix mb,LMatric &C)`	//稀疏矩阵求和 C=A+B
1	`{`	//1.初始化
2	`  m=ma.mu ;n=ma.nu ;`	//1.1 行数、列数变量
3	`  mc.mu=m;mc.nu=n;mc.tu=0;`	//1.2 和矩阵 C 的行数、列数、非零
4	`  mc.rops=new MTNode *[m];`	//元个数
5	`  for(i=0;i<m;i++)`	//1.3 设置 C 的行向量指针为空
6	`    mc.rops[i]=NULL;`	
7	`  for(i=0;i<m;i++)`	//2.按行扫描 A、B 各行链表,求和
8	`  {`	//矩阵中各结点
9	`    pa=ma.rops[i];`	//2.1 pa、pb 分别指 A、B 第 i
10	`    pb=mb.rops[i];`	//行首结点
11	`    pc=mc.rops[i];`	//pc 指向 C 第 i 行表尾
12	`    while(pa && pb)`	//2.2 pa、pb 指针不空,
13	`    {`	
14	`      flag=1;`	//2.2.1 设置需生成和结点的标识
15	`      if(pa->j<pb->j)`	//2.2.2pa 结点列号小
16	`      {`	
17	`        s=new MTNode;`	//2.2.2.1 新建一个结点
18	`        NodeCopy(s,pa);`	//2.2.2.2 复制结点 pa
19	`        s->next=NULL;`	//2.2.2.3 新结点后继指针为空
20	`        pa=pa->next;}`	//2.2.2.4pa 指向下一个结点
21	`      else if(pa->j==pb->j)`	//
22	`      {`	//2.2.3 pa、pb 列号相等
23	`        sum=pa->e+pb->e;`	
24	`        if(sum==0)`	//2.2.3.1 求两结点值的和 sum
25	`          flag=0;`	//2.2.3.2 和为零
26	`        else`	//设置不生成新的和结点标志
27	`        {`	//2.2.3.3 和不为零
28	`          s=new MTNode;`	
29	`          NodeCopy(s,pa);`	//复制 pa
30	`          s->e=sum;`	//值为 sum
31	`          s->next=NULL;}`	//后继指针为空
32	`        pa=pa->next;pb=pb->next;  }`	//pa、pb 后移
33	`      else`	//2.2.4 pb 结点列号小
34	`      {`	
35	`        s=new MTNode;`	//2.2.4.1 复制 pb 结点
36	`        NodeCopy(s,pb);`	

```
37          s->next=NULL;                    //2.2.4.2 新结点后继指针为空
38          pb=pb->next;}                    //2.2.4.3 pb 后移
39        if(flag)                           //2.2.5 在 C 第 i 行表尾插入 s
40        { mc.tu++;                          //2.2.5.1 C 非零元数增 1
41          AddNode(mc.rops[i],pc,s)}         //2.2.5.2 在 C 第 row 行表尾插入 s
42        }
43        if(pa)                             //2.3 pa 不空
44        {                                  //将 pa 各结点复制到 qc 后
45          while(pa)                        /
46          {
47            s=new MTNode;
48            NodeCopy(s,pa);
49            pa=pa->next;
50            AddNode(mc.rops[i],pc,s);}
51        }
52        if(pb)                             //2.4 pb 不空
53        {                                  //将 pb 各结点复制到 qc 后
54          while(pb)
55          {
56            s=new MTNode;
57            NodeCopy(s,pb);
58            pb=pb->next ;
59            AddNode(mc.rops[i],pc,s);}
60        }
61      }
62  }
```

【算法分析】 如果使用带行指针向量的链式存储方式解决稀疏矩阵压缩存储,那么在矩阵求和问题中,对于某个单独的结点来说,算法的时间复杂度为一个常数(全部为选择结构),算法整体的时间复杂度取决于两个矩阵中非零元素的个数。因此,算法的时间复杂度为 $O(A.tu+B.tu)$。

4.3.3 十字链表

十字链表(orthogonal list)是稀疏矩阵的一种链式存储方式。在链表中,稀疏矩阵的每一行设置一个单独链表,同时每一列也设置一个单独链表。这样,矩阵中的每一个非零元素同时包含在两个链表中,方便了算法中行方向和列方向元素的搜索,从而大大降低了算法的时间复杂度。

十字链表中的每个非零元素用一个包含 5 个域的结点表示,如图 4-15(a)所示。其中,i、j、e 分别代表非零元素所在的行号、列号和相应的非零元素值;down 和 right 分别用来链接同一列和同一行中的下一个非零元素结点。此外,另设两个数组存储各行的头指针和各列的头指针,整个矩阵构成一个十字交叉的链表,故称这样的存储结构为十字链表。图 4-15(c)为图 4-15(b)所示矩阵 A 的十字链表存储示意图。

(a) 十字链表结点结构　　　　　　　　　　　(b) 矩阵A

(c) 矩阵 A 的十字链表存储

图 4-15　矩阵的十字链表

4.4　小结

1. 本章知识要点

本章知识要点如图 4-16 所示。

图 4-16　本章知识要点

2. 本章示例与应用

本章示例与应用如图 4-17 所示。

图 4-17　本章示例与应用

习题 4

一、填空题

1. 一维数组的逻辑结构是（　　　），存储结构是（　　　）；对于二维或多维数组,分为按（　　　）和（　　　）两种不同的存储方式。

2. 对矩阵压缩是为了（　　　）。

3. 将整型数组 A[1..8,1..8]按行优先顺序存储在起始地址为 1000 的连续的内存单元中,则元素 A[7][3]的地址是（　　　）。

4. 设有二维数组 A[0..9,0..19],其每个元素占两字节,第一个元素的存储地址为 100,若按列优先顺序存储,则元素 A[6][6]的存储地址为（　　　）。

5. 设有一个 10 阶字符型对称矩阵 A 采用压缩存储方式(以行为主序存储,A[1][1]=1),则 A[8][5]的地址为（　　　）。

6. 假设一个 15 阶的上三角矩阵 A 按行优先顺序压缩存储在一维数组 B 中,则非零元素 A[9][9]在 B 中的存储位置 $k=$（　　　）(注意,矩阵元素下标从 1 开始)。

二、简答题

1. 简述数组属于线性表的理由。

2. 设二维数组 a[0..9,0..19]采用顺序存储方式,每个数组元素占用一个存储单元,a[0][0]的存储地址为 200,a[6][2]的存储地址是 322,问该数组采用的是按行优先顺序存放还是按列优先顺序存放?

3. 特殊矩阵与稀疏矩阵哪一种压缩存储后失去随机存取的性能? 为什么?

4. 若按照压缩存储的思想将 $n\times n$ 阶的对称矩阵 A 的下三角部分(包括主对角线元素)以行序为主序方式存放于一维数组 B[1..n(n+1)/2]中,那么,A 中任一个下三角元素 $a_{ij}(i\geqslant j)$ 在数组 B 中的下标位置 k 是什么?

5. 已知 A 为稀疏矩阵,试从空间和时间角度比较采用二维数组和三元组表两种存储方法完成求 $\sum\limits_{i=1}^{n}a_{ij}$ 运算的优缺点。

三、算法设计题

1. 两个 n 阶整型对称矩阵 A、B 采用压缩存储方式,均按行优先顺序存放其下三角和主对角线的各元素,设计一个算法求 A、B 的乘积 C,要求 C 直接用二维数组表示。

2. 给定一个有序(非降序)数组 A,可含有重复元素。设计一个算法求绝对值最小的元素的位置。

四、上机练习题

1. 如果矩阵 A 中存在这样的一个元素 $A[i][j]$,它是第 i 行中值最小的元素,且又是第 j 列中值最大的元素,则称为该矩阵的一个马鞍点。请编程计算出 $m \times n$ 的矩阵 A 的所有马鞍点。

2. 编程实现:将自然数 $1 \sim n^2$ 按"蛇形"填入 $n \times n$ 矩阵中,例如 $1 \sim 4^2$ 如图 4-18 所示。

1	3	4	10
2	5	9	11
6	8	12	15
7	13	14	16

图 4-18　蛇形分布图

第 **5** 章 CHAPTER

树和二叉树

树与二叉树都属于树(形)结构。树结构是一种比线性结构复杂的非线性数据结构,比较适合描述具有层次关系的数据,例如记载"祖先—后代"的族谱、表述"上级—下级"的组织机构、表示"整体—部分"的事物构成等。

树结构在计算机领域中有着广泛的应用,特别是二叉树。例如,操作系统中用树表示文件目录的组织结构;编译系统中用语法树表示源程序的语法结构;数据挖掘中用决策树进行数据分类。

本章讨论树与二叉树的存储设计及遍历操作;二叉树的二叉链表实现;树或森林与二叉树之间的相互转换;二叉树的典型应用——哈夫曼树与哈夫曼编码。

本章主要知识点

- 树的逻辑特性和存储设计。
- 树与森林的遍历方法。
- 二叉树的性质、存储设计。
- 二叉树的创建、遍历、销毁等算法。
- 树或森林与二叉树之间的相互转换。
- 哈夫曼树及哈夫曼编码。

本章教学目标

- 掌握树结构的逻辑特性并用于问题建模。
- 掌握树、二叉树的存储方法并在具体应用中选择或设计合适的存储结构。
- 掌握二叉树的遍历原理与方法并能用于解决问题。
- 掌握哈夫曼树与哈夫曼编码的构建并能够用于解决应用问题。

5.1　树

　　树是一种非线性结构,其存储与操作与线性结构完全不同,树的定义是递归的,所以,树的许多操作可用递归程序实现。

5.1.1　树的定义与表示

　　树(tree)是 $n(n \geqslant 0)$ 个数据元素的有限集合。当 $n=0$ 时,称为空树;任意一棵非空树满足下列条件。

　　① 有且仅有一个没有前驱的特殊元素,即根(root)结点[①]。

　　② 当 $n>1$ 时,除根结点之外的其余数据元素被分成 $m(m>0)$ 个互不相交的集合 $T_1,T_2,\cdots,T_m$,其中每个集合又是一棵树,称为根的子树(subtree);即数据元素 $D=\{\text{root}\} \cup T_1 \cup T_2 \cup \cdots \cup T_m$,且 $T_i \cap T_j = \varnothing$。

　　③ 对于每棵子树,同样可看成由子树的根与子树根的子树组成。

　　由上可知,树的定义是递归的,例如图 5-1 是一棵树。其中:

　　① A 为树根,T_1、T_2、T_3 是 A 的子树;B、P、C 分别为 3 棵子树的根。

　　② T_{11}、T_{12} 分别为子树 T_1 的根 B 的子树;T_{31}、T_{32} 和 T_{33} 分别为子树 T_3 的根 C 的子树。

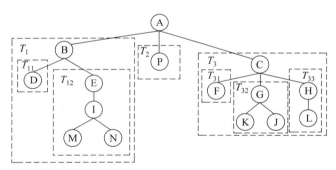

图 5-1　树 1

　　在树结构中,尽管用无箭头的线表示结点之间的关系,但实际上树中双亲与孩子之间是一种有向关系。

　　除了上述图形表示法之外,树还有嵌套集合表示、凹入表示和广义表表示等方法。**嵌套集合**是指一些集合的集体,其中任何两个集合或者不相交,或者一个包含另一个。树的嵌套集合表示是指根为一个大集合,根的子树构成这个大集合中若干个互不相交的子集,如此嵌套下去,如图 5-2(a)所示。**树的凹入表示**如图 5-2(b)所示,通过不同的缩进表示层次包含关系,主要用于树的屏幕输出。**树的广义表表示**是用括号表示层次及其包含关系,如图 5-2(c)所示。

---

　　① 在树中,常常将数据元素称为结点。

(a) 树的嵌套集合表示

(b) 树的凹入表示

(A (B (D, E (I (M, N))), P, C (F, G (K, J), H (L))))

(c) 树的广义表表示

图 5-2　树的各种表示法

5.1.2　树的术语

1. 结点的度和树的度

结点的度（degree）：结点所拥有的子树的个数称为该结点的度。例如在图 5-1 所示的"树 1"中，结点 A 和 C 的度为 3；结点 B、I、G 的度为 2；结点 E 和 H 的度为 1；其余结点的度为 0。

树的度：树内结点度的最大值称为树的度。图 5-1 所示的"树 1"的度为 3。

2. 各类结点

叶子（leaf）**结点**：度为 0 的结点称为叶子结点，也称为**终端结点**。

分支（branch）**结点**：度不为 0 的结点称为分支结点，也称为**非终端结点**。

孩子结点（child node）：树中某结点 X 的子树的根（即 X 的后继结点）称为 X 的孩子结点。例如"树 1"中 A 的孩子结点为 B、P、C；B 的孩子结点为 D、E；C 的孩子为 F、G、H。

双亲（parent）**结点**：如果树中某结点 Y 是另一个结点 X 的孩子，则结点 X（即 Y 的前驱）称为 Y 的双亲结点。树中除根没有双亲结点外，其余的结点均有唯一的双亲结点。例如"树 1"中 A 是 B、P、C 的双亲；B 是 D、E 的双亲；C 是 F、G、H 的双亲。

兄弟（brother）：树中具有相同双亲的结点互为兄弟结点。例如"树 1"中 B、P、C 互为兄弟；D、E 互为兄弟；F、G、H 互为兄弟。

堂兄弟：树中双亲为兄弟的结点的孩子互为堂兄弟结点。例如"树 1"中 D、E 与 F、G、H 互为堂兄弟。

祖先（ancestor）：从根到某结点 X 所经分支上的所有结点称为结点 X 的祖先。例如"树 1"中 M 的祖先为 A、B、E 和 I；K 的祖先为 A、C、G。

子孙（descendant）：以某结点 X 为根的子树中任一结点都称为结点 X 的子孙结点。例如"树 1"中，除根结点 A 之外的所有结点均为 A 的子孙。F、G、H、K、J 和 L 都是 C 的子孙。

3. 路径和路径长度

路径(path)：如果树的结点序列 $n_1, n_2, \cdots, n_k$ 满足结点 n_i 是结点 n_{i+1} 的双亲($1 \leqslant i < k$)，则把 $n_1, n_2, \cdots, n_k$ 称为一条由 n_1 到 n_k 的路径。

路径长度(path length)：一条路径上经过的边数称为路径长度。例如"树1"中，A、B、E、I、N 是一条从根 A 到结点 N 的路径，其长度为 4。

4. 层次和树的深度

层次(level)：树具有层次性，从根开始，根为第 1 层，根的孩子为第 2 层，根的孩子的孩子为第 3 层，以此类推。树中任一结点层次等于其双亲结点的层次加 1。例如"树1"中，第 2 层的结点有 B、P 和 C；第 3 层的结点有 D、E、F、G 和 H；第 4 层的结点有 I、K、J 和 L；第 5 层的结点有 M 和 N。

树的深度(depth)：树中结点最大的层次数称为树的深度或高度。例如"树1"的深度为 5。

5. 有序树和无序树

有序树(ordered tree)：如果一棵树中的各子树从左到右是有次序的，则称这棵树为有序树。在有序树中，如果子树位置从左到右不同，则被认为是不同的树。通常，将有序树最左边的子树称为第一棵子树，最右边的称为最后一棵子树。

无序树(unordered tree)：如果一棵树中的各子树无左、右次序之分，则称这棵树为无序树。

6. 森林

森林(forest)：森林是 $m(m \geqslant 0)$ 棵互不相交的树的集合。度大于 1 的树如果删去根结点，就变成了森林。例如，删去"树1"的根结点 A，它就变成由 3 棵树构成的森林。

归纳可知，树具有以下逻辑特性：

- 树结构有明显的层次性，根为第 1 层，根的孩子为第 2 层，根的孩子的孩子为第 3 层，以此类推。
- 根无前驱结点，其余结点有唯一前驱(即双亲)结点。
- 叶结点无后继结点；非叶结点可以有一个或多个直接后继(即孩子)结点。
- 祖先与子孙是父子关系的延伸，它确定了树中各结点之间的纵向次序。
- 在有序树中，同一组兄弟从左到右有长幼之分，它定义了树中各结点之间的横向次序。

5.1.3 树的抽象数据类型

一棵树的数据元素属于同一个集合，数据元素之间具有一对多的关系。关于树的基本操作可分为：创建与销毁类、查询访问类、编辑类。树的抽象数据类型描述如下。

```
ADT Tree
数据对象：D = {a_i | a_i ∈ ElementSet, i = 1, 2, ⋯, n, n ≥ 0}，其中，n 为树中数据元素个数，
```

n=0 时为空树。

数据关系：$R = \{<a_i, a_j> | a_i, a_j \in D, 1 \leq i, j \leq n$, 有且仅有一个结点没有前驱结点, 其余结点有唯一前驱结点, 任一个结点有零个、一个或多个后继结点 $\}$

基本操作：

  InitTree(&T)　　　　　　　　　//初始化树

    操作功能: 创建一个空树 T。

    操作输出: 创建成功, 返回 true; 不成功, 退出。

  DestroyTree(&T)　　　　　　　//销毁树

    操作功能: 释放树 T 所占的存储空间。

    操作输出: 无。

  CreateTree(&T,definition)　　//创建树

    操作功能: 按树的定义 definition 创建树 T。

    操作输出: 创建成功, 返回 true; 否则, 返回 false。

  ClearTree(&T)　　　　　　　　//清空树

    操作功能: 把树 T 变成一棵空树。

    操作输出: 无。

  PreTree(T)　　　　　　　　　　//先根遍历树

    操作功能: 先根遍历树的各结点。

    操作输出: 遍历结果。

  PostTree(T)　　　　　　　　　　//后根遍历树

    操作功能: 后根遍历树的各结点。

    操作输出: 遍历结果。

  LevelTree(T)　　　　　　　　　//层序遍历树

    操作功能: 层序遍历树的各结点。

    操作输出: 遍历结果。

  Root(T,&e)　　　　　　　　　　//访问树根

    操作功能: 查询树根。

    操作输出: 树非空, e 为树根元素, 返回 true; 否则, 返回 false。

  Parent(T,e, &par_e)　　　　　//访问双亲

    操作功能: 查询值为 e 元素的双亲。

    操作输出: 如果存在 par_e 为 e 的双亲, 返回 true; 否则, 返回 false。

  LeftFirstChild(T,e, &lc_e)　//访问左孩子

    操作功能: 查询值为 e 的元素的左边的第一个孩子。

    操作输出: 如果存在 lc_e 为 e 左边的第 1 个孩子, 返回 true; 否则, 返回 false。

  RightSibling(T, e, &rs_e)　　//访问兄弟

    操作功能: 查询值为 e 的元素的右边的第一个兄弟。

    操作输出: 如果存在 rs_e 为 e 右边的第 1 个兄弟, 返回 true; 否则, 返回 false。

  TreeEmpty(T)　　　　　　　　　//测树空

    操作功能: 判断树 T 是否为空树。

    操作输出: 如果 T 是空树, 返回 true; 否则, 返回 false。

  TreeDepth(T)　　　　　　　　　//测树深

    操作功能: 查询树深。

    操作输出: 返回树的深度。

  InsertChild(&T, p, i, c)　　//插入结点

操作功能: p 指向树 T 的某个结点,插入结点 c 为 p 的第 *i* 棵子树。

操作输出: 插入成功,返回 true;否则,返回 false。

DeleteChild(&T,p,i)   //删除结点

操作功能: p 指向树 T 的某个结点,删除 p 的第 *i* 棵子树。

操作输出: 删除成功,返回 true;否则,返回 false。

} ADT Tree

5.1.4 树的存储设计

树的存储方法有多种,例如顺序存储、链式存储、顺序和链式相结合的存储方法。本节介绍双亲表示法、孩子链表表示法、孩子兄弟表示法等。

1. 双亲表示

树的双亲表示是用一个数组来存储树,即采用顺序存储方式。数组元素包括两个成员,即数据域和指针(游标)域,结构如图 5-3 所示。数据域用于存储数据元素,指针域用于存储双亲在数组中的位置。存储描述如下。

PTNode	
data	parent

图 5-3   树的双亲表示中数组元素结构示意图

```
template<class DT>
#define MAXNODE          //树的结点个数
struct PTNode            //数组元素类型
{ DT data;               //数据域
  int parent;            //指针域,双亲在数组中的下标
};
PTNode T[MAXNODE];       //树 T
```

图 5-4(a)所示"树 2"的双亲存储示意图如图 5-4(b)所示。

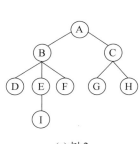

(a) 树 2

PNode t2[6]; //树 2 的双亲表示

0	A	−1
1	B	0
2	C	0
3	D	1
4	E	1
5	F	1
6	G	2
7	H	2
8	I	4

(b) 树 2 的双亲存储示意图

图 5-4   树的双亲表示

这种存储结构利用了树中每个结点(除根以外)有唯一双亲的性质。该方法获取双亲很方便,但求结点的孩子需要遍历整个表。

2. 孩子链表表示

树的孩子链表表示(child list express)是顺序存储和链式存储相结合的一种方式,数据元素信息采用顺序存储,每个结点的所有孩子形成一个链表,双亲结点的指针指向该链表。"树 2"的孩子链表存储示意图如图 5-5 所示。

图 5-5　"树 2"的孩子链表存储示意图

存储中涉及两种结点(表头结点和孩子结点),它们的结构如图 5-6 所示。表头结点包含两个域:数据域 data 存储数据元素信息;指针域 firstchild 存储第一个孩子结点的位置信息。孩子结点也包含两个域:孩子位置 child 存储孩子结点信息在表头结点中的位置;指针域 nextchild 存储下一个孩子结点的位置信息。具体定义如下。

```
template<class DT>
struct PNode            //双亲结点
{ DT data;              //数据域
  CTNode * firstchild;  //指针域,指向孩子链的头
};
struct CTNode           //孩子结点
{ int child;            //孩子位置
  CTNode * nextchild;   //指针域,指向下一个孩子结点
};
```

表头结点

data	firstchild

孩子结点

child	nextchild

图 5-6　结点结构示意图

在孩子链表存储表示法中,结点的孩子信息很容易得到,但双亲信息需要遍历表才可获得。如果一个问题域中需要同时频繁地获取孩子信息和双亲信息,可以把双亲表示法和孩子表示法结合起来,形成双亲孩子表示法。

3. 双亲孩子表示

树的双亲孩子表示是在孩子链表表示法的表头信息中加入双亲信息形成的,这样既能直接获取双亲信息,又能直接获取孩子信息。"树 2"的双亲孩子表示如图 5-7 所示。

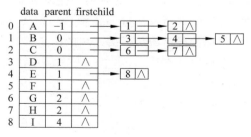

图 5-7　带双亲信息的孩子链表存储示意图

4. 孩子兄弟表示

树的孩子兄弟表示是一种链式存储。每个结点含有一个数据域和两个指针域,结点

结构如图 5-8 所示。数据域存储数据元素信息；一个指针域指向结点的第一个孩子；另一个指针域指向结点右边的第一个兄弟。结点定义如下。

```
template<class DT>
struct TNode
{
  DT data;                //数据域
  TNode * firstchild;     //指向第一个孩子
  TNode * rightsib;       //指向第一个右兄弟
};
```

TNode

firstchild	data	rightsib

图 5-8 孩子兄弟存储的
结点结构

"树 2"的孩子兄弟表示法如图 5-9 所示。

图 5-9 "树 2"的孩子兄弟存储示意图

树的孩子兄弟表示中因为每个结点有两个指针域，所以也称为树的二叉链表表示。

以上介绍了 4 种树的存储设计，但其实还有其他设计形式。具体应用中需要切合问题抽象与问题求解的需要，选择或设计合适的存储方式。

5.1.5 树和森林的遍历

遍历是树和森林最基本的操作。树和森林为非线性结构，遍历是结点查找的有效途径。

1. 树的遍历

树的遍历(traverse)**是指从根结点出发，按照某种次序访问树的所有结点，使得每个结点被访问一次且仅被访问一次。**由树的定义可知一棵树由根结点和 m 棵子树构成，根据先遍历根还是后遍历根，将树的遍历方法分为**先根(序)遍历**和**后根(序)遍历**。树具有层次结构，按层次对树的遍历称为**层序遍历**。关于树的遍历共有上述 3 种方法。

遍历时可以从左往右，也可以从右往左，本书仅考虑从左往右的情况。各种遍历方法如下。

(1) 先根(序)遍历(preorder traversal)

● 先访问根结点；

● 然后从左往右，依次先根遍历每棵子树。

例如，"树 2"的先根遍历序列为 ABDEIFCGH。

(2) 后根(序)遍历(postorder traversal)

● 先从左往右，依次后根遍历每棵子树。

- 然后访问根结点。

例如,"树 2"的后根遍历序列为 DIEFBGHCA。

(3) 层序遍历(level traversal)

层序遍历方法为:从上往下、从左往右,依次遍历各结点。

例如,"树 2"的层序遍历方法为 ABCDEFGHI。

2. 森林的遍历

森林由一棵以上的树组成。森林遍历的方法有两种:**先序遍历**和**中序遍历**。

(1) 先序遍历

先序遍历的方法是按树的先根遍历方法依次遍历各棵子树。

图 5-10 所示"森林 1"由 3 棵树组成。第 1 棵树的先根遍历序列为 BDEIMN;第 2 棵树的先根遍历序列为 P;第 3 棵树的先根遍历序列为 CFGKJHL。3 个序列连起来,得到森林先序遍历序列为 BDEIMNPCFGKJHL。

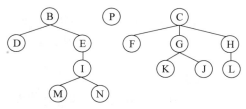

图 5-10　森林 1

(2) 中序遍历

中序遍历(inorder traversal)方法是按树的后根遍历方法依次遍历森林的各棵子树。

即:首先后序遍历第 1 棵树的根的各棵子树,接着访问第 1 棵树的根,然后后序遍历其他树。

例如"森林 1"的中序遍历:第 1 棵树的后根遍历序列为 DMNIEB;第 2 棵树的后根遍历序列为 P;第 3 棵树的后根遍历序列为 FKJGLHC。三者连起来,得到"森林 1"的中序遍历序列为 DMNIEBPFKJGLHC。

森林可以分为 3 部分:第 1 棵树的根Ⅰ、第 1 棵树根的子树Ⅱ、其他树Ⅲ。在中序遍历中,第 1 棵树的根处于遍历的中间位置,因此称为森林的中序遍历。

5.2　二叉树的定义与特性

二叉树与树一样,是一种树形结构,但它是一棵度不超过 2 的有序树。树形结构的术语同样适用于二叉树。

5.2.1　二叉树的定义

二叉树(binary tree)是 $n(n \geqslant 0)$ 个有限结点的集合,$n = 0$ 时为空二叉树。非空二叉树 T 满足下列条件。

① 有且仅有一个没有前驱的数据元素,即根结点。

② 当 $n > 1$ 时,除根结点之外的其余结点被分成 2 个互不相交的集合 T_1 和 T_2,分别称为 T 的左子树和右子树,且 T_1 和 T_2 本身又均为二叉树;即数据元素 $D = \{root\} \cup T_1 \cup T_2$,且 $T_1 \cap T_2 = \varnothing$。

二叉树的定义是递归的。对于每棵子树,同样可看成由子树根与子树根的左、右子树组成。

二叉树可以有 5 种基本形态,如图 5-11 所示。

(a) 空二叉树　　　　　(b) 仅有根结点的二叉树　　　　(c) 具有左、右子树的二叉树

(d) 没有左子树而只有右子树的二叉树　　　　(e) 只有左子树而没有右子树的二叉树

图 5-11　二叉树的 5 种基本形态

【思考】

① 一棵有 3 个结点的二叉树有几种形态?

② 一棵二叉树交换左、右子树后还是同一棵二叉树吗?

③ 一棵有 3 个结点的树有几种形态?

5.2.2　特殊二叉树

满二叉树、完全二叉树、斜树均为特殊形态的二叉树,如图 5-12 所示。

(a) 满二叉树　　　　　　　　　　　(b) 完全二叉树

(c) 非完全二叉树　　　　　(d) 左斜树　　　(e) 右斜树

图 5-12　几种特殊二叉树

（1）满二叉树（full binary tree）

满二叉树如图 5-12（a）所示，是同样深度的二叉树中具有最多结点的二叉树。为标识结点个数，图中按层序并从左往右对结点进行了编号。

满二叉树具有下列特性：

- 第 i 层有 2^{i-1} 个结点。
- 所有叶结点均在最后一层，深度为 k 的满二叉树有 2^{k-1} 个叶结点。
- 深度为 k 的满二叉树的结点总数为 2^k-1。
- 没有度为 1 的结点。
- 具有 n 个结点的满二叉树高度为 $\log_2(n+1)$。

（2）完全二叉树（complete binary tree）

对一棵具有 n 个结点的二叉树按层序编号，如果编号为 $i(1 \leqslant i \leqslant n)$ 的结点与同样深度的满二叉树中编号为 i 的结点在二叉树中的位置完全相同，则这棵二叉树称为完全二叉树。也就是说，在完全二叉树中，当树的结点小于同等深度的满二叉树时，是从满二叉树的最底层，从右到左，结点依次减少。例如图 5-12（b）所示的二叉树是完全二叉树，图 5-12（c）所示的二叉树不是完全二叉树。

完全二叉树具有下列特性：

- 叶子结点只出现在最下两层，且最下层的叶子结点都集中在二叉树的左部。
- 深度为 k 的完全二叉树在 $k-1$ 层上一定是满二叉树。
- 在结点个数 n 一定的各棵二叉树中，完全二叉树是其中最矮的二叉树。
- 当结点个数为偶数时，完全二叉树只有一个度为 1 的结点；当结点个数为奇数时，没有度为 1 的结点。

（3）斜树（oblique tree）

树中结点只有左孩子（左斜树）或只有右孩子（右斜树）的二叉树称为斜树，如图 5-12（d）和图 5-12（e）所示。

斜树具有下列特性：

- 每层只有一个结点，即没有度为 2 的结点，且只有一个叶结点。
- 斜树是 n 个结点的二叉树中最高的二叉树之一，高度为结点个数 n。

5.2.3 二叉树的性质

二叉树具有如下 5 个重要性质，据此可类推到 k 叉树的性质。

性质 1 在二叉树的第 i 层上至多有 2^{i-1} 个结点（$i \geqslant 1$）。

证明：利用归纳法证明如下。

归纳基础：$i=1$ 时只有一个根结点。显然，$2^{i-1}=2^0=1$ 是对的。

归纳假设：假设 $i=k$ 时命题成立，即第 $k-1$ 层上至多有 2^{k-2} 个结点。

由于二叉树上每个结点至多有两棵子树，故在第 k 层上的最大结点数为第 $k-1$ 层上的最大结点数的 2 倍，即 $2^{k-2} \times 2=2^{k-1}$，由此命题成立。

性质 2 在一棵深度为 k 的二叉树中，最多具有 2^k-1 个结点（$k \geqslant 0$），最少有 k 个结点。

证明：由性质 1 可知，深度为 k 的二叉树上的结点数至多为

$$2^0 + 2^1 + \cdots + 2^{k-1} = 2^k - 1$$

此时二叉树为满二叉树。

二叉树中每一层最少要有一个结点，因此深度为 k 的二叉树最少有 k 个结点，证毕。

性质 3 对于一棵非空的二叉树，如果度为 0 的结点数为 n_0、度为 2 的结点数为 n_2，则有 $n_0 = n_2 + 1$。

证明：设度为 1 的结点数为 n_1，则二叉树上结点总数为

$$n = n_0 + n_1 + n_2 \tag{5-1}$$

设分支数为 b。度为 0 的点没有分支；度为 1 的点有一个分支；度为 2 的点有 2 个分支。因此，分支总数为

$$b = n_1 + 2n_2 \tag{5-2}$$

又因为除根外，一个分支对应一个结点。所以，二叉树的结点总数为

$$n = b + 1 \tag{5-3}$$

由式(5-1)～式(5-3)可得 $n_1 + 2n_2 + 1 = n_0 + n_1 + n_2$。

即 $n_0 = n_2 + 1$，证毕。

性质 4 具有 n 个结点的完全二叉树的深度为 $\lfloor \log_2 n \rfloor + 1$ 或 $\lceil \log_2 (n+1) \rceil$。

证明：设完全二叉树的深度为 h，结点总数为 n，则 n 大于 $1 \sim h-1$ 层上的结点总数 $2^{h-1} - 1$，不大于深度为 h 的满二叉树的结点总数 $2^h - 1$，即

$$2^{h-1} \leqslant n < 2^h \quad \text{或} \quad 2^{h-1} - 1 < n \leqslant 2^h - 1$$

对于前者 $2^{h-1} \leqslant n < 2^h$，两边取对数可得：$h - 1 \leqslant \log_2 n < h$。

因为 h 只能是整数，所以有 $h = \lfloor \log_2 n \rfloor + 1$。

从另一个角度，对于后者 $2^{h-1} - 1 < n \leqslant 2^h - 1$，不等式加 1、取对数可得：$h - 1 < \log_2 (n+1) \leqslant h$。

因为 h 只能是整数，所以有 $h = \lceil \log_2 (n+1) \rceil$，证毕。

性质 5 对一棵具有 n 个结点的完全二叉树，从上至下且从左至右进行 $1 \sim n$ 的编号，则对于其中任意一个编号为 i 的结点，有

① 若 $i = 1$，则该结点是二叉树的根，无双亲，否则编号为 $\lfloor i/2 \rfloor$ 的结点为其双亲结点。

② 若 $2i > n$，则该结点无左孩子结点，否则编号为 $2i$ 的结点为其左孩子结点。

③ 若 $2i + 1 > n$，则该结点无右孩子结点，否则编号为 $2i + 1$ 的结点为其右孩子结点。

从图 5-12(a)和图 5-12(b)中可直观看到结论，证明如下。

证明：如果②、③成立，则可推出①。用归纳法证明②和③。

如果 $i = 1$，结点 i 就是根结点，因此无双亲。由完全二叉树的定义可知，其左孩子结点必为 2，右孩子结点必为 3。如果 $2 > n$，即不存在结点 2，结点 1 无左孩子；如果 $3 > n$，即不存在结点 3，结点 1 无右孩子。结论正确。

如果 $i > 1$，有以下两种情况。

① 设第 j 层的第一结点的编号为 i，由性质 2 和二叉树定义可知 $i = 2^{j-1}$。其左孩子必为第 $j+1$ 层上的第一个结点，编号为 $2^j = 2 \times (2^{j-1}) = 2i$。若 $2i > n$，则结点无左孩子。

其右孩子必为第 $j+1$ 层上的第 2 个结点,编号为 $2i+1$。若 $2i+1>n$,则结点无右孩子。

②　设第 j 层的某个结点编号为 $i(2^{j-1}\leqslant i\leqslant 2^j-1)$,且 $2i+1<n$,则其左孩子为 $2i$,右孩子为 $2i+1$。编号为 $i+1$ 的结点是编号为 i 的结点的右兄弟或堂兄弟,若它有左孩子,则编号必为 $2i+2=2(i+1)$;若它有右孩子,则其编号必为 $2i+3=2(i+1)+1$。如图 5-13 表示完全二叉树上结点及其左、右孩子结点之间的关系。

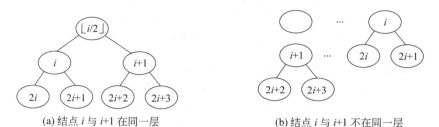

(a) 结点 i 与 $i+1$ 在同一层　　　　　(b) 结点 i 与 $i+1$ 不在同一层

图 5-13　完全二叉树中结点 i 和 $i+1$ 的左、右孩子

由上述结论可知:

当 $i>1$ 时,如果 i 为左孩子,即 $2\times(i/2)=i$,则 $i/2$ 是 i 的双亲;如果 i 为右孩子,则 $i=2p+1$,即结点 i 的双亲应为 p,而 $p=(i-1)/2=\lfloor i/2\rfloor$。

证毕。

【应用 5-1】　对于有 30 个结点的二叉树,求解下列问题:①最高的树高度为多少?最矮的树高度为多少? ②如果是一棵完全二叉树,度为 0、1、2 的结点个数分别是多少? ③如果有 10 个度为 0 的结点,那度为 1 和 2 的结点个数分别为多少?

【解】

①　当二叉树为左斜或右斜树时最高,高度为 30;当为完全二叉树时最矮,高度 $\lfloor\log_2 30\rfloor+1=5$。

②　如果是一棵完全二叉树,因为结点总数是偶数,所以度为 1 的结点个数 $n_1=1$。由 $n_0=n_2+1$ 及 $n=n_0+n_1+n_2$ 可得

$$n_2=(n-n_1-1)/2=14,\quad n_0=n_2+1=15$$

③　当 $n_0=10$ 时,$n_2=n_0-1=10-1=9$,$n_1=n-n_0-n_2=30-10-9=11$。

【思考】　如果结点编号从 0 开始,第 i 个结点的双亲如果存在,双亲结点编号为多少? 其左、右孩子的编号为多少?

5.2.4　二叉树的抽象数据类型

一棵二叉树的数据元素属于同一个集合,数据元素之间具有一对多(0、1 或 2)的关系。其抽象数据类型定义如下。

```
ADT BiTree {
数据对象: D = {a_i | a_i ∈ ElementSet, i=1, 2, …, n, n≥0},其中,n 为二叉树中数据元素个
         数,n=0 时为空二叉树。
数据关系: R = {<a_i, a_j> | a_i, a_j ∈ D, 1≤i, j≤n,有且仅有一个结点没有前驱结点,其余结点有
         唯一前驱结点,任一个结点有零个、一个或两个后继结点}
```

基本操作：

    InitBiTree(&BT)   //初始化二叉树

        操作功能：创建一棵空的二叉树 BT。

        操作输出：创建成功,返回 true;不成功,退出。

    DestroyBiTree(&BT)   //销毁二叉树

        操作功能：释放二叉树 BT 所占的存储空间。

        操作输出：无。

    CreateBiTree(&BT)   //创建二叉树

        操作功能：创建二叉树 BT。

        操作输出：创建成功,返回 true;否则,返回 false。

    ClearBiTree(&BT)   //清空二叉树

        操作功能：把二叉树 BT 变成一棵空二叉树。

        操作输出：无。

    BiTreeEmpty(BT)   //测二叉树空

        操作功能：判断二叉树 BT 是否为空二叉树。

        操作输出：如果 BT 是空二叉树,返回 true;否则,返回 false。

    BiTreeDepth(BT)   //测二叉树深

        操作功能：求二叉树 BT 深度。

        操作输出：返回二叉树的深度。

    PreOrderBiTree(BT)   //先序遍历

        操作功能：先序遍历二叉树 BT。

        操作输出：遍历结果。

    InOrderBiTree(BT)   //中序遍历

        操作功能：中序遍历二叉树 BT。

        操作输出：遍历结果。

    PostOrderBiTree(BT)   //后序遍历

        操作功能：后序遍历二叉树 BT。

        操作输出：遍历结果。

    LevelOrderBiTree(BT)   //层序遍历二叉树

        操作功能：层序遍历二叉树 BT。

        操作输出：遍历结果。

    Root(BT,&e)   //访问二叉树根

        操作功能：查询二叉树 BT 的根。

        操作输出：如果存在,e 为根的值,返回 true;否则返回 false。

    Parent(BT,e, &par_e)   //访问双亲

        操作功能：在二叉树 BT 中,查询值为 e 的数据元素的双亲。

        操作输出：如果存在 par_e 为数据元素 e 的双亲,返回 true;否则,返回 false。

    LeftChild(BT,e, &lc_e)   //访问左孩子

        操作功能：在二叉树 BT 中,查询值为 e 的元素的左孩子。

        操作输出：如果存在 lc_e 为数据元素 e 的左孩子,返回 true;否则,返回 false。

    RchildChild(BT,e, &rc_e)   //访问右孩子

        操作功能：在二叉树 BT 中,查询值为 e 的元素的右孩子。

        操作输出：如果存在 rc_e 为数据元素 e 的右孩子,返回 true;否则,返回 false。

```
LeftSibling(BT, e, &ls_e)              //访问左兄弟
```
　　　　操作功能：在二叉树 BT 中，查询值为 e 的元素的左兄弟。

　　　　操作输出：如果存在 ls_e 为数据元素 e 的左兄弟，返回 true；否则，返回 false。

```
RightSibling(BT, e, &rs_e)             //访问右兄弟
```
　　　　操作功能：在二叉树 BT 中，查询值为 e 的元素的右兄弟。

　　　　操作输出：如果存在 rs_e 为数据元素 e 的右兄弟，返回 true；否则，返回 false。

```
Assign(&BT, e, v)                      //修改结点值
```
　　　　操作功能：在二叉树 BT 中，将值为 e 的元素值修改为 v。

　　　　操作输出：如果元素 e 存在，修改成功，返回 true；否则，返回 false。

```
InsertChild(&BT, p, LR, c)             //插入结点
```
　　　　操作功能：p 指向二叉树 BT 的某个结点，插入 c 为 p 的左(L 表示左)或右(R 表示右)孩
　　　　　　　　　子，p 所指结点原有的左或右子树为 c 的左或右子树。

　　　　操作输出：插入成功，返回 true；否则，返回 false。

```
DeleteChild(&BT,p,LR)                  //删除结点
```
　　　　操作功能：p 指向二叉树 BT 的某个结点，删除 p 的左或右二叉树。

　　　　操作输出：删除成功，返回 true；否则，返回 false。

　} ADT BiTree

5.3　二叉树的存储结构

　　树的存储方法理论上均可用于二叉树的存储，但也有专门针对二叉树的存储方法。本节介绍的二叉树存储方法有顺序存储、二叉链表存储、三叉链表存储等。

1. 顺序存储

　　二叉树的顺序存储是指用一组连续的内存空间存储二叉树。具体做法是：按层序且从左往右依次把二叉树的数据元素存储到一组连续的内存空间中。由二叉树的性质 5 可知，完全二叉树的结点编号可以映射出结点的双亲与孩子关系。因此，无须专门存储结点之间的关系。完全二叉树及其顺序存储示意图如图 5-14(a)所示。

(a) 完全二叉树及其顺序存储

图 5-14　二叉树的顺序存储示意图

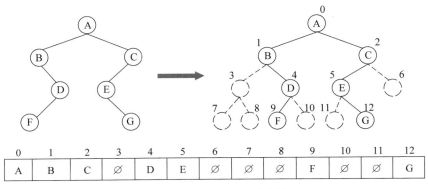

0	1	2	3	4	5	6	7	8	9	10	11	12
A	B	C	∅	D	E	∅	∅	∅	F	∅	∅	G

(b) 非完全二叉树及其顺序存储

图 5-14　（续）

第 i 个结点的左孩子结点为第 $2i+1$（注：$2i+1<n$）个结点，右孩子结点为第 $2(i+1)$（注：$2(i+1)<n$）个结点，双亲结点（根除外）为第 $\lfloor (i-1)/2 \rfloor$ 个结点。例如 1 号元素 B 的左孩子为 3 号元素 D，右孩子为 4 号元素 E，7 号元素 H 和 8 号元素 I 的双亲为 3 号元素 D。

如果是非完全二叉树采用顺序存储，为了使位序映射出双亲与孩子的关系，必须将非完全二叉树补齐为一棵完全二叉树，然后按完全二叉树的编号进行存储，如图 5-14（b）所示，图中用 ∅ 表示空结点。因此，用顺序存储方式存储非完全二叉树会造成存储空间的浪费。

2. 二叉链表

二叉树的二叉链表（binary linked list）存储是最常用的一种二叉树存储方式。它是一种链式存储。每个结点含有一个数据域和两个指针域，结点结构如图 5-15 所示。其中数据域 data 存储数据元素信息；指针域 lchild 指向结点的左孩子；指针域 rchild 指向结点的右孩子。结点定义如下。

```
template<class DT>
struct BTNode
{   DT data;              //数据域
    BTNode * lchild;      //左孩子指针
    BTNode * rchild;      //右孩子指针
};
```

BTNode		
lchild	data	rchild

图 5-15　二叉树二叉链表的结点结构

图 5-14（b）所示的二叉树的二叉链表存储示意图如图 5-16 所示。

【思考】　在 n 个结点二叉树的二叉链表存储中，共有多少个指针域？其中，有多少个非空指针域？多少个空指针域？

3. 三叉链表

二叉树的二叉链表表示用指针给出了孩子信息，如果要找到双亲信息，则需要遍历树。如果需要频繁地用到双亲信息，可以在二叉链表表示中多增加一个指针域指向双亲结点，形成三叉链表（trident linked list）表示。三叉链表也是一种链式存储，其结点结构如图 5-17 所示,存储定义如下。

```
template<class DT>
struct BTPNode
{   DT data;                        //数据域
    BTPNode * parent;               //双亲指针
    BTPNode * lchild;               //左孩子指针
    BTPNode * rchild;               //右孩子指针
};
```

图 5-16　二叉链表存储示意图

BTPNode			
parent	lchild	data	rchild

图 5-17　二叉树三叉链表的结点结构

图 5-14(b)所示的二叉树的三叉链表存储示意图如图 5-18 所示。

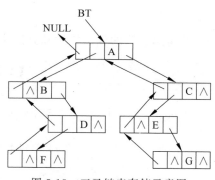

图 5-18　三叉链表存储示意图

5.4　二叉树操作

二叉树的许多操作以遍历为基础,如查找结点双亲或结点孩子、修改结点值、删除结点等。本节首先介绍遍历操作,然后介绍其他操作。二叉树采用的是二叉链表存储方法。

5.4.1　二叉树遍历

二叉树遍历指按照某种次序访问二叉树中的所有结点,使得每个结点被访问一次且仅被访问一次。由于二叉树中每个结点都可能有两棵子树,遍历时存在子树选择及回退操作,因此,遍历过程比线性结构复杂得多。

一棵二叉树可以分为3部分(根D、左子树L和右子树R),如图5-19所示。依次遍历这3部分,即可遍历整棵二叉树。根据根在三者中被访问的次序,可分为

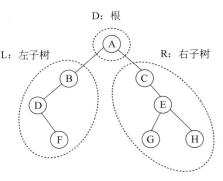

图 5-19　二叉树的组成示意图

- 先序(根)遍历:根左右(DLR)或根右左(DRL);
- 中序(根)遍历:左根右(LDR)或右根左(RDL);
- 后序(根)遍历:左右根(LRD)或右左根(RLD)。

如果从层次结构上看二叉树,从上往下、从左往右或从右往左依次遍历各结点,则形成二叉树的第4种遍历方式——层序遍历。

本节讲解遍历时均针对先左后右的情况并设遍历访问操作为输出。

1. 先序遍历

先序遍历二叉树的操作定义如下:

若二叉树为空,则返回;否则

① 访问根结点;

② 先序遍历左子树;

③ 先序遍历右子树。

由操作定义可得先序遍历的递归算法的算法描述和算法步骤如算法5.1所示。

算法 5.1　【算法描述】　　　　　　　　　　　【算法步骤】

```
0   template<class DT>
1   void PreOrderBiTree(BTNode<DT> * bt)      //先序遍历二叉树
2   {
3     if(bt !=NULL)                           //如果树不空
4     {
5       cout<<bt->data;                        //1.输出结点
6       PreOrderBiTree(bt->lchild);            //2.递归先序遍历左子树
7       PreOrderBiTree(bt->rchild);            //3.递归先序遍历右子树
8     }
9   }
```

由先序遍历方法可知:对于树或树中任一棵子树,遍历都是首先访问**根**,然后按先序遍历根的左子树;左子树访问完,按先序遍历根的右子树。

从根出发(设 p＝bt)先序遍历的具体遍历过程如下。

Step 1. 访问 p 结点。

Step 2. 如果被访问点 p 有左孩子,则转向其左孩子(p＝p->lchild),回到 Step 1。

Step 3. 如果被访问点 p 无左孩子有右孩子,则转向 p 的右孩子,回到 Step 1。

Step 4. 如果被访问点 p 为叶结点(既无左孩子也无右孩子),则回溯到 p 的双亲。

Step 5. 回溯点的处理方法。

5.1　如果 p 是双亲的左孩子且双亲有右孩子,则转向双亲的右孩子(p＝q->rchild),回到 Step 1。

5.2　如果 p 是双亲的左孩子且双亲无右孩子或 p 是双亲的右孩子,继续回溯,回到 Step 5。

5.3　如果双亲是第 3 次经过,结束遍历。

在先序遍历过程中,通过回溯经过根结点 2 次,加上起点为根,共需要经过根结点 3 次。第一次回溯经过根,转向根的右子树;第二次回溯经过根时,表示根的右子树遍历完,整个遍历结束。

整个先序遍历过程如图 5-20 所示。

图 5-20　先序遍历过程

【例 5-1】 对于图 5-19 所示二叉树,给出其先序遍历过程。

【解】 遍历过程如下:

① 首先被访问的是根结点 A。

② 然后,转向根(A)的左子树,沿途访问各左子树的根,即 B、D。

③ D 没有左孩子,转向 D 的右孩子 F,非空,访问 D 的右孩子。

④ F 为叶结点,回溯到 F 的双亲 D;因 F 是其双亲 D 的右孩子,继续回溯到 D 的双亲 B;D 是双亲 B 的左孩子,且其双亲 B 没有右孩子,继续回溯到 B 的双亲 A。

⑤ B 是 A 的左孩子,且 A 有右孩子,转向 A 的右孩子 C 并以此为出发点,以相同的思路继续先序遍历。

因此图 5-19 所示二叉树的先序遍历序列为 ABDFCEGH。

2. 中序遍历

中序遍历二叉树的操作定义如下:

若二叉树为空,则返回;否则

① 中序遍历左子树;

② 访问根结点;

③ 中序遍历右子树。

由操作定义可得中序遍历的递归算法,算法描述和算法步骤如算法 5.2 所示。

算法 5.2 　【算法描述】　　　　　　　　　　　　　　　　【算法步骤】

0	template<class DT>	
1	void InOrderBiTree(BTNode<DT> * bt)	//中序遍历二叉树
2	{	
3	if(bt !=NULL)	//如果树不空
4	{ InOrderBiTree(bt->lchild);	//1.递归中序遍历左子树
5	cout<<bt->data;	//2.输出结点
6	InOrderBiTree(bt->rchild);	//3.递归中序遍历右子树
7	}	
8	}	

由中序遍历方法可知:对于树及树中任何一棵子树,首先以中序遍历方法遍历左子树,然后访问根;根访问完后,以中序遍历方法遍历根的右子树。因此,**一个结点被访问的前提是:当且仅当该结点的左子树遍历完**。由此可知中序遍历的第一点是从根出发,只要有左孩子就往左(p=p->lchild),直至没有左孩子的结点 p。

从根出发(设 p=bt),中序遍历的具体过程如下。

Step 1. 左行,定位访问点。

1.1 从 p 出发,只要 p 有左孩子,转向 p 的左孩子(p=p->lchild);

1.2 访问最左的结点;

1.3 如果访问点 p 有右孩子,则转向访问点 p 的右孩子(p=p->rchild),回到 1.1;否则,回溯。

Step 2. 回溯到访问点 p 的双亲。

Step 3. 回溯点处理方法。

3.1　如果 p 是双亲的左孩子,则访问双亲结点;然后如果双亲有右孩子,转向双亲的右孩子。回到 Step 1;否则,继续回溯,转 Step 3。

3.2　如果 p 是双亲的右孩子且双亲是第 3 次经过,则结束遍历;否则继续回溯,转 Step 3。

在中序遍历过程中,从根出发,然后通过回溯又经过根 2 次,共需要经过根结点 3 次。第一次回溯经过根时,表示根的左子树遍历完,根可访问;第二次回溯经过根时,表示根的右子树遍历完,整个遍历结束。

整个遍历过程如图 5-21 所示。

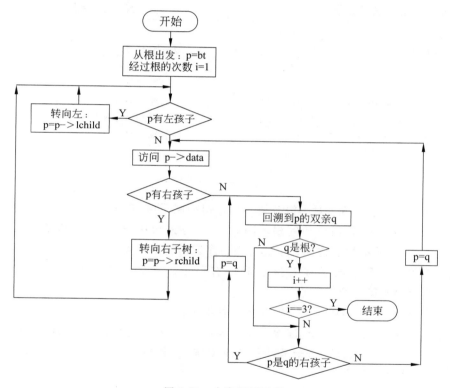

图 5-21　中序遍历过程

【**例 5-2**】　对于图 5-19 所示二叉树,给出其中序遍历过程。

【**解**】　遍历过程如下:

① 从根出发,走至最左(即没有左孩子)结点(D)。

② 访问 D,转向 D 的右子树 F。

③ F 无左孩子,访问 F;F 无右孩子,回溯 F 的双亲 D;F 是双亲 D 的右孩子,继续回溯 D 的双亲 B,D 是 B 的左孩子,访问 B。

④ B 无右孩子,回溯到 B 的双亲 A,B 是 A 的左孩子,访问 A;转向 A 的右孩子并以

此为新的出发点,以相同的思路访问各结点。

最终,图 5-19 所示二叉树的中序遍历序列为 DFBACGEH。

3. 后序遍历

后序遍历二叉树的操作定义如下:

若二叉树为空,则返回;否则

① 后序遍历左子树;

② 后序遍历右子树;

③ 访问根结点。

由操作定义可得后序遍历的递归算法的算法描述和算法步骤如算法 5.3 所示。

算法 5.3 　**【算法描述】**　　　　　　　　　　　**【算法步骤】**

```
0   template<class DT>
1   void PostOrderBiTree(BTNode<DT> * bt)        //后序遍历二叉树
2   {
3     if(bt !=NULL)                              //如果树不空
4     { PostOrderBiTree(bt->lchild);            //1.递归后序遍历左子树
5       PostOrderBiTree(bt->rchild);            //2.递归后序遍历右子树
6       cout<<bt->data;                         //3.输出结点
7     }
8   }
```

由后序遍历方法可知:对于树及树中的任何一棵子树,首先后序遍历根的左子树,然后后序遍历根的右子树,最后访问根。因此,在后序遍历中,**一个结点被访问的前提是:当且仅当其左、右子树均被访问。** 由此可知后序遍历的第一点是从根出发,只要结点有左孩子就转左孩子,无左孩子有右孩子就转右孩子。然后以类似思路继续往左再往右,……,直至碰到第一个叶结点。

从根出发(设 p=bt)后序遍历的具体过程如下:

Step 1. 如果 p 是非叶结点,重复执行:从 p 出发,只要 p 有左孩子就转向 p 的左孩子(p=p->lchild)直到最左结点;如果此结点有右孩子,就转向右孩子(p=p->rchild)。循环结束,访问最后一个结点。

Step 2. 回溯到访问结点的双亲。

Step 3. 回溯点的处理。

3.1　如果被访问点 p 是双亲的左孩子且双亲有右孩子,转向双亲的右孩子,执行。回到 Step 1。

3.2　如果被访问点 p 是双亲的左孩子且双亲没有右孩子或被访问点 p 是双亲的右孩子,则访问双亲结点。如果双亲是根,遍历结束;否则,回到 Step 2。

在后序遍历中,也会经过根 3 次,且是在第 3 次经过时被访问。访问完根,遍历结束。

整个遍历过程如图 5-22 所示。

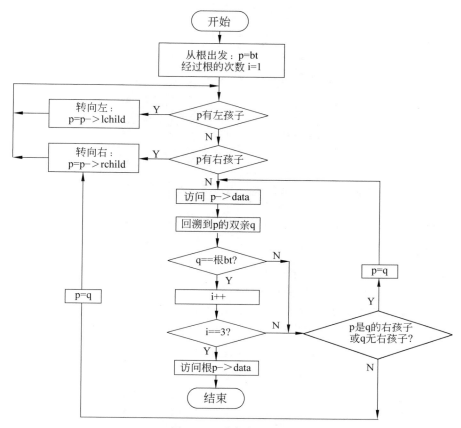

图 5-22　后序遍历过程

【例 5-3】　对于图 5-19 所示二叉树,给出其后序遍历过程。

【解】　遍历过程如下:

① 从根出发,第一访问点是访问 F。

② F 是 D 的右孩子,回溯到 F 的双亲 D 并访问 D。

③ D 是 B 的左孩子且 B 无右孩子,回溯到 B 并访问 B。

④ B 是 A 的左孩子且 A 有右孩子,回溯到 A 并转向 A 的右孩子 C。

以上述方法继续遍历,最终图 5-19 所示二叉树的后序遍历序列为 FDBGHECA。

【三种遍历小结】　上述三种遍历的方法都是从根开始,绕树一圈,如图 5-23 所示。度为 0 的结点被经过 1 次,度为 1 的结点被经过 2 次,度为 2 的结点被经过 3 次。三种遍历方法的区别是结点在第几次经过时被访问。

- 对于先序遍历,每个结点都是在第 1 次经过时被访问,图中以△标识。
- 对于中序遍历,无左孩子的结点是第 1 次经过时被访问(如 D、F、C、G、H),否则是第 2 次经过时被访问(如 A、B、E),图中以 * 标识。
- 对于后序遍历,叶结点是第 1 次经过时被访问(如 F、G、H),只有左孩子或右孩子的结点是第 2 次经过时被访问(如 B、D、C),既有左孩子又有右孩子的结点是第 3

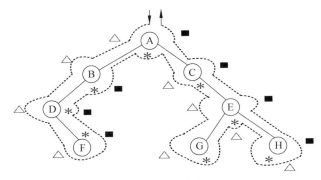

图 5-23　遍历路径图

次经过时被访问(如 A、E),图中以■标识。

4. 层序遍历

二叉树的层序遍历是指从二叉树的第一层(即根结点)开始,从上至下逐层遍历,在同一层中按从左到右的顺序对结点逐个访问。

图 5-19 所示二叉树的层序遍历序列为 ABCDEFGH。结点顺序之间的关系如图 5-24 所示。

图 5-24　层序遍历序列

① 访问根(A)。

② 访问根(A)的左孩子(B)。

③ 访问根(A)的右孩子(C)。

④ 访问 B 的左孩子(D),B 没有右孩子。

⑤ C 没有左孩子,访问 C 的右孩子 E。

⑥ D 没有左孩子,访问 D 的右孩子 F。

⑦ 访问 E 的左孩子 G,访问 E 的右孩子 H。

⑧ F、G、H 为叶结点,均没有左、右孩子,遍历结束。

由此可见,在层序遍历中,双亲的访问一定在孩子的访问之前,具体顺序按双亲先来先服务的原则进行。因此,层序遍历的算法需要借助一个队列实现。

【算法思想】 首先将树根入队;然后出队至 p,访问 p->data;并且如果 p 有左孩子,将 p 的左孩子 p->lchild 入队;如果 p 有右孩子,将 p 的右孩子 p->rchild 入队。重复出队、访问、左孩子(如果有)入队、右孩子(如果有)入队操作,直至队空,遍历结束。

算法流程如图 5-25 所示。

算法描述与算法步骤如算法 5.4 所示。

图 5-25 层序遍历过程

算法 5.4 【算法描述】　　　　　　　　　　　　　　　　　【算法步骤】

```
0   template<class DT>
1   void LevelBiTree(BTNode<DT> * bt)        //层序遍历二叉树
2   {                                         //1.初始化：1.1建一个元素类型
3     Queue Q;                                //为 BTNode * 的队列
4     p=bt;                                   //1.2工作指针指向树根
5     if(p) EnQueue(Q,p);                     //2.p非空,入队
6     while(!QueueEmpty(Q))                   //3.队不空,重复下列操作
7     {
8       DeQueue(Q,p);                         //3.1出队
9       cout<<p->data;                        //3.2访问
10      if(p->lchild!=NULL)                   //3.3有左孩子
11        EnQueue(Q,p->lchild);               //左孩子入队
12      if(p->rchild!=NULL)                   //3.4有右孩子
13        EnQueue(Q,p->rchild);               //右孩子入队
14    }
15  };
```

5.4.2 根据遍历序列确定二叉树

　　一棵二叉树的任一种遍历序列都是唯一的,但不同的二叉树可能会有相同的遍历序列。例如表 5-1 中所示的 5 棵二叉树,它们的先序遍历序列均为 abc。由此可见,已知二叉树的某个遍历序列并不能唯一确定一棵二叉树。

　　虽然 5 棵二叉树的先序遍历序列一样,但中序遍历序列各不相同,那是否结合中序遍历序列可以唯一确定一棵二叉树呢? 答案是肯定的。

表 5-1 先序遍历序列相同的 5 棵二叉树

二叉树					
	(a)	(b)	(c)	(d)	(e)
先序遍历序列	abc	abc	abc	abc	abc
中序遍历序列	bac	cba	abc	bca	cba

先序遍历序列和中序遍历序列的关系如图 5-26 所示。据此关系,可以通过下列方法唯一确定一棵二叉树。

二叉树的先序序列　(根) [左子树] [右子树]

二叉树的中序序列　[左子树] (根) [右子树]

图 5-26 先序遍历序列和中序遍历序列的关系

① 根据先序遍历序列的第一个元素建立根结点。

② 在中序遍历序列中找到该元素,该元素的左、右子序列分别为根的左、右子树的中序遍历序列。

③ 同一棵树的遍历序列数据集相同,据此,在先序遍历序列中找到根的左、右子树的先序遍历序列。

④ 由左子树的先序遍历序列与中序遍历序列确定左子树的根并找到其左、右子树的先序和中序遍历序列;由右子树的先序遍历序列与中序遍历序列建立右子树的根并找到其左、右子树的先序和中序遍历序列。

依次分解下去,最终可确定二叉树中各结点的位置,从而确定整棵二叉树。

【例 5-4】 已知一棵二叉树的先序遍历序列为 abcdefg,中序遍历序列为 cbdaegf,构造这棵二叉树。

【解】 解析过程如图 5-27(a)所示,最终得到的二叉树如图 5-27(b)所示。

① 由先序序列知 a 是树根;在中序遍历序列中找到 a,并由此获知 bcd 在根 a 的左子树上,efg 在根 a 的右子树上。

② b、e 分别为根 a 的左、右子树的根,即 b 是 a 的左孩子,e 是 a 的右孩子。

③ c 在 b 的左子树上,d 在 b 的右子树上;e 无孩子,fg 在 e 的右子树上。

④ g 是 f 的左孩子。

后序遍历序列和中序遍历序列的关系如图 5-28 所示。同理,由此关系,也可以唯一确定一棵二叉树,方法如下。

① 在后序遍历序列中,根在最后,由此可找到根。

② 根据根在中序遍历序列中的位置,得到根的左、右子树的中序遍历序列。

(a) 解析过程　　　　　　　　　　　　(b) 求得的二叉树

图 5-27　由先序序列和中序序列求二叉树

| 二叉树的后序序列 | 左子树 | 右子树 | 根 |

| 二叉树的中序序列 | 左子树 | 根 | 右子树 |

图 5-28　后序遍历序列和中序遍历序列的关系

③ 根据序列集相等的条件,在后序遍历序列中分别得到根的左子树和右子树的后序遍历序列。

④ 由左、右子树的后序遍历序列与中序遍历序列分别确定左、右子树的根和左、右子树各自的后序遍历序列与中序遍历序列。依次分析下去,可确定各结点的位置,从而唯一确定一棵二叉树。

二叉树有 4 种遍历序列,**已知中序遍历序列和先序、后序或层序遍历序列中的任一种,可以唯一确定一棵二叉树。**

【思考】

① 为什么已知先序遍历和后序遍历序列不能唯一确定一棵二叉树?

② 如何由层序遍历序列和中序遍历序列确定一棵二叉树?

5.4.3　先、中、后序遍历的非递归算法

递归算法虽然简洁,但一般而言执行效率不高。下面介绍遍历的非递归算法。从先序、中序、后序遍历过程可知,三者在遍历过程中均有回溯,因此,在遍历的非递归算法中需要用堆栈模拟回溯过程。

1. 先序遍历的非递归算法

先序遍历从根开始,如果有左孩子,则转向左孩子,且每个结点第 1 次经过时就被访问。左子树访问完后,需要回溯到双亲访问双亲的右子树或继续回溯(双亲无右孩子),回溯的方向与原路方向相反。因此,在先序遍历的非递归算法中需要用栈沿途保存被访问结点或是被访问结点的右孩子结点。

【算法思想】 p指向树根。p非空或栈非空,则重复下列操作:①访问p并将p入栈,如果p有左孩子,转向p的左孩子(p=p->lchild);②如果p没有左孩子,出栈并转向出栈结点的右孩子,如果出栈结点无右孩子,继续出栈。p空且栈空,遍历结束。

算法描述与算法步骤如算法5.5所示。

算法5.5　【算法描述】　　　　　　　　　　　**【算法步骤】**

```
0   template<class DT>
1   void PreOrderBiTree_N(BTNode<DT> * bt)    //非递归先序遍历
2   {
3     Stack S;                                //1.初始化:栈S初始化
4     p=bt;                                   //工作指针p指向根
5     while(p!=NULL||!StackEmpty(S))          //2.循环直到p为空且栈S
6     {                                       //为空
7       while(p!=NULL)
8       {                                     //2.1当p不空时,循环
9         cout<<p->data;                      //2.1.1输出 p->data
10        push(S,p);                          //2.1.2 p入栈
11        p=p->lchild;                        //2.1.3继续遍历p的左子树
12      }
13      if(!StackEmpty(S))                    //2.2如果栈S不空,则
14        {pop(S,p); p=p->rchild;}            //出栈至p,转至p的右子树
15    }
16  }
```

【例5-5】 对于图5-19所示的二叉树,给出非递归遍历过程中栈和工作指针的变化。

【解】 所求二叉树的非递归先序遍历过程中栈及工作指针的变化如表5-2所示。

表5-2　二叉树非递归先序遍历算法的执行过程

步骤	访问结点	栈中内容	指针p	操作说明
初始化		空	p=bt	从根A开始
1	A	A	B	访问A,A进栈,转A的左孩子B
2	B	A B	D	访问B,B进栈,转B的左孩子D
3	D	A B D	NULL	访问D,D进栈;D无左孩子,p为空
4		A B	F	D出栈,转D的右孩子F
5	F	A B F	NULL	访问F,F进栈,转F的左孩子;F无左孩子,p为空
6		A B	NULL	F出栈,转F的右孩子;F无右孩子,p为空
7		A	NULL	B出栈,转B的右孩子;B无右孩子,p为空
8		空	C	A出栈,转A的右孩子C

续表

步骤	访问结点	栈中内容	指针 p	操 作 说 明
9	C	C	NULL	访问 C,C 进栈,转 C 的左孩子;C 无左孩子,p 为空
10		空	E	C 出栈,转 C 的右孩子 E
11	E	E	G	访问 E,E 进栈,转 E 的左孩子 G
12	G	E G	NULL	访问 G,G 进栈,转 G 的左孩子;G 无左孩子,p 为空
13		E	NULL	G 出栈,转 G 的右孩子;G 无右孩子,p 为空
14		E	H	E 出栈,转 E 的右孩子 H
15	H	H	NULL	访问 H,H 进栈,转 H 的左孩子;H 无左孩子,p 为空
16			NULL	H 出栈,转 H 的右孩子;H 无右孩子,p 为空。p 空且栈空,遍历结束

【算法讨论】 下列算法也可实现二叉树的非递归先序遍历。阅读算法,给出算法步骤和算法执行中栈的变化并说明两个算法的区别。

```
0   template<class DT>
1   void PreOrderBiTree_N(BTNode<DT> * bt)
2   {
3     Stack S;
4     p=bt;
5     while(p!=NULL || !StackEmpty(S))
6     {
7       while(p !=NULL)
8       {
9         cout<<p->data;
10        if(p->rchild)  push(S, p->rchild);
11        p=p->lchild;
12      }
13      if(!StackEmpty(S)) pop(S,p);
14    } //while
15  }
```

2. 中序遍历的非递归算法

中序遍历需要在左子树遍历后才能遍历根,因此,须沿途将各访问点的双亲入栈,以用于回溯。

【算法思想】 从树根出发。只要结点非空或栈不空,就循环:一路左行,包括根及根的左孩子、左孩子的左孩子、……,进栈;结点出栈,访问出栈结点;如果被访问结点有右孩子则转右孩子,否则继续出栈。当结点和栈均为空时,遍历结束。

算法描述与算法步骤如算法 5.6 所示。

算法 5.6　【算法描述】　　　　　　　　　　　　**【算法步骤】**

```
0   template<class DT>
1   void InOrderBiTree(BiTree<DT>bt)        //非递归中序遍历二叉树
2   {
3     Stack S;                              //1.初始化:创建栈 S,
4     p=bt;                                 //工作指针 p 指向树根
5     while(p || !StackEmpty(S))            //2. 当 p 不空或 S 不空时,循环
6     {
7       while(p)                            //2.1 当 p 不空时,循环
8       { push(S,p); p=p->lchild); }        //p 入栈并转向左孩子
9       if(!StackEmpty(S))                  //2.2 如果栈 S 不空
10      {
11        pop(S,p);                         //2.2.1 出栈
12        cout<<p->data;                    //2.2.2 访问
13        p=p->rchild;                      //2.2.3 转向右子树
14      }
15    }
16  }
```

【例 5-6】　对于图 5-19 所示的二叉树,给出非递归中序遍历过程中栈和工作指针的变化。

【解】　所求二叉树的非递归中序遍历过程中栈和工作指针的变化如表 5-3 所示。

表 5-3　二叉树非递归中序遍历算法的执行过程

步骤	访问结点	栈中内容	指针 p	操 作 说 明
初始化		空	p=bt	从根 A 开始
1		A	B	A 进栈,转 A 的左孩子 B
2		A B	D	B 进栈,转 B 的左孩子 D
3		A B D	NULL	D 进栈,转 D 的左孩子;D 没有左孩子,p 为空
4	D	A B	F	D 出栈,访问 D,转 D 的右孩子 F
5		A B F	NULL	F 进栈,转 F 的左孩子;F 无左孩子,p 为空
6	F	A B	NULL	F 出栈,访问 F,转 F 的右孩子;F 无右孩子,p 为空
7	B	A	NULL	B 出栈,访问 B,转 B 的右孩子;B 无右孩子,p 为空
8	A	空	C	A 出栈,访问 A,转 A 的右孩子 C
9		C	NULL	C 进栈,转 C 的左孩子;C 无左孩子,p 为空
10	C	空	E	C 出栈,访问 C,转 C 的右孩子 E
11		E	NULL	E 进栈,转 E 的左孩子 G
12		E G	NULL	G 进栈,转 G 的左孩子;G 无左孩子,p 为空

续表

步骤	访问结点	栈中内容	指针 p	操 作 说 明
13	G	E		G 出栈,访问 G,转 G 的右孩子;G 无右孩子,p 为空
14		E	H	E 出栈,访问 E,转 E 的右孩子 H
15	E	H	NULL	H 进栈,转 H 的左孩子;H 无左孩子,p 为空
16	H	空	NULL	H 出栈,访问 H,转 H 的右孩子;H 无右孩子,p 为空。p 空并且栈空,遍历结束

3. 后序遍历非递归算法

后序遍历的顺序是左子树、右子树、根结点。对于任一结点 p,必须在其左、右子树都遍历完才可被访问。所以,后序遍历中,须先将该结点及其左下结点依次进栈,然后转向右,将左下结点的右子树进栈。如果栈顶结点的右子树均已被访问,则该顶点可出栈访问。如何判断一个结点 p 的右子树已遍历过呢?

对于任何一棵非空子树,后序遍历序列中最后访问的结点一定是该子树的根,即如果一个结点 p 的右孩子刚刚被访问过,说明它的右子树已遍历完,可以访问该结点 p。

【算法思想】 设置一个指针变量 r,指向刚刚被访问的结点。对于栈顶结点 p,如果其右孩子为 r,说明 p 的左、右子树都遍历过了,顶点 p 可出栈访问。对于非栈顶结点,一路左行进栈。设一标志 flag,表示当前处理的结点是否为栈顶结点。

算法描述与算法步骤如算法 5.7 所示。

算法 5.7 【算法描述】 　　　　　　　　　　　　　　　　　【算法步骤】

```
0    template<class DT>
1    void PostOrderBiTree_N(BTNode<DT> * bt)   //非递归后序遍历
2    {                                          //1. 初始化:
3      Stack S;                                 //1.1 创建栈 S
4      bool flag=false;                         //1.2 顶点标志
5      p=bt;
6      do                                       //1.4 工作指针 p 指向树根
7      {                                        //2. 当 p 不空
8        while(p)
9        {                                      //2.1 当 p 不空时,循环
10         Push(S,p);                           //2.1.1 p 入栈
11         p=p->lchild;                         //2.1.2 左走
12       }
13       r=NULL;
14       flag=true;
15       while(!StackEmpty(S) && flag)          //2.2 栈非空,处理栈顶结点
16       {
17         GetTop(S,p);                         //2.2.1 取栈结点
18         if(p->rchild==r)                     //2.2.2 如果其右孩子刚被访问
```

```
19        {
20          cout<<p->data<<' ';                //访问并出栈
21          Pop(S,p);
22          r=p;                               //r 指向刚被访问的结点
23        }
24      else                                   //2.3.2 否则
25        {
26          p=p->rchild;                       //转向处理右子树
27          flag=false;                        //当前处理点非栈顶结点
28        }
29    }
30  }while(!StackEmpty(S));                     //栈非空,循环
31 }
```

【例 5-7】 对于图 5-19 所示的二叉树,给出非递归后序遍历过程中栈的变化。

【解】 所求二叉树的后序非递归遍历过程栈的变化如表 5-4 所示。

表 5-4 二叉树非递归后序遍历算法的执行过程

步骤	访问结点	栈中内容	指针(p,r)	操 作 说 明
初始化		空	bt,NULL	从根 A 开始,r 为空
1		A	B,NULL	A 进栈,转 A 的左孩子 B
2		AB	D,NULL	B 进栈,转 B 的左孩子 D
3		ABD	NULL,NULL	D 进栈;转 D 左孩子,D 无左孩子,处理栈顶元素 D
4		ABDF	F,NULL	D 的右孩子不等于 r 所指,转 D 右孩子 F,F 进栈
5		ABDF	NULL,NULL	转 F 的左孩子;F 无左孩子,处理 F
6	F	ABD	NULL,F	F 无右孩子,访问 F,且 F 出栈,r 指向 F;处理 D
7	D	AB	NULL,D	D 的右孩子等于 r 所指,访问 D,且 D 出栈,r 指向 D;处理 B
8	B	A	NULL,B	B 的右孩子为空,访问 B,B 出栈,r 指向 B;处理 A
9		AC	C,NULL	A 的右孩子不等于 r 所指,转 A 的右孩子 C,C 入栈,r 为空
10		AC	NULL,NULL	转 C 的左孩子;C 无左孩子,处理 C
11		ACE	E,NULL	C 的右孩子不等于 r 所指,转 C 的右孩子 E,E 入栈
12		ACEG	G,NULL	转 E 的左孩子 G,G 入栈
13		ACEG	NULL,NULL	转 G 的左孩子;G 无左孩子,处理 G
14	G	ACE	NULL,G	G 无右孩子,访问 G 并出栈,r 指向 G;处理 E
15		ACEH	H,NULL	E 的右孩子不等于 r 所指,转 E 的右孩子 H;H 入栈,r 为空

续表

步骤	访问结点	栈中内容	指针（p，r）	操作说明
16	H	ACE	NULL，H	转 H 的左孩子；H 无左孩子，处理 H；H 无右孩子，访问并出栈，r 指向 H；处理 E
17	E	AC	NULL，E	E 的右孩子是 r 所指，访问 E，E 出栈，r 指向 E；处理 C
18	C	A	NULL，C	C 的右孩子是 r 所指，C 出栈并访问，r 指向 C；处理 A
19	A		NULL，A	A 的右孩子是 r 所指，访问 A，A 出栈，r 指向 A
20			NULL，A	栈空，遍历结束

5.4.4　二叉树的其他操作

　　二叉树遍历操作是许多其他操作的基础，遍历思想对解决其他许多问题有很好的参考作用。例如，遍历可以访问所有结点，因此可以直接用于结点查询、结点计数等。遍历中对结点进行不同的操作，即可实现创建、销毁、计数、复制等操作。

　　为简化问题，下列算法讨论中设二叉树的数据元素均为一个字符，且通过键盘输入赋值。

1. 创建二叉树

　　在二叉树中创建孩子结点必须先有双亲结点，因此创建是基于先序遍历进行的。

　　【算法思想】　对于树或其中的每棵子树，首先输入结点元素值，如果值非空，创建一个结点 BTNode 并赋值；然后递归创建其左子树和右子树。

　　算法描述与算法步骤如算法 5.8 所示。

　　算法 5.8　【算法描述】　　　　　　　　　　　　　　【算法步骤】

```
0    template<class DT>
1    void CreateBiTree(BTNode<DT> * &bt)    //按先序输入创建一棵二叉树
2    {
3      cin>>ch;                             //1.输入结点值
4      if(ch=="#")                          //2.根据结点值,分别处理
5          bt=NULL;                         //2.1 值为空,指针为空
6      else                                 //2.2 否则
7      {
8        bt=new BTNode<DT>;                 //2.2.1 新建一个结点
9        bt->data=ch;                       //2.2.2 结点赋值
10       CreateBiTree(bt->lchild);          //2.2.3 递归创建左子树
11       CreateBiTree(bt->rchild);          //2.2.4 递归创建右子树
12     }
13   }
```

　　【例 5-8】　用上述算法创建一棵如图 5-29(a)所示的二叉树，应该输入怎样的序列？

　　【解】　在递归创建中，首先创建（树或子树）根，然后创建（树或子树）根的左孩子，再

创建(树或子树)根的右孩子。因此,每个结点只要非空,就需要补齐其左、右孩子,如图 5-29(b)所示。设以一个特殊符号"♯"表示空值,输入序列为 AB♯D♯♯C♯♯。创建成功的二叉树的存储示意图如图 5-29(c)所示。

(a) 要创建的二叉树   (b) 补全左、右孩子   (c) 存储示意图

图 5-29   二叉树的创建

2. 销毁二叉树

二叉树中结点被销毁前应该先销毁其孩子结点,因此销毁二叉树须按后序遍历进行。销毁二叉树的算法描述与算法步骤如算法 5.9 所示。

算法 5.9   【算法描述】   【算法步骤】

```
0   template<class DT>
1   void DestroyBiTree(BTNode<BT> * &bt)        //销毁一棵二叉树
2   {
3       if(bt)                                 //如果结点不空
4       {
5           DestroyBiTree(bt->lchild);         //1.销毁左子树
6           DestroyBiTree(bt->rchild);         //2.销毁右子树
7           delete bt;                         //3.删除根结点
8       }
9   }
```

3. 结点查询

【算法思想】   如果把遍历中对元素的访问改为元素值与查找值的比较,就可以实现结点的查询。如果结点的值与查找元素值相等,即找到,返回该结点的指针;如果遍历结束,未发现值相等的元素,则未找到,返回空指针。

算法描述与算法步骤如算法 5.10 所示。

算法 5.10   【算法描述】   【算法步骤】

```
0   template<class DT>
1   BTNode<DT> * search(BiTree<DT> * bt,DT e)    //查找值为 e 的元素
2   {
3     if(!bt)                                     //树空,返回空
4       return NULL;
```

```
5       else if(bt->data==e)                       //1.找到
6          return bt;                              //返回结点指针
7       else
8       { p=search(bt->lchild,e);                  //2.递归查找左子树
9          if(!p) return p;                        //查找成功,返回结点指针
10         return search(bt->rchild,e);            //3.递归查找右子树
11      }
12  }
```

【算法讨论】　基于中序、后序或层序遍历可以实现结点查询吗?

4. 计算二叉树的深度

由树的深度定义可知,二叉树的深度为左、右子树深度的较大者加 1。要计算二叉树的深度,可以递归计算左子树深度(设为 hl)和右子树深度(设为 hr),树的深度为 Max(hl,hr)+1。递归计算定义如下:

$$depth(T)=\begin{cases} 0 & T=NULL \\ Max\{depth(T\rightarrow lchild),depth(T\rightarrow lchild)\}+1 & 其他 \end{cases}$$

因为要计算完左、右子树的深度后才能计算树的深度,所以遍历方法采用后序遍历思路。

求二叉树深度的算法描述与算法步骤如算法 5.11 所示。

算法 5.11　**【算法描述】**　　　　　　　　　　　　　**【算法步骤】**

```
0   template<class DT>
1   int Depth(BTNode<DT> * bt)                     //求树的深度
2   {
3     if(root==NULL)                               //1.空树,深度 0
4        return 0;
5     else                                         //2.非空
6     {
7        hl=Depth(root->lchild);                   //2.1 递归计算左子树深度
8        hr=Depth(root ->rchild);                  //2.2 递归计算右子树深度
9        if(hl>hr) return hl+1;                     //2.3 树深为左、右子树深度较大者
10       else return hr+1;                         //加 1
11    }
12  }
```

5. 结点计数

【算法思想】　空二叉树的结点个数为 0;否则,从递归角度看,二叉树结点个数=根结点个数 1+左子树结点个数+右子树结点个数。结点计数的递归定义如下:

$$NodeCount(T) = \begin{cases} 0 & T = NULL \\ NodeCount(T\text{->}lchild) + NodeCount(T\text{->}lchild) + 1 & \text{其他} \end{cases}$$

计算二叉树结点个数的算法描述与算法步骤如算法 5.12 所示。

算法 5.12 　**【算法描述】** 　　　　　　　　　　　**【算法步骤】**

```
0   template<class DT>
1   int NodeCount(BTNode<DT> * bt)        //统计结点个数
2   {
3     if(bt==NULL) return 0;             //1.空二叉树,返回 0
4     else                                //2.否则
5       return NodeCount(bt->lchild) +   //返回左、右子树结点个
              NodeCount(bt->rchild)+1     //数和+1
6   }
```

语句 5 的执行过程是先扫描左子树,再扫描右子树,最后是根结点(＋1),因此,本算法采用的是后序遍历思路。

【算法讨论】　　如何仿照此算法统计二叉树中叶结点的个数、度为 1 的结点个数和度为 2 的结点个数?

5.5　线索二叉树

二叉树遍历的实质是对一个非线性结构进行线性化。通过遍历可以得到一个线性序列。线性结构序列中的元素有唯一前驱和后继关系,但二叉树的二叉链表存储只存储了结点的孩子信息,无法直接得到遍历序列的前驱和后继信息。如果能在遍历过程中保存这种信息,则可以避免重复的遍历。具体思路是:用二叉树二叉链表中的空指针存储前驱或后继信息。这些信息称为遍历线索。标注了线索的二叉树为线索二叉树。

5.5.1　线索二叉树的定义

n 个结点的二叉树的二叉链表中共有 $n+1$ 个空指针[①],可以存储 $n+1$ 个前驱或后继信息。**存储遍历序列的前驱或后继信息的指针被称为线索**(thread)。具体做法是:如果一个结点 p 无左孩子,则让其左孩子指针 p->lchild 指向遍历序列中的前驱结点,称为**前驱线索**;如果一个结点 p 无右孩子,则让其右孩子指针 p->rchild 指向遍历序列中的后继结点,称为**后继线索**。给一棵二叉树标识线索的过程称为**线索化**。如果只标识前驱线索,称为**前驱线索化**;如果只标识后继线索,称为**后继线索化**。两者都标识,则称为**全序线索化**。标注了线索的二叉树称为**线索二叉树**(thread binary tree)。

不同的遍历方式有不同的遍历序列,**线索与遍历方式是一一对应的**,因此线索化还分

---

① 　n 个结点共有 $2n$ 个指针。度为 1 的点有 1 个非空指针;度为 2 的点有 2 个非空指针。总的空指针数为:$2n-n_1-2n_2=n+(n_0+n_1+n_2)-n_1-2n_2=n+n_0-n_2=n+1$。

为先序线索化、中序线索化、后序线索化、层序线索化等。相应地,线索二叉树分别被称为
先序线索二叉树、中序线索二叉树、后序线索二叉树、层序线索二叉树。

【例 5-9】　一棵二叉树如图 5-30(a)所示,对其分别进行中序前驱线索化、中序后继
线索化和中序全序线索化。

【解】　此树的中序遍历序列为 DGBAECF。

没有左孩子的结点有 D、G、E、F,分别给它们增加指向中序遍历序列前驱的线索,即
NULL(空)、D、A、C,如图 5-30(b)所示。

(a) 二叉树　　　　　(b) 中序前驱线索化

(c) 中序后继线索化　　　(d) 中序全序线索化

图 5-30　二叉树的中序线索化

没有右孩子的结点有 G、B、E、F,分别给它们增加指向中序遍历序列后继的线索,即
B、A、C、NULL,如图 5-30(c)所示。实现中序后继线索化。

将前驱线索和后继线索合起来,即为中序遍历的全序线索化,如图 5-30(d)所示。

【算法讨论】　给出图 5-30(a)的先序线索化树和后序线索化树。

5.5.2　线索二叉树的建立

通过改造二叉树二叉链表存储,可得线索二叉树的存储结构。

1. 结点结构

在线索二叉树中,左指针 lchild 和右指针 rchild 可能指向孩子,也可能指向前驱或后
继。为区分两者,在原二叉链表结点基础上增设两个域:左标志域 lflag 和右标志域
rflag。结点结构及标志定义如图 5-31 所示。

当 lflag＝0 时,lchild 指向左孩子;当 lflag＝1 时,lchild 为线索信息,指向遍历序列
前驱。

当 rflag＝0 时,rchild 指向右孩子;当 rflag＝1 时,rchild 为线索信息,指向遍历序列

后继。

线索二叉树的结点定义如下。

```
template<class DT>
struct ThrBTNode
{
    DT data;                    //数据域
    int lflag;                  //左标志域
    int rflag;                  //右标志域
    ThrBTNode * lchild;         //左指针域
    ThrBTNode * rchild;         //右指针域
};
```

图 5-30 所示二叉树的中序线索二叉树的存储示意图如图 5-32 所示。

ThrBTNode

lflag	lchild	data	rchild	rflag

lflag	lchild
0（非线索）	指向左孩子
1（前驱线索）	指向前驱

rflag	rchild
0（非线索）	指向右孩子
1（后继线索）	指向后继

图 5-31　线索二叉树的结点结构与标志定义示意图

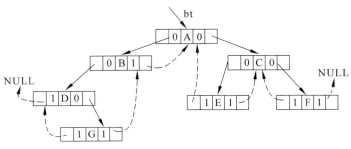

图 5-32　中序线索链表的存储示意图

2. 线索化

线索二叉树构造的实质是在遍历过程中完成下列两个工作。

① 对没有左孩子的结点,设置左线索标志并把 lchild 指向遍历序列中结点的前驱,即

```
if(p->lchild==NULL)
{   p->lchild=pre;          //pre 为遍历序列中结点的前驱
    p->lflag=1;
}
```

② 对没有右孩子的结点,设置右线索标志并把 rchild 指向遍历序列中结点的后继,即

```
if(pre->rchild==NULL)
{   pre->rchild=p;          //p 是 pre 的后继
    pre->rflag=1;
}
```

下面以中序线索化为例,递归算法的算法描述与算法步骤如算法 5.13 所示。

算法 5.13　【算法描述】　　　　　　　　　　　　　　　　　【算法步骤】

```
0   template<class DT>
1   void InThread(ThrBTNode<DT> * &p)        //中序线索化二叉树
2   {
3       if(p)                               //p 不空
4       {
5           InThread(p->lchild);            //1.递归线索化左子树
6           if(p->lchild==NULL)             //2.1 p 无左孩子
7           {
8               p->lflag=1;                 //2.1.1 设置前驱线索标志
9               p->lchild=pre;              //2.1.2 左孩子指向结点前驱
10          }
11          if(pre->rchild==NULL)           //2.2 如果前驱结点无右孩子
12          {
13              pre->rflag=1;               //2.2.1 设置 pre 的线索标志
14              pre->rchild=p;              //2.2.2 pre 右孩子指向后继 p
15          }
16          pre=p;                          //2.3 pre 指向 p
17          InThread(p->rchild);            //3.递归线索化右子树
18      }
19  }
```

【算法讨论】　仿照上述算法,给出先序线索二叉树和后序线索二叉树的算法。

5.5.3　线索二叉树的遍历

线索二叉树对没有左孩子的结点,给出了前驱信息;对没有右孩子的结点,给出了后继信息。那在线索二叉树中是否可以找到任一结点在遍历序列中的前驱和后继呢?下面对先序线索二叉树、中序线索二叉树和后序线索二叉树分别进行讨论。

1. 先序线索二叉树

(1) 先序遍历序列的前驱

① 在先序遍历中,根为第一访问点,无前驱。

② 对于其他任一结点 p

- 如果 p->lflag==1,p 的前驱为 p->lchild 所指结点;
- 否则,如果 p 是双亲的左孩子,p 的前驱是 p 的双亲;如果 p 是双亲的右孩子,p 的前驱是其双亲左子树上先序遍历的最后一点。

因为双亲信息需要回溯才能得到,所以在先序线索二叉树中,不能直接得到任一结点的前驱结点。

(2) 先序遍历序列的后继

对于任一结点 p

- 如果 p->rflag==1,p 的后继为线索(p->rchild)所指结点;

- 否则,如果 p 有左孩子(即 p->lflag==0),p 的后继为 p 的左孩子(p->lchild);如果 p 无左孩子,有右孩子(即 p->rflag==0),p 的后继为 p 的右孩子(p->rchild)。

归纳起来看,在先序线索二叉树中,可直接获得任一结点的后继。对于任一结点 p,如果 p 有左孩子,p 的后继为 p 的左孩子(p->lchild);否则 p 的后继为 p->rchild。这表明对先序线索二叉树进行先序遍历无须回溯,算法描述与算法步骤如算法 5.14 所示。

算法 5.14　**【算法描述】**　　　　　　　　　　　　　　**【算法步骤】**

```
0   template<class DT>
1   void PreThrBiTree(ThrBTNode<DT> * &bt)    //先序遍历先序线索二叉树
2   {
3     p=bt;                                   //1.树根为第一访问点
4     while(p)                                //2.只要 p 不空
5     {
6       cout<<p->data;                        //2.1 访问 p->data
7       if(p->lflag==0)                       //2.2 p 有左孩子
8         p=p->lchild;                        //转向 p->lchild
9       else                                  //2.3 否则
10        p=p->rchild;                        //转向右子树
11    }
12  }
```

2. 中序线索二叉树

(1) 中序遍历序列的前驱

① 中序遍历的第一点为从根出发走至最左边的点,即

```
p=bt;                           //p 指向树根
while(p->lflag==0)              //只要有左孩子
    p=p->lchild;                //转向左孩子
```

遍历序列的第一个结点无前驱。

② 对于其他任一点 p

- 如果 p->lflag==1,p 的前驱为前驱线索(p->lchild)所指结点;
- 否则,p 的前驱为遍历其左子树时最后访问的一个结点(左子树中最右下的结点),即

```
pre=p->lchild;
while(pre->rflag==0)
    pre=pre->rchild;
```

综上,在中序线索二叉树中,可以直接得到中序遍历序列中任一结点的前驱结点。

(2) 中序遍历序列的后继

对于任一点 p

- 如果 p->rflag==1,则 p 的后继为后继线索(p->rchild)所指结点;

- 否则,表示 p 有右孩子,p 的后继为其右子树上中序遍历的第一点(右子树上最左下的点),该点不需要回溯即可获得。

由此可见,在中序线索化二叉树中,无须回溯就可以获得任一结点 p 的后继。这给中序遍历带来了方便。中序线索化二叉树的中序遍历非递归算法的算法描述与算法步骤如算法 5.15 所示。

算法 5.15 　**【算法描述】**　　　　　　　　　　　**【算法步骤】**

```
 0   template<class DT>
 1   void InThrBitree(ThrBTNode<DT> * bt)     //中序遍历中序线索二叉树
 2   {
 3     p=bt->lchild;                          //1.从根出发
 4     while(p!=bt)                           //一路左行至最左下点
 5     {
 6       while(p->lflag==0)
 7         p=p->lchild;
 8       cout<<p->data;                       //2.访问
 9       while(p->rflag==1&&p->rchild != bt)  //3.后继非空,循环
10       {
11         p=p->rchild;                       //3.1 有后继线索
12         cout<<p->data;                     //后继取线索所指
13       }
14       p=p->rchild;                         //3.2 否则,以右孩子为新出发点
15     }
16   }
```

3. 后序线索二叉树

（1）后序遍历序列的前驱

① 后序遍历的第一点是:从根出发,如果有左孩子转向左孩子,无左孩子有右孩子则转向右孩子并以此为新出发点,再向左、向右,直至第一个叶结点,即

```
p=bt;                                    //从根出发
while(!(p->lflag==1 && p->rflag==1))     //非叶结点,继续循环
{
    while(p->lflag==0)                   //一路左行
      p=p->lchild;
    if(p->rchild==0)                     //有右孩子
      p=p->rchild;                       //以右孩子为新出发点
}
```

后序遍历的第一点无前驱。

② 对于其他任一点 p

- 如果无左孩子(p->lflag==1),p 的前驱为前驱线索(p->lchild)所指结点;
- 否则,如果 p 有右孩子(p->rflag==0),p 的前驱是 p 的右孩子(p->rchild);

● 如果 p 有左孩子,无右孩子(p->lflag＝＝0 ＆＆ p->rflag＝＝1),p 的前驱是 p 的
左孩子(p->lchild)。

综上,在后序线索二叉树中,可以直接得到任一结点的前驱结点。

(2) 后序遍历序列的后继

树根为后序遍历序列的最后一个结点,无后继。

对于其他任一点 p

● 如果 p 无右孩子,p 的后继为后继线索(p->rchild)所指结点。

● 如果 p 有右孩子且是双亲的右孩子,p 的后继是 p 的双亲。

● 如果 p 有右孩子,p 是双亲的左孩子,且 p 无右兄弟,p 的后继是 p 的双亲。

● 如果 p 有右孩子,p 是双亲的左孩子,且 p 有右兄弟,p 的后继是 p 的双亲右子树上
按后序遍历的第一点(即右子树中最左下的叶结点)。

一般情况下,双亲信息需要回溯才能获得。因此,在后序线索化二叉树中无法直接得
到任一结点的后序遍历序列的后继。这也表明:在后序线索化二叉树的后序遍历非递归
算法中依然需要用堆栈实现回溯。

5.6 树和森林与二叉树的相互转换

二叉树、树、森林同为树形结构,基于存储内容的相同,可以进行相互转换。转换成二
叉树的树或森林,就可以作为二叉树来处理。

5.6.1 树与二叉树相互转换

树有二叉链表存储,二叉树也有二叉链表存储。仅从结点结构上看,两者具有一致
性,如图 5-33 所示。

图 5-33(a)是一棵树,其孩子-兄弟结点结构如图 5-33(b)所示,存储示意图如图 5-33(c)
所示。如果把第一个孩子指针 firstchild 理解成左孩子 lchild,把兄弟指针 rightsib 理解
成右孩子 rchild,并且把两者的位置调整到结点的左部或右部(如图 5-33(d)所示),那便
是图 5-33(f)所示的二叉树。据此可以找到一棵树与一棵二叉树之间的转换方法。

1. 树转换为二叉树

对比图 5-33(a)的树与图 5-33(f)的二叉树,可知将一棵树转换成二叉树需要的操作
如下。

① 加线——在树(如图 5-34(a)所示)的所有相邻兄弟结点之间加一条线,如图 5-34(b)
中虚线所示。

② 去线——去掉树中双亲与第 2、3 等孩子结点之间的连线,仅保留双亲与第 1 个孩
子之间的连线,如图 5-34(b)中的带"×"标志的线。

③ 位置调整——双亲的第 1 个孩子为双亲的左孩子,与第 1 个孩子相连(加线后)的
兄弟为双亲的右孩子,于是得到一棵二叉树,如图 5-34(c)所示。

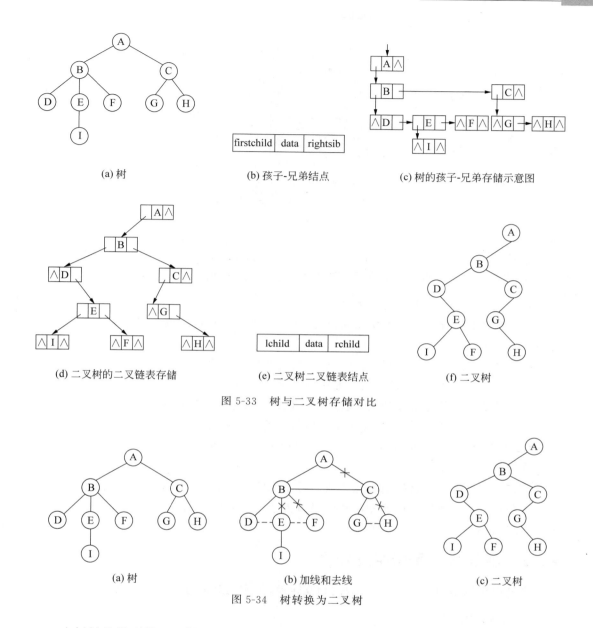

图 5-33　树与二叉树存储对比

图 5-34　树转换为二叉树

由树转换得到的二叉树具有以下特征：

- 根结点无右子树。
- 二叉树中左分支上的各个结点在原来树中是父子关系。
- 二叉树中右分支上的各个结点在原来树中是兄弟关系。

2. 二叉树转换为树

将二叉树变成树的方法正好与上述过程相反，即把之前加的线去掉和把被删除的线加上，如图 5-35 所示。具体操作方法如下。

① 加线——在双亲与左孩子的右孩子、右孩子的右孩子等之间加线，如图 5-35（b）中

(a) 二叉树　　　　　　　　　(b) 加线和去线　　　　　　　　　(c) 树

图 5-35　二叉树转变成树

虚线所示。

② 去线——去掉所有双亲与右孩子之间的连线,如图 5-35(b)中的带"×"标志的线。

③ 位置调整——调整结点位置,即得到图 5-35(c)所示的一棵树。

3. 树与对应的二叉树的遍历对应关系

根据树及其转换后的二叉树可知,树的遍历序列与对应的二叉树的遍历序列之间具有以下对应关系。

$$树的先序遍历 \cong 二叉树的先序遍历$$
$$树的后序遍历 \cong 二叉树的中序遍历$$

已知某树的两种遍历序列是无法求出这棵树的,但是根据树的遍历序列与对应的二叉树遍历序列之间的关系,可以先求出与树对应的二叉树,再将二叉树转换为树。

【应用 5-2】　已知树的先序遍历序列为 ABDEIFCGH,后序遍历序列为 DIEFBGHCA,求这棵树。

【解】　根据树与树转换后的二叉树遍历序列的对应关系,把树的先序遍历序列和后序遍历序列分别看成二叉树的先序和中序遍历序列。由此,可求得的二叉树如图 5-35(a)所示,转换后的树如图 5-35(c)所示。

5.6.2　森林与二叉树相互转换

森林由树构成,基于树与二叉树的相互转换,可实现森林与二叉树的相互转换。

1. 森林转换为二叉树

森林是若干棵树的集合,将森林转换为二叉树的方法如图 5-36 所示,具体操作如下。

① 将森林中的每棵树转换为二叉树,如图 5-36(a)所示。

② 将森林中各棵树的根看成兄弟,按兄弟方法处理,即加线连成二叉树中根的右孩子、右孩子的右孩子等。

转换成功后的二叉树如图 5-36(b)所示。

2. 二叉树转换为森林

一棵二叉树转变成树需要去掉所有双亲与右孩子的线。如果根有右孩子,必然会转变成几棵树,即为一个森林。

(a) 每棵树转变为二叉树　　　　　　　　　　　　(b) 森林转变后的二叉树

图 5-36　森林与二叉树的相互转换

3. 森林与对应的二叉树的遍历对应关系

森林有两种遍历方法：先序(根)遍历和中序(根)遍历。根据森林转换后对应的二叉树，可知森林的遍历序列与对应的二叉树的遍历序列之间具有以下对应关系。

森林的先序遍历≅二叉树的先序遍历

森林的中序遍历≅二叉树的中序遍历

已知森林的两种遍历序列是无法确定森林的。但是，如果通过森林与二叉树遍历序列的对应关系先确定二叉树，再通过树与森林的转换，就可得到森林。

【应用 5-3】 已知森林的先序遍历序列为 ABCDEFGHIJ，中序遍历序列为 BADEFCHJIG，求此森林。

【解】 把森林的两种遍历序列分别看成二叉树的先序和中序遍历序列，即可求得图 5-36(b)所示的二叉树。然后将二叉树转变成森林，如图 5-36(a)所示。

5.7　最优二叉树及其应用

最优二叉树也称哈夫曼树[①]，是二叉树的一个具体应用。

5.7.1　基本概念

最优二叉树是最优树的一种。**最优树是一种树的带权路径长度最短的树**。

权(weight)是对某个实体的某些属性的数值化描述。在二叉树中，可以给边赋予权值，也可以给结点赋予权值，分别称为**边权**和**结点权**。在不同的问题域中，权值有不同的物理意义。最优树研究的是结点有权值的**带权树**。

结点的带权路径长度(weighted path length)指从树根到该结点之间的路径长度与结

[①] 哈夫曼树由戴维·哈夫曼(1925—1999)于 1952 年发明，他同时还发明了哈夫曼编码，该编码至今仍广泛应用于数据压缩与传输中。除哈夫曼编码外，哈夫曼在其他方面也有不少创造，如他设计的二叉最优搜索树算法就被视为同类算法中效率最高的，因而被命名为哈夫曼算法，是动态规划的一个范例。哈夫曼曾获得 IEEE 的 McDowell 奖 (1973 年)、计算机先驱奖(1982 年)及 Golden Jubilee 奖(1998 年)等荣誉。

点权值的乘积。

例如图 5-37 为一棵结点带权的树,结点上值为权值。根据定义可知:权值为 5、4、3 的结点的带权路径长度分别为 5、8 和 9。

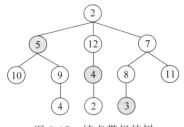

图 5-37　结点带权的树

树的带权路径长度是指树中所有叶结点的带权路径长度之和,通常记为 $\mathrm{WPL} = \sum_{k=1}^{n} w_k l_k$,$w_k$ 表示第 k 个叶结点的权值,l_k 表示根到第 k 个叶结点的路径长度。由此定义可知,图 5-37 所示带权树的带权路径长度为

$$\mathrm{WPL} = 10 \times 2 + 4 \times 3 + 2 \times 3 + 3 \times 3 + 11 \times 2 = 69$$

最优树指在所有含 n 个叶子结点并带相同权值的 m 叉树中,必存在一棵树的带权路径长度最小的树。当 $m=2$ 时,为最优二叉树;即给定 n 个叶子结点的权值 $w = \{w_1, w_2, \cdots, w_n\}$,可以构造出不同形态的二叉树,其中树的带权路径最小的树称为最优二叉树。

例如 $w = \{2, 3, 4, 5\}$,可以构造出如图 5-38 所示的多棵二叉树。它们具有相同的叶结点,但形态各异,使得树的带权路径长度不尽相同。

图 5-38　相同叶结点但形态不同的二叉树

由图 5-38 可知:①相同叶结点集可以构造出 WPL 值相同或不相同且形态各异的二叉树。②形态相同的二叉树,其 WPL 不一定相同,如图中第 3、4 棵树。

图中的 4 棵二叉树的带权路径长度(WPL)分别为 28、32、28 和 35,最小值是 28。WPL 为 28 的二叉树是最优二叉树吗? 这取决于它是否采用了最优二叉树的方法进行构造。

5.7.2　构造最优二叉树

哈夫曼给出了最优二叉树的构造方法,所以,最优二叉树也称哈夫曼树。

1. 构造方法

解决问题的出发点是:为了使 WPL 值小,尽量使权值大的叶结点离根结点近;权值小的叶结点相对离根远一些。具体方法如下。

① 初始化:由给定的 n 个权值 $\{w_1, w_2, \cdots, w_n\}$ 构造 n 棵只有一个根结点的二叉树,从而得到一个二叉树集合 $F = \{T_1, T_2, \cdots, T_n\}$。

② 选取与合并：在 F 中选取根结点的权值最小的两棵二叉树分别作为左、右子树构造一棵新的二叉树,这棵新二叉树的根结点权值为其左、右子树根结点的权值之和。

③ 删除与加入：在 F 中删除作为左、右子树的两棵二叉树并将新建立的二叉树加入 F 中。

④ 重复②、③两步,当集合 F 中只剩下一棵二叉树时,这棵二叉树便是最优二叉树。

【例 5-10】　设 $w=\{7,5,2,3,5,6\}$,构造最优二叉树。

【解】　根据上述方法构造最优二叉树的过程如表 5-5 所示,其中方框结点为中间结点。构造出的最优二叉树的 $\mathrm{WPL}=(5+6+7)\times2+5\times3+(2+3)\times4=71$。

表 5-5　哈夫曼树的构造过程

序号	最优二叉树生成过程	说　明
1	⑦　⑤　②　③　⑤　⑥	初始化,生成 6 棵树
2	[5]（左:②　右:③）	第 1 次选取与合并
3	⑦　⑤　[5]（左:②　右:③）　⑤　⑥	第 1 次删除与加入
4	⑦　[10]（左:⑤　右:[5]（左:②　右:③））　⑤　⑥	第 2 次选取、合并、删除和加入
5	⑦　[10]（左:⑤　右:[5]（左:②　右:③））　[11]（左:⑤　右:⑥）	第 3 次选取、合并、删除和加入
6	[17]（左:⑦　右:[10]（左:⑤　右:[5]（左:②　右:③）））　[11]（左:⑤　右:⑥）	第 4 次选取、合并、删除和加入

续表

序号	最优二叉树生成过程	说　明
7	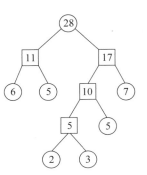	第 5 次选取、合并、删除和加入

用此方法构造的最优二叉树具有以下特点：

- 可能不唯一，因为：①当出现权值相同的叶子结点或中间结点时，任取其一都是可以的；②构造方法中没有说明被选择的两个结点的左、右顺序。图 5-39 也是一棵可能生成的最优二叉树。

- 虽然构造的最优二叉树可能不唯一，但各棵树的 WPL 值一定是一样的，均为最小值。因为权值相同的叶结点在树中的位置可能不一样。

- 树中没有度为 1 的点，因此总结点个数 $n = n_0 + n_2 = 2n_0 - 1$。本例有 6 个叶结点，总结点数为 11。

图 5-39　另一棵哈夫曼树

【思考】　图 5-38 中权值最小的两棵树是最优二叉树吗？

2．用计算机求解最优二叉树

（1）存储设计

n 个叶结点构造的最优二叉树总结点数为 $2n-1$，因此最优二叉树的存储空间是可以预知的。能够预测存储空间时可以考虑采用顺序存储。

最优二叉树构造过程中由孩子结点生成双亲结点，而双亲结点可能成为其双亲的孩子。这表示构造中孩子的位置信息与双亲的位置信息均会被使用。因此，为减少算法的时间复杂度，可同时存储孩子和双亲的位置信息。由此设计出元素结点，如图 5-40 所示。

在顺序存储中，孩子与双亲信息均为结点在顺序表中的位序，类型取整型。元素结构定义如下。

```
struct HTNode      //结点结构
{ int weight;      //权值域
  int parent;      //双亲结点在数组中的下标
  int lchild;      //左孩子结点在数组中的下标
  int rchild;      //右孩子结点在数组中的下标
};
```

图 5-40　最优二叉树的结点结构

初始化时将叶结点作为前 n 个结点。所有点为孤立点，没有关联。因此，双亲、孩子位置信息均填 −1。对于例 5-10 中的权值 $w = \{7,5,2,3,5,6\}$，初始化后，树的初态如图 5-41(a) 所示。

结点序号	weight	parent	lchild	rchild
0	7	−1	−1	−1
1	5	−1	−1	−1
2	2	−1	−1	−1
3	3	−1	−1	−1
4	5	−1	−1	−1
5	6	−1	−1	−1
6		−1	−1	−1
7		−1	−1	−1
8		−1	−1	−1
9		−1	−1	−1
10		−1	−1	−1

(a) 初始状态

结点序号	weight	parent	lchild	rchild	
0	7	−1	−1	−1	
1	5	−1	−1	−1	
2	2	6	−1	−1	← i1
3	3	6	−1	−1	← i2
4	5	−1	−1	−1	
5	6	−1	−1	−1	
6	5	−1	2	3	← k
7		−1	−1	−1	
8		−1	−1	−1	
9		−1	−1	−1	
10		−1	−1	−1	

(b) 完成第1次选取与合并

图 5-41　哈夫曼树构造过程中的存储空间状态

（2）算法设计

n 个叶结点构造的最优二叉树有 $n-1$（即 $2n-1-n$）个中间结点。最优二叉树的构造即 $n-1$ 个中间点的生成过程。每个中间点的计算方法如下。

① 从双亲为 −1 的已有结点中选择权值最小的两个结点，设下标为 i_1 和 i_2。

② 设生成的中间点序号为 k，则中间点的权值为第 i_1、i_2 个结点权值的和。

③ i_1、i_2 分别为第 k 个结点的左、右孩子下标；k 为第 i_1、i_2 个结点的双亲。

第 1 个中间点计算完成后，结果如图 5-41(b)所示。所有中间点计算完毕，最终结果如图 5-42 所示。

结点序号	weight	parent	lchild	rchild
0	7	9	−1	−1
1	5	7	−1	−1
2	2	6	−1	−1
3	3	6	−1	−1
4	5	7	−1	−1
5	6	8	−1	−1
6	5	8	2	3
7	10	9	1	4
8	11	10	6	5
9	17	10	0	7
10	28	−1	8	9

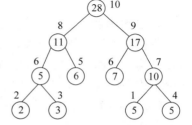

图 5-42　最终状态

求哈夫曼树的算法描述与算法步骤如算法 5.16 所示。

算法 5.16 　【算法描述】　　　　　　　　　　　　　　【算法步骤】

```
0    void HuffmanTree(HTNode * &HT,int w[],int n)    //以权值 w[n]创建哈夫曼树 HT
1    { p=HT;                                         //1.初始化
2      for(i=0; i<2*n-1; i++)                        //1.1 数组 HT[]所有元素权值为 0
3      {                                             //其他信息为-1
4        HT[i].weight=0;
5        HT[i].parent=-1;
6        HT[i].lchild=-1;
7        HT[i].rchild=-1;
8      }
9      for(i=0; i<n; i++)                            //1.2 叶结点权值填入
10       HT[i].weight=w[i];                          //HT[0..n-1].weight
11     for(k=n; k<2*n-1; k++)                        //2.通过 n-1 次选择、删除、合并
12     {                                             //创建哈夫曼树
13       select(HT,k,i1,i2);                         //2.2 形成第 k 个结点
14       HT[i1].parent=k;
15       HT[i2].parent=k;                            //2.2.1 k 为 i1、i2 的双亲
16       HT[k].weight=HT[i1].weight+                 //2.2.2 第 k 个结点的权值为第
17       HT[i2].weight;                              //i1、i2 个结点权值的和
18       HT[k].lchild=i1;                            //2.2.3 i1、i2 分别为第 k 个点
19       HT[k].rchild=i2;                            //的左、右孩子
20     }
21   }
```

【算法分析】　语句 2～8 和语句 9～10 用于初始化，是两个并列的单循环，时间复杂度为 $O(n)$。语句 11～19 求 $n-1$ 个中间点，内嵌一个求最小权值的循环(语句)，时间复杂度为 $O(n^2)$，因此，整个算法的时间复杂度为 $O(n^2)$。

整个算法不需要额外的存储空间，因此空间复杂度为 $O(1)$。

【算法讨论】　n 个叶结点构造的哈夫曼树可能不唯一。那用上述算法构造的哈夫曼树唯一吗？为什么？

3. 应用举例

最优二叉树是树的带权路径长度最小的树。由分支程序构成的多分支程序，其分支判断结构为一棵二叉树。终端数据比较总数类似于树的带权路径长度。最优二叉树可用于分支程序的优化，使数据比较总数最小。下面用具体示例说明。

【应用 5-4】　给出将百分制成绩转变为五等级制的算法。百分制成绩与等级的对应关系及成绩分布如表 5-6 所示。若对 1000 个成绩进行等级划分，所给算法共需要比较多少次？如何根据成绩分布优化算法？

表 5-6　百分制成绩与等级之间的对应关系及成绩分布

分数 S	0～59	60～69	70～79	80～89	90～100
等级	E	D	C	B	A
比例数	5%	15%	40%	30%	10%

【解】　一般判断思路是从最大值或最小值开始依次判断。例如图 5-43(a)所示判断流程是从最小值开始。

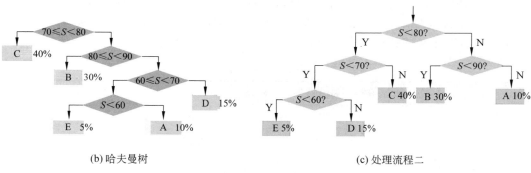

(a) 处理流程一

(b) 哈夫曼树　　　　　　　　　　　(c) 处理流程二

图 5-43　分支程序优化

由图 5-43(a)可知,5%成绩 E 需要进行 1 次数据比较,15%成绩 D 需要进行 2 次数据比较,40%成绩 C 需要进行 3 次数据比较,30%成绩 B 和 10%成绩 A 需要进行 4 次数据比较。如果有 1000 个成绩,共需要进行的比较次数为

$$(0.05 \times 1 + 0.15 \times 2 + 0.4 \times 3 + 0.3 \times 4 + 0.1 \times 4) \times 1000 = 3150(次)$$

如果将成绩分布作为结点权值构造哈夫曼树,如图 5-43(b)所示,并且据此建立分支判断结构,可得图 5-43(c)所示处理流程。此时,5%成绩 E 和 15%成绩 D 需要进行 3 次数据比较,40%成绩 C、30%成绩 B 和 10%成绩 A 的均需进行 2 次数据比较。如果有 1000 个成绩,共需比较次数为 $((0.05+0.15) \times 3 + (0.4+0.3+0.1) \times 2) \times 1000 = 2200$ 次,数据比较次数比上一方法减少了约 30%。

上述应用表明,若知道数据分布情况,可以用最优二叉树优化分支程序。具体做法是：首先,根据数据分布建立最优二叉树;然后,根据最优二叉树建立分支判断结构。

5.7.3 哈夫曼编码

哈夫曼编码是由哈夫曼树生成的一种编码。

1. 编码

在信息远距离传输或将信息进行存储时,需要将一组对象用一组二进制位串表示,即编码。**编码作为名词,表示标记一组对象的一组二进制位串。**例如 A、B、C、D 这 4 个字符的编码可以分别为 00、01、10、11。如果传输 BADCAB,那么电文为 010011100001,总长为 12。**编码作为动词,表示将信息从一种形式或格式转换为另一种形式的过程。**例如上面将 BADCAB 变成 010011100001 的过程就是编码。编码的逆过程称为**解码/译码**。例如上例中,接收端将 010011100001 再转变为 BADCAB 的过程就是解码。图 5-44 表示了 ASCII 码的编码与译码。

图 5-44　ASCII 码的编码与译码

编码分等长编码和不等长编码。**等长编码**指标识每一个对象的二进制串长度一样,如上述对 A、B、C、D 的编码及 ASCII 码,前者每个字符用了 2 个二进制位串,后者每个字符用了 8 位二进制串。等长编码在译码时按长度切分即可。**不等长编码**指标识每一个对象的二进制串长度不一样。对于不等长编码,为保证译码唯一,设计时须满足前缀条件或后缀条件,分别称为前缀编码和后缀编码。如果**一组编码中任一编码都不是其他任何一个编码的前缀,则为前缀编码**。例如表 5-7 为一组前缀码及用它对 CAFE 的编码与译码。

表 5-7　前缀码

字　符	编　码	字　符	编　码
A	00	E	111
B	10	F	0110
C	010	G	0111
D	110		

作为传输或存储用的编码,长度越短效率越高。如果每个字符的使用频率相等,等长编码是效率最高的编码。如果每个字符的使用频率不同,使用不等长编码,让频率高的编码短些,频率低的编码长些,可以减少整体编码的长度。

二叉树可以被用来设计二进制的前缀码,例如一棵二叉树如图 5-45 所示,叶结点分别表示 A、B、C、D、E、F、G。如果约定左分支表示字符 0,右分支表示字符 1,则从根到叶结点路径上分支字符组成的字符串作为该字符的编码,如表 5-7 所示。这是一组前缀码。

为了使电文总长度最短,需要按字符频率构建哈

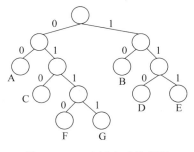

图 5-45　二叉树生成前缀码

夫曼树,然后形成编码。此编码被称为哈夫曼编码。

2. 哈夫曼编码的构造方法

设文本中需要编码的字符集合为 $\{c_1, c_2, \cdots, c_n\}$,它们在文本中出现的频率为 $\{w_1, w_2, \cdots, w_n\}$,字符集中各字符的哈夫曼编码构造方法如下。

① 以各字符 $\{c_1, c_2, \cdots, c_n\}$ 为叶结点,以 $\{w_1, w_2, \cdots, w_n\}$ 为叶结点的权值,构造哈夫曼树。

② 规定哈夫曼树的左分支为 0,右分支为 1。

③ 从根结点到每个叶结点所经过的分支对应的 0 和 1 组成的序列便是该结点对应的哈夫曼编码。

【例 5-11】　对于字符集 $\{A, B, C, D, E, F, G\}$,各自的频率为 $\{9, 11, 5, 7, 8, 2, 3\}$,求:①各字符的哈夫曼编码并计算平均码长;②最短的等长编码。

【解】

① 以 A、B、C、D、E、F、G 为叶结点,以 9、11、5、7、8、2、3 为权值,构造哈夫曼树,并且在左子树上标注 0,右子树上标注 1,如图 5-46(a)所示。各字符的哈夫曼编码如图 5-46(b)所示。

字符	频率	编码
A	9	00
B	11	10
C	5	010
D	7	110
E	8	111
F	2	0110
G	3	0111

字符	等长编码
A	000
B	010
C	011
D	100
E	101
F	110
G	111

(a)哈夫曼树　　　　　　　(b)哈夫曼编码　　　　　　　(c)等长编码

图 5-46　哈夫曼树及其编码

平均编码长为

$$[(9+11) \times 2 + (5+7+8) \times 3 + (2+3) \times 4] / (9+11+5+7+8+2+3) = 2.67$$

② 等长编码中,为区分 7 个字符,至少需要采用 3 位二进制数表示一个字符,如图 5-46(c)所示。因此,最短的等长编码长度为 3,它大于 2.67。

3. 用计算机求解哈夫曼编码

(1) 存储设计

每一个字符的编码为一个二进制串,可以用一个字符数组表示。另设一个字符数组指针 char * HC,指向各编码字符串。存储示意图如图 5-47 所示。

(2) 辅助工作变量设计

由于哈夫曼编码是变长编码,因此无法预设存储空间。在计算过程中,用工作数组 $cd[n]$ 临时存储编码,设指针 start 指向表尾,如图 5-48 所示。

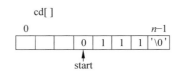

图 5-47 哈夫曼编码存储示意图   图 5-48 求哈夫曼编码的工作数组

（3）算法设计

【算法思想】 依次以叶子结点为出发点，向上回溯至根结点为止。回溯时走左分支则生成代码 0，走右分支则生成代码 1。注意，按此方法求得的是从低到高的各位编码。因此，首先求得的编码是最低位编码，存在 cd[--start]中。当一个回溯结束时，将 start 开始的编码串（如图 5-48 所示）复制到 HC[]中。

由哈夫曼树求哈夫曼编码的算法描述与算法步骤如算法 5.17 所示。

算法 5.17 **【算法描述】**   **【算法步骤】**

```
0   void CreateHFCode(HTNode * HT,      //基于哈夫曼树 HT 求哈夫曼编码
    int n, char **HC)                   //HC[n]
1   {                                   //1.初始化
2     cd=new char[n];                   //1.1 创建工作数组 cd[n]
3     cd[n-1]='\0';                     //1.2 编码结束符
4     for(i=0; i<n; i++)                //2.求每个叶子结点的哈夫曼编码
5     {
6       start=n-1;                      //2.1 start 开始指向编码结束位置
7       c=i;                            //2.2 由第 i 个叶结点向上回溯
8       f=HT[i].parent;
9       while(f!=-1)                    //直到树根
10      {
11        if(HT[f].lchild==c)           //2.2.1 结点是双亲的左孩子
12            cd[--start]='0';          //编码为 0
13        else                          //2.2.2 结点是双亲的右孩子
14            cd[--start]='1';          //编码为 1
15        c=f; f=HT[f].parent;          //2.2.3 继续向上回溯
16      }
17      HC[i]=new char[n-start];        //2.3 为第 i 个字符编码分配空间
18      strcpy(HC[i],&cd[start]);       //2.4 把求得的编码复制到 HC[i]
19    }
20    delete cd;                        //3.释放工作数组空间
21  }
```

哈夫曼编码是基于哈夫曼树构造的编码，是一种前缀码，并且是编码长度最短的编码。至今，哈夫曼编码广泛应用在压缩与传输中。

5.8 小结

1. 本章知识要点

本章知识要点如图 5-49 所示。

图 5-49 本章知识要点

2. 本章相关算法

本章相关算法如图 5-50 所示。

图 5-50 本章相关算法

习题 5

一、填空题

1. 树是 $n(n \geq 0)$ 个结点的有限集合,在一棵非空树中,有( )个根结点,其余结点分成 $m(m \geq 0)$ 个( )的集合,每个集合又都是树。

2. 树中某结点子树的个数称为该结点的( ),该结点称为其子树根的( )结点,子树的根结点是该结点的( )结点。子树的根结点互为( )结点。

3. 树用来表示具有( )结构的数据。树中,有( )个结点没有前驱,其余结点有( )前驱。树中的结点可以有( )后继。

4. 树的双亲表示是一种( )存储方式,其中存储了结点的数据信息和结点的( )信息。孩子链表表示是一种( )的存储方式,用( )表示双亲的孩子信息。两种存储方式相结合,形成( )表示法。树的孩子兄弟表示法是一种( )存储。

5. 二叉树由( )、( )、( )三个基本单元组成。

6. 在结点个数为 $n(n > 1)$ 的各棵二叉树中,最小的高度是( ),最大的高度是( )。

7. 一棵有 n 个结点的满二叉树深度 h 为( ),有( )个度为 1 的结点、( )个分支结点和( )个叶结点。

8. 设 F 是由 T1、T2、T3 三棵树组成的森林,T1、T2、T3 的结点数分别为 n_1、n_2 和 n_3,与 F 对应的二叉树 B 的左子树中有( )个结点,右子树中有( )个结点。

9. 二叉树的先序序列和中序序列相同的条件是( );中序序列和后序序列相同的条件是( );先序序列和后序序列相同的条件是( )。

10. 森林先序遍历等同于由它转变的二叉树的( )遍历序列,森林中序遍历等同于由它转变的二叉树的( )遍历序列。

11. 中序遍历序列为 a、b、c 的二叉树有( )棵。

12. 一棵左子树为空的二叉树在先序线索化后,其中的空链域的个数为( )。

13. 线索二叉树的左线索指向其( )结点,右线索指向其( )结点。

14. 叶结点个数为 n 的哈夫曼树共有( )个结点。

15. 若一棵二叉树具有 10 个度为 2 的结点,5 个度为 1 的结点,则度为 0 的结点个数是( )。

二、简答题

1. 从概念上讲,树与二叉树是两种不同的数据结构,简述树与二叉树的区别并指出将树转换为二叉树的主要目的是什么。

2. 试分别画出具有 3 个结点的树和 3 个结点的二叉树的所有不同形态。

3. 如果一棵树有 n_1 个度为 1 的结点,n_2 个度为 2 的结点,……,n_m 个度为 m 的结点,问:有多少个度为 0 的结点?试推导之。

4. 已知完全二叉树的第 7 层有 10 个叶结点,则整个二叉树的结点数最多为多少个?

5. 使用二叉链表存储 n 个结点的二叉树,空的指针域有多少?

6. 给出求解下列问题的判定树。①搜索指定结点 p 在中序遍历序列中的前驱；②搜索指定结点 p 在中序遍历序列中的后继。

7. 用哈夫曼树构造最佳判定树时，内、外结点各起什么作用？树的带权路径长度表示什么意思？

三、应用题

1. 分别使用顺序表示法和二叉链表表示法表示图 5-51 所示二叉树，给出存储示意图。

图 5-51 二叉树

2. 对图 5-52 所示的二叉树，分别进行①先序前驱线索化；②后序后继线索化；③中序全序线索化。

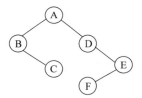

图 5-52 二叉树

3. 已知一棵没有度为 1 的结点的二叉树的先序和后序遍历序列为 ABCDFGHIE 和 BFHIGDECA，画出该二叉树。

4. 假设一棵二叉树的中序遍历序列为 DCBGEAHFIJK，后序遍历序列为 DCEGBFHKJIA。请画出该树。

5. 将图 5-53 所示森林转换为相应的二叉树。

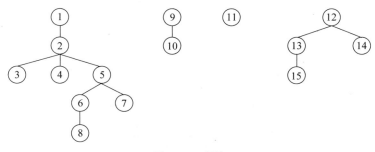

图 5-53 森林

6. 已知一个森林的先序序列为 ABCDEFGHIJKLMNO, 中序序列为 CDEBFHIJG AMLONK, 构造出该森林。

7. 假设用于通信的电文仅由 8 个字母组成, 每个字母在电文中出现的频率如表 5-8 所示。

表 5-8　电文出现的频率

C_1	C_2	C_3	C_4	C_5	C_6	C_7	C_8
2	3	6	8	10	20	22	29

分别为这 8 个字母设计哈夫曼编码和最短的等长编码, 求两种编码的平均码长分别为多少。

四、算法设计题

1. 假设二叉树的数据元素类型为字符型, 采用顺序存储。设计算法, 求二叉树中叶结点的个数。

2. 设数据元素类型为整型的一棵二叉树采用顺序存储存在一个一维的数组中, 将顺序存储转为二叉链表存储。

3. 二叉树采用二叉链表存储, 设计解决下列问题的算法。

(1) 计算二叉树中各结点元素的最大值。

(2) 复制该二叉树的算法。

(3) 求结点双亲的算法。

(4) 输出二叉树的算法。

(5) 删除以值为 x 的结点为根的子树。

五、上机练习题

设数据元素类型为字符型的二叉树采用二链表存储, 编程实现下列操作。

① 创建;

② 显示;

③ 4 种遍历;

④ 销毁;

⑤ 求出先序、中序和后序遍历序列的第 1 个结点和最后 1 个结点。

第 **6** 章 图

CHAPTER

　　图是一种比树更复杂的非线性结构。图结构中数据元素之间有着多对多的关系,即任何一个数据元素可以有 0 至多个前驱,也可以有 0 至多个后继,这使图适用于更广的关系表述。

　　图在自然科学、社会科学和人文科学等许多领域有着广泛的应用,如寻找最短路径、编制教学计划、计算工程的工期等。

　　本章讨论图的特性、实现和典型应用等内容。

本章主要知识点

- 图的逻辑特性。
- 图的存储设计。
- 图的遍历及其应用。
- 图的经典应用算法。

本章教学目标

- 掌握图的存储方法并能够根据问题选择或设计合适的存储结构。
- 掌握图的经典应用算法并用于解决更多的实际问题。

6.1　图的定义及相关术语

　　图是一种比树更复杂的非线性结构,图中任意两个顶点之间都可能有关系,图可以描述更为复杂的数据对象。

6.1.1　图的定义

　　图(graph)是由顶点(vertex)的有穷非空集合和顶点[①]之间边的集合组成的一种数据结构,用二元组表示为

---

　　① 　一般将线性表中的数据元素称为元素,树中的数据元素称为结点,图中的数据元素称为顶点,也称节点(node)。

$$G = (V, E) \qquad\qquad (6\text{-}1)$$

其中, V 是图 G 的顶点集合, E 是图 G 的边的集合。对于图的定义需要注意的是:

(1) 线性表可以没有元素, 称为空表; 树中可以没有结点, 称为空树; 但是, 图中不允许没有顶点, 在定义中强调了顶点的有穷非空性。

(2) 线性表中的元素是线性关系, 树中的元素是层次关系, 而图中各顶点的关系是用边来表示, 边集可以为空。

图 6-1 给出的是一个无向图 $G1 = (V, E)$, 其中

顶点 $V = \{v_1, v_2, v_3, v_4, v_5\}$;

边 $E = \{(v_1, v_2), (v_1, v_3), (v_1, v_4), (v_2, v_3), (v_2, v_5), (v_3, v_4), (v_3, v_5)\}$。

顶点 v_i 和 v_j 之间的无向连接线称为边, 表示为 (v_i, v_j)。

图 6-2 给出的是一个有向图 $G2 = (V, E)$, 其中

顶点 $V = \{v_1, v_2, v_3, v_4\}$;

边 $E = \{<v_1, v_2>, <v_1, v_3>, <v_2, v_4>, <v_4, v_1>\}$。

顶点 v_i 和 v_j 之间的有向连接线称为弧, 其中 v_i 称为**弧尾**, v_j 称为**弧头**, 用 $<v_i, v_j>$ 表示。许多情况下, 也将弧称为有向边[1]。

图 6-1 无向图 $G1$

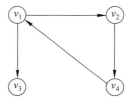

图 6-2 有向图 $G2$

6.1.2 图的术语

1. 边和顶点的关系

(1) **邻接点**[2]。对于无向图 G, 如果图的边 $(v, v') \in E$, 则称顶点 v 和 v' 为**邻接点**, 边 (v, v') 依附于顶点 v 和 v', 也可以说边 (v, v') 与顶点 v 和 v' **相关联**。

(2) **度、入度和出度**。无向图中某顶点 v 拥有的边数称为顶点的**度**(degree), 记为 $\mathrm{TD}(v)$。有向图中有出度和入度之分。顶点 v 拥有的弧头数称为顶点 v 的**入度**(indegree), 记为 $\mathrm{ID}(v)$; 顶点 v 拥有的弧尾数称为顶点 v 的**出度**(out-degree), 记为 $\mathrm{OD}(v)$; 顶点 v 的度等于"入度 + 出度", 即 $\mathrm{TD}(v) = \mathrm{ID}(v) + \mathrm{OD}(v)$。

【**例 6-1**】 求无向图 $G1$ 各顶点的度。

【**解**】　$\mathrm{TD}(v_1) = 3$　　　$\mathrm{TD}(v_2) = 3$　　　　$\mathrm{TD}(v_3) = 4$

　　　　　$\mathrm{TD}(v_4) = 2$　　　$\mathrm{TD}(v_5) = 2$

---

① 在有向边中, 弧尾称为出边, 弧头称为入边。

② 在线性结构中, 数据元素之间的逻辑关系表现为前驱-后继; 在树结点中, 结点之间的逻辑关系表现为双亲-孩子; 在图结构中, 顶点之间的逻辑关系表现为邻接。

【例 6-2】 求有向图 $G2$ 各顶点的入度、出度和度。

【解】

$\text{ID}(v_1)=1$ $\text{OD}(v_1)=2$ $\text{TD}(v_1)=3$

$\text{ID}(v_2)=1$ $\text{OD}(v_2)=1$ $\text{TD}(v_2)=2$

$\text{ID}(v_3)=1$ $\text{OD}(v_3)=0$ $\text{TD}(v_3)=1$

$\text{ID}(v_4)=1$ $\text{OD}(v_4)=1$ $\text{TD}(v_4)=2$

可以证明，对于具有 n 个顶点和 e 条边的图，顶点 v_i 的度 $\text{TD}(v_i)$ 与顶点的个数以及边的数目满足下列关系。

$$e=\left(\sum_{i=1}^{n}\text{TD}(v_i)\right)/2 \tag{6-2}$$

（3）**路径和路径长度**。若从顶点 v_i 出发有一组边可到达顶点 v_j，则称顶点 v_i 到顶点 v_j 的顶点序列为从顶点 v_i 到顶点 v_j 的**路径**（path）。**路径上边的数目称为路径长度**。在图 6-1 所示的无向图 $G1$ 中，$v_1 \rightarrow v_2 \rightarrow v_5$、$v_1 \rightarrow v_3 \rightarrow v_5$ 与 $v_1 \rightarrow v_4 \rightarrow v_3 \rightarrow v_5$ 是顶点 v_1 到顶点 v_5 的三条路径，路径长度分别是 2、2 和 3。上述三条路径的反向序列就是顶点 v_5 到顶点 v_1 的路径。在如图 6-3 所示的有向图 $G3$ 中，顶点 v_1 到顶点 v_4 有两条路径，而顶点 v_4 到顶点 v_1 的路径只有一条，且跟顶点 v_1 到顶点 v_4 的路径序列不重叠。

（4）**回路、简单路径和简单回路**。第一个顶点和最后一个顶点相同的路径称为**回路**（circuit）或**环**（cycle）。如果路径中顶点序列不重复出现，则称该路径为**简单路径**。除第一个顶点和最后一个顶点外，其他顶点不重复出现的回路称为**简单回路**或**简单环**，如图 6-2 所示图 $G2$ 中的 $v_1 \rightarrow v_2 \rightarrow v_4 \rightarrow v_1$。

2. 图的分类

（1）**无向图**（undirected graph）。图中每条边都没有方向，则称该图为**无向图**，如图 6-1 所示图 $G1$。

（2）**有向图**（directed graph）。图中每条边都有方向，则称该图为**有向图**。如图 6-2 所示图 $G2$。注意有向图的边 $<v_1,v_2>$ 不可以写成 $<v_2,v_1>$。

（3）**无向完全图**（undirected complete graph）。如果无向图中任意两个顶点之间都存在相连的边，则称该图为**无向完全图**。含有 n 个顶点的无向完全图有 $n(n-1)/2$ 条边。例如图 6-4 所示图 $G4$ 就是无向完全图，有 4 个顶点、6 条边。

（4）**有向完全图**（directed complete graph）。如果有向图中任意两个顶点之间都存在方向相反的两条弧，则称该图为**有向完全图**。如图 6-5 所示图 $G5$ 就是有向完全图，含有 n 个顶点的有向完全图有 $n(n-1)$ 条边。

图 6-3　有向图 $G3$

图 6-4　无向完全图 $G4$

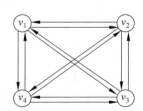

图 6-5　有向完全图 $G5$

（5）**稀疏图**和**稠密图**。如果一个图有很少条边或弧，则称该图为稀疏图（sparse graph）；反之称为稠密图（dense graph）。这里稀疏和稠密是相对而言的。例如，某天迪士尼接待游客 2 万人，感觉人数很多，但相比于迪士尼一天最多可以接待游客 8 万人，此时 2 万人的数字就显得少，园内游客是稀疏的。

（6）**连通图**和**非连通图**。在无向图中，若从一个顶点 v_i 到另一个顶点 $v_j(i \neq j)$ 有路径，那么称顶点 v_i 和 v_j 是**连通**的。若图中任意两顶点都是连通的，则称该图是**连通图**（connected graph）；反之，则称之为**非连通图**。例如，图 G1、G4 均为连通图，图 6-7 所示图是一个无向非连通图。

（7）**强连通图**（strongly connected graph）。在有向图中，对于图中任意两顶点 v_i 和 $v_j(i \neq j)$ 之间都存在从 v_i 到 v_j 和 v_j 到 v_i 的路径，则称该有向图是**强连通图**。如果有向图（忽略方向）是连通的，则称为**弱连通图**。例如，图 G3 为强连通图，G2 为弱连通图。

（8）**网**。边或弧上带权的图称为**网**（network）或网图（network graph），如图 6-6 所示 G6 是一个无向网，图中的权标志了两地之间的距离。如果是边带方向的有权图，则就是一个有向网。很多时候，我们把网也称为图，两者并不严格区分。

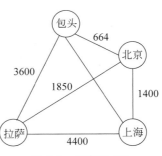

图 6-6 无向网 G6

3. 子图

（1）**子图**（subgraph）。对于图 $G = (V, E)$，$G' = (V', E')$，如果存在 V' 是 V 的子集，E' 是 E 的子集，则称图 G' 是图 G 的一个子图。图 6-7 和图 6-8 分别是 G1 和 G2 的子图。

图 6-7 G1 的子图

图 6-8 G2 的子图

（2）**连通分量**。无向图的极大连通子图称为**连通分量**（connected component）。图 6-9(a)中有两个连通分量，如图 6-9(b)所示。连通分量强调三点。

(a) 无向图G7

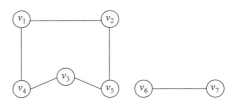

(b) G7的两个连通分量

图 6-9 无向图及连通分量示意图

- 子图；
- 子图是连通的；
- 极大是指连通子图包含能连通的所有顶点和包含依附于这些连通顶点的所有的边。

（3）**强连通分量**（strongly connected component）。**有向图中的极大强连通子图称为有向图的强连通分量**。图 6-10(a)不是强连通图，顶点 v_1 到顶点 v_3 有路径，而 v_3 到顶点 v_1 不存在路径。图 6-10(b)是图 $G8$ 的极大强连通子图，也是它的强连通分量。

(a) 非强连通图$G8$　　　　(b) 强连通图$G9$

图 6-10　非强连通图及强连通图示意图

4. 生成树和生成森林

（1）**生成树**（spanning tree）。**连通图的生成树是一个极小连通子图**，该子图包含图中全部的 n 个顶点，但只含有足以构成一棵树的 $n-1$ 条边。若在生成树中添加任意一条属于原图中的边，必定产生回路；若在生成树中减少任意一条边，必定成为非连通的。

图 6-11(a)所示图 $G10$ 是一个无向连通图，图 6-11(b)和图 6-11(c)符合 n 个顶点 $n-1$ 条边且连通的定义，即为生成树。如果一个图具有 n 个顶点和少于 $n-1$ 条边，那么该图一定是非连通图。如果边数大于 $n-1$ 条，那么必定有环。例如在图 6-11(b)和图 6-11(c)中，在任意两个顶点间添加边都将构成环。但是，不是具有 $n-1$ 条边的都是生成树，例如图 6-11(d)。

(a) 无向图$G10$　　　　　　(b) $G10$的生成树

(c) $G10$的生成树　　　　　　(d) 非生成树

图 6-11　无向图、生成树及非生成树示意图

（2）**生成森林**(spanning forest)。非连通图中的每个连通分量都可以得到一个极小连通子图,即一棵生成树。这些连通分量的生成树组成了一个非连通图的**生成森林**。

一个有向图的生成森林由若干棵有向树组成,含有图的所有顶点,但只含有足以构成若干棵不相交的有向树的弧。例如在图 6-12 中,图 6-12(b)是图 6-12(a)的生成森林。

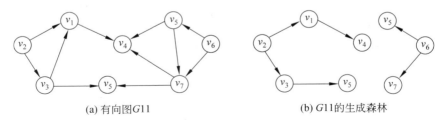

(a) 有向图 $G11$ (b) $G11$ 的生成森林

图 6-12 一个有向图及其生成森林

6.1.3 图的抽象数据类型

图的抽象数据类型 Graph 定义如下:

```
ADT Graph {
数据对象: D={aᵢ|aᵢ∈V, i=1, 2, …, n, n>0, V是图顶点的集合}
数据关系: R={(Vᵢ, Vⱼ) | Vᵢ, Vⱼ∈D, (Vᵢ, Vⱼ)∈E, E是边的集合}
基本操作:
    CreateGraph(&G)              //创建图
        操作功能: 构建图 G。
        操作输出: 创建成功,返回 true;不成功,返回 false。
    DestroyGraph(&G)             //销毁图
        操作功能: 销毁图 G。
        操作输出: 无。
    GetVex(G, u, &v)             //查询顶点信息
        操作功能: 返回图 G 中顶点 u 的值。
        操作输出: 如果图 G 中存在顶点 u,返回 true;否则,返回 false。
    PutVex(&G, u, v)             //顶点赋值
        操作功能: 如果图 G 中存在顶点 u, 把它的值修改为 v。
        操作输出: 修改成功,返回 true;不成功,返回 false。
    LocateVex(G, v)              //查找顶点位序
        操作功能: 查询图 G 中顶点 v 的存储位序。
        操作输出: 顶点 v 的位序。
    InsertVex(&G, v)             //增加顶点
        操作功能: 在图 G 中增加新顶点 v。
        操作输出: 插入成功,返回 true;不成功,返回 false。
    DeleteVex(&G, v)             //删除顶点
        操作功能: 如果图 G 中有顶点 v, 删除它及其相关的边。
```

操作输出：删除成功,返回 true;不成功,返回 false。

InsertArc(&G, u, w)　　　　　//增加边

操作功能：在图 G 中增添边$<u,w>$,若 G 是无向的,还需要增添对称边$<w,u>$。

操作输出：插入成功,返回 true;不成功,返回 false。

DeleteArc(&G, u, w)　　　　　//删除边

操作功能：若图 G 中有边$<u,w>$,删除它。若 G 是无向的,还需要删除对称边$<w,u>$。

操作输出：删除成功,返回 true;不成功,返回 false。

FirstAdjVex(G,v)　　　　　　//找第一邻接点

操作功能：查找图 G 中顶点 v 的第一个邻接点。

操作输出：若 v 有邻接点,返回 v 的第一个邻接点。

NextAdjVex(G, v, w)　　　　//相对于 w 的下一个邻接点

操作功能：查找图 G 中 v 的邻接点 w 的下一个邻接点。

操作输出：若 v 相对于 w 的下一个邻接点存在,返回该顶点。

DFSTraverse(G)　　　　　　//深度优先遍历表

操作功能：对图 G 进行深度优先遍历。

操作输出：无。

BFSTraverse(G)　　　　　　//广度优先遍历表

操作功能：对图 G 进行广度优先遍历。

操作输出：无。

}ADT Graph

6.2　图的存储及操作

一个图包括顶点的信息及顶点之间边或弧的信息,对图的存储就是要准确表示这两方面的信息。下面介绍图的几种常用的存储结构。

6.2.1　邻接矩阵表示法及操作举例

图的邻接矩阵表示法也称数组表示法,即用一个一维数组存储顶点的信息,用一个二维数组存储边的信息。

1. 存储定义

图的邻接矩阵(adjacency matrix)表示法用 4 个属性表示图：①**顶点信息**用一维数组存储；②**边信息**用一个二维数组(邻接矩阵)存储；③**顶点数**用一个整数存储；④**边数**用一个整数存储。存储定义如下。

```
template<class DT>
struct MGraph                                    //邻接矩阵存储类型名
{
    DT vexs [MAX_VEXNUM];                        //顶点表,存储顶点信息
    int/WT arcs [MAX_VEXNUM][MAX_VEXNUM];        //邻接矩阵,存储边信息
                                                 //MAX_VEXNUM,最大顶点数
```

```
    int vexnum;                                    //顶点数
    int arcnum;                                    //边数
};
```

其中,DT 表示图顶点数据类型;WT 表示有权图权值的数据类型,对于无权图,邻接矩阵的数据类型为 int。

图的顶点本没有序,一旦顶点信息存储到 vexs[],就将其在 vexs[]的位序 k 作为顶点在图中的位序,称该点为图的第 k 个点,记为 v_k。

邻接矩阵是表示顶点之间相邻关系的矩阵。n 个顶点的图的邻接矩阵是一个 $n \times n$ 的方阵,定义为

$$\text{arc}[i][j] = \begin{cases} 1 & (v_i, v_j) \text{ 或} < v_i, v_j > \text{是 } E(G) \text{ 中的边} \\ 0 & (v_i, v_j) \text{ 或} < v_i, v_j > \text{不是 } E(G) \text{ 中的边} \end{cases}$$

若 G 是网图,则邻接矩阵可定义为

$$\text{arc}[i][j] = \begin{cases} w_{ij} & i\,!=j, \text{且} (v_i, v_j) \text{ 或} < v_i, v_j > \in E \\ \infty & \text{其他} \end{cases}$$

其中,w_{ij} 表示边 (v_i, v_j) 或 $< v_i, v_j >$ 上的权值;∞ 表示一个计算机允许的、大于所有边上权值的数。

顶点 v 在 vexs[]中的位序 k 决定了依附于它的边信息在邻接矩阵中的行、列位置。邻接矩阵的第 k 行表示第 k 个点 v_k 到其余各点是否有边或权值;邻接矩阵的第 k 列表示其余各点到第 k 个点 v_k 是否有边或权值。

对于无向图/网,顶点 v_i 与 v_j 间有边,则顶点 v_j 与 v_i 间也有边,因此,$\text{arc}[i][j] = \text{arc}[j][i]$,即无向图/网的邻接矩阵一定是对称矩阵。无向图与有向网的存储示意图如表 6-1 所示。

表 6-1　图/网的邻接矩阵存储示意图

类型	图	存储示意图

无向图	*G*12	MGraph GA
		//顶点信息
		
		　　　　0　　　1　　　2　　　3
		GA.vexs　v_1　v_2　v_3　v_4
		//邻接矩阵
		
		　　　　　　　$v_1\ v_2\ v_3\ v_4$
		GA.arcs[][] = $\begin{pmatrix} 0 & 1 & 0 & 1 \\ 1 & 0 & 1 & 1 \\ 0 & 1 & 0 & 0 \\ 1 & 1 & 0 & 0 \end{pmatrix}\begin{matrix} v_1 \\ v_2 \\ v_3 \\ v_4 \end{matrix}$
		
		GA.vexnum 4　　//4 个顶点
		GA.arcnum 4　　//4 条边

续表

类型	图	存储示意图

有向网	*G*13	MGraph GB
		//顶点信息
		
		　　　　0　　　1　　　2　　　3
		GB.vexs　| v_1 | v_2 | v_3 | v_4 |
		//邻接矩阵
		
		　　　　　　　v_1 v_2 v_3 v_4
		GB.arcs[][]$=\begin{pmatrix}\infty & 2 & 6 & \infty\\ \infty & \infty & \infty & \infty\\ \infty & \infty & \infty & 3\\ 8 & \infty & \infty & \infty\end{pmatrix}\begin{matrix}v_1\\ v_2\\ v_3\\ v_4\end{matrix}$
		
		GB.vexnum 4　　//4 个顶点
		GB.arcnum 4　　//4 条边

图的邻接矩阵具有如下性质:

- 顶点的位序确定后,图的邻接矩阵是唯一的。
- 当顶点数为 n 时,邻接矩阵的规模取决于顶点数,为 $n \times n$ 的方阵,与边数无关。
- 无向图/网的邻接矩阵一定是对称矩阵,有向图/网的邻接矩阵不一定是对称矩阵。
- 对于无向图/网,顶点 i 的度等于邻接矩阵第 i 行或第 i 列非零元素或非 ∞ 元素的个数。
- 对于有向图/网,顶点 i 的出度等于邻接矩阵第 i 行非零元素或非 ∞ 元素的个数;顶点 i 的入度等于邻接矩阵第 i 列非零元素或非 ∞ 元素的个数。

2. 操作举例

（1）查询顶点位序

该操作返回值为 v 的顶点在图中的位序。顶点位序取决于其在顶点信息 G.vexs[] 中的存储位置,因此,需要在 G.vexs[] 中查找。该操作是许多操作的基础。

【算法思想】　在 G.vexs[] 中,按值顺序查找值为 v 的元素。找到,则返回其在 G.vexs[] 的下标;不存在,返回 -1。

算法描述与算法步骤如算法 6.1 所示。

算法 6.1　【算法描述】　　　　　　　　　　　　　　**【算法步骤】**

```
0   template<class DT>
1   int LocateVex(MGraph<DT>G, DT v)        //查找顶点位序
2   {
3     for(i=0;i<G.vexnum;i++)               //1. 顺序查找
4       {
5       if(v==G.vexs[i])                     //2. 找到,返回位序;否则
6          return i;
7       }
8     return -1;                            //3. 未找到,返回 -1
9   }
```

【算法分析】 顺序查找的时间复杂度取决于 G.vexs[] 的长度,因此该算法的时间复杂度为 $O(n)$。

为简明起见,没有特别说明时,用 n 表示图顶点个数,即 $n=$ G.vexnum,用 e 表示边数,即 $e=$ G.arcnum。

(2)创建无向图

【算法思想】 考虑到顶点信息 G.vexs[] 及边信息 G.arcs[][] 的维界取决于顶点数,而边信息与顶点的位序有关,按以下三步创建图:①存储顶点数和边数;②存储顶点信息;③创建邻接矩阵。

算法描述与算法步骤如算法 6.2 所示。

算法 6.2 　【算法描述】　　　　　　　　　　　　【算法步骤】

```
0  template<class DT>
1  void CreateUDN(MGraph<DT>&G)          //构造无向图
2  {
3      cout<<"请输入顶点数和边数:";       //1.存储顶点数和边数
4      cin>>G.vexnum>>G.arcnum;
5      for(i=0;i<G.vexnum;i++)           //2.存储顶点信息
6          cin>>G.vexs[i];
7      for(i=0;i<G.vexnum;i++)           //3.创建邻接矩阵
8      {
9        for(j=0;j<G.vexnum;j++)         //3.1 以 0 值初始化邻接矩阵
10           G.arcs[i][j]=0;
11     }
12     for(k=0;k<G.arcnum;k++)           //3.2 创建各条边信息
13     {
14         cin>>v1>>v2;                  //3.2.1 输入顶点信息
15         i=LocateVex(v1);              //3.2.2 查询顶点位序 i,j
16         j=LocateVex(v2);
17         G.arcs[i][j]=1;               //3.2.3 边信息赋值
18         G.arcs[j][i]=1;
19     }
20 }
```

【算法分析】 算法的时间复杂度为邻接矩阵的规模,为 $O(n^2)$。

【算法讨论】 给邻接矩阵边信息赋值时,每一条边修改了两个元素值,即 G.arcs[i][j]=1,G.arcs[j][i]=1,这是为什么? 如果创建的是无向网或有向网,该如何赋值? 除此之外算法还需要进行哪些修改?

(3)求无向网的第一邻接点

第一个邻接点指存储 v 的邻接点中序号最小的那个。 如果 v 的位序为 k,对于无向网,依附于顶点 v 的边信息存于邻接矩阵的第 k 行或第 k 列中。因此,在第 k 行或第 k 列中,序号最小的非∞元素的列号 j 或行号 i 即为 v 的第一个邻接点。

【算法思想】 首先按值查找顶点 v 的位序。若不存在,返回 -1,表示无邻接点;否则,设为 k,扫描邻接矩阵的 k 行或 k 列,返回第一个非 ∞ 元素的列号 j 或行号 i。若该行或该列无非 ∞ 元素,返回 -1,表示无邻接点。

算法描述与算法步骤如算法 6.3 所示。

算法 6.3 【算法描述】   【算法步骤】

```
0   template<class DT>                          //查找 v 的第一个邻接点的序号
1   int FirstAdjVex(ALGraph<DT>G,int v)
2   {
3       if(v<0 || v>G.vexnum);                  //1.顶点不存在,无邻接点
4           return -1;                          //算法结束
5       for(j=0;j<G.vexnum;j++)
6       {                                       //2.否则,顺序查找非∞元素
7           if(G.arcs[v][j]!=0)                 //2.1 找到,返回列号
8               return j;
9       }                                       //2.2 未找到,返回-1
10      return -1;
11  }
```

【算法分析】 算法中做了两次扫描:一次是调用 LocateVex(G,v) 查询顶点位序,时间复杂度为 $O(n)$;一次是扫描邻接矩阵的某行,该行共有 G.vexnum 个元素,时间复杂度为 $O(n)$。因此,算法的时间复杂度为 $O(n)$。

【算法讨论】 如果将算法中的第 2 个形参 DT v 换为顶点序号 int u,算法需要如何修改?

6.2.2 邻接表表示法及操作举例

邻接表表示法是一种顺序存储与链式存储相结合的方法,与树的孩子链表表示法类似。

1. 存储定义

图的邻接表(adjacency list)表示法用 3 个属性表示图:①**链接表信息**存储顶点信息和边信息;②**顶点数**用一个整数存储;③**边数**用一个整数存储。存储定义如下。

```
struct ALGraph
{
    VNode vertices[MAX_VEXNUM];     //邻接表
    int vexnum;                     //顶点数
    int arcnum;                     //边数
}
```

邻接表由顶点信息和边信息链表两部分组成,涉及两种结点:表头结点和边表结点。**表头结点**由顶点域(data)和指向第一条邻接边的指针域(firstarc)构成。**边表结点**由邻接

点域(adjvex)和指向下一条邻接边的指针域(nextarc)构成。对于网图的边表需要再增设一个存储边上权值信息的域(weight)[①],它们的结构如下所述。

```
template<class DT>
struct VNode                //表头结点
{
    DT data;                //顶点信息
    ArcNode * firstarc;     //指向链表第一个结点
}
struct ArcNode              //无权图的边结点
{
    int adjvex;             //邻接点位序
    ArcNode * nextarc;      //指向邻接的下一条边结点
}
struct ArcNode              //有权图的边结点
{
    int adjvex;             //邻接点位序
    WT weight;              //边的权值
    ArcNode * nextarc;      //指向邻接的下一条边结点
}
```

VNode	
data	firstarc

ArcNode	
adjvex	nextarc

ArcNode		
adjvex	weight	nextarc

无向图 $G14$ 的邻接表的存储示意图如图 6-13 所示。

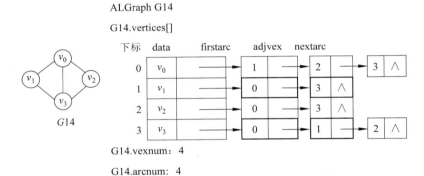

图 6-13　无向图 $G14$ 及其对应的邻接表

无向图的邻接表具有如下性质:
- 第 i 个链表中的结点数为顶点 i 的度。
- 所有链表中结点数的一半为图的边数。
- 耗费的存储单位为 $n+2e$。

对于有向图,有向图 $G15$ 的存储示意图如图 6-14(a)所示。

有向图的邻接表具有如下性质:
- 第 i 个链表中的结点数为顶点 i 的出度。
- 边结点数为图中的弧数。

[①]　如果边信息多于一个值,可以设置一个指针 *info 指向边信息存储结点。

ALGraph G15

G15.vertices[]

G15.vexnum: 3

G15.arcnum: 4

(a) 有向图G15的邻接表

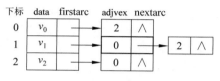

(b) 有向图G15的逆邻接表

图 6-14 有向图 G15 及其对应的邻接表和逆邻接表

- 耗费的存储单位为 $n+e$。

在有向图的邻接表中,顶点序号在边结点中出现的次数为该顶点的入度。因此需要遍历整个表,求入度的时间复杂度为 $O(n+e)$。如果把指向某结点的边作为边结点,如图 6-14(b)所示,则某顶点边表上边结点个数就为顶点的入度。相对于邻接表,此表称为**逆邻接表**(inverse adjacency list)。

2. 操作举例

(1)查询顶点位序

【算法思想】 在 G.vertices[i]中顺序查找值为 v 的元素的位序。如找到,返回其在 G.vertices[i]的下标;不存在,则返回 -1。

算法描述与算法步骤如算法 6.4 所示。

算法 6.4 **【算法描述】**　　　　　　　　　　　**【算法步骤】**

```
0   template<class DT>
1   int LocateVex(ALGraph<DT>G, DT v)    //返回顶 v 的位序
2   {
3     for(i=0;i<G.VexNum;i++)            //1.顺序查找
4       {
5         if(G.vertices[i].data==v)      //2.找到,返回位序
6             return i;
7       }
8       cout<<"不存在这个点"<<endl;
9       return -1;                       //3.未找到,返回-1
10  }
```

【**算法分析**】 该算法的时间主要用在顺序查找上,时间复杂度为 $O(n)$。

(2) 创建无向图

【**算法思想**】 首先存储顶点数和边数;然后存储顶点信息至顶点表中,初始化表头结点指针域;最后根据边信息创建边表。

算法描述与算法步骤如算法 6.5 所示。

算法 6.5 【算法描述】 **【算法步骤】**

```
0    template<class DT>
1    void CreateUDG(ALGraph<DT>&G)              //构造无向图
2    {
3      cin>>G.vexnum>>G.arcnum;                 //1.存储顶点数和边数
4      for(i=0;i<G.vexnum;i++)                  //2.存储顶点,构造表头
5      {
6        cin>>G.vertices[i].data;               //2.1 输入顶点值
7        G.vertices[i].firstarc=NULL;}          //2.2 初始化表头指针域
8        for(k=0;k<G.arcnum;k++)                //3.输入各边构造邻接表
9        {
10          cin>>v>>w;                           //3.1 输入边依附的顶点 v 和 w
11          i=LocateVex(G,v);                    //3.1.1 确定 v,w 在 G 中的位置
12          j=LocateVex(G,w);                    //i 和 j
13          p=new ArcNode;                       //3.1.2 新建边结点
14          p->adjvex=j;                         //3.1.3 边结点赋值
15          p->nextarc=G.vertices[i].firstarc;   //3.1.4 p1插入 vᵢ边表头部
16          G.vertices[i].firstarc=p;
17          p=new ArcNode;
18          p->adjvex=i;                         //3.2 为边(w,v)创建边结点
19          p->nextarc=G.vertices[j].firstarc;
20          G.vertices[i].firstarc=p;
21        }
22        return;
23    }
```

【**算法分析**】 存储 n 个顶点信息,创建 e 条边信息,算法的时间复杂度为 $O(n+e)$。邻接表不是唯一的,输入的顶点的序列不同,边结点插入的方法不同,构建的链表也不一定相同,但每个结点边表上边结点的个数一样。若无向图中有 n 个顶点和 e 条边,则它的邻接表有 n 个表头结点和 $2e$ 个边结点,那么在边稀疏($e \ll n(n-1)/2$)的情况下,用邻接表存储比邻接矩阵更能节省空间。

6.2.3 十字链表表示法及操作举例

十字链表是有向图的另一种链式存储方式。它实际上是邻接表与逆邻接表的结合。

1. 存储定义

在十字链表中,每条边对应的边结点分别组织到出边表和入边表中,结点结构示意图

及描述如下。

```
template<class DT>
struct VexNode                //顶点表结构
{
    DT data;                  //顶点信息
    ArcNode * firstin;        //指向顶点第一条入弧
    ArcNode * firstout;       //指向顶点第一条出弧
}
struct ArcNode                //边表的弧结点结构
{
    int tailvex,headvex;      //弧尾和弧头的位置
    ArcNode * hlink;          //指向弧头相同的下
                              //一条弧
    ArcNode * tlink;          //指向弧尾相同的下一条域
    InfoType * info;          //弧信息的指针
}
```

data	firstin	firstout

顶点表结点结构示意图

tailvex	headvex	info	hlink	tlink

边表结点结构示意图

顶点结点由三个域组成,其中 data 域存储与顶点相关的信息,firstin 和 firstout 两个链域分别指向以该顶点为弧头和弧尾的第一个弧结点。

弧结点由五个域组成,其中弧尾结点(tailvex)和弧头结点(headvex)分别指向弧尾和弧头在图中的位置,指针域 hlink 指向弧头相同的下一条弧,指针域 tlink 指向弧尾相同的下一条弧,info 域指向弧的有关信息,对于无权图,则无此项。图 $G16$ 的十字链表存储如图 6-15 所示。

图 6-15 一个有向图及其十字链表表示

图的十字链表表示法用 3 个属性表示图:①表头向量;②一个整数存储顶点数;③一个整数存储弧数。存储结构定义描述如下。

```
struct OLGraph{
    VexNode xlist[MAX_VERTEX_NUM];    //表头向量
    int vexnum;                       //有向图的顶点数
    int arcnum;                       //有向图的弧数
}
```

2. 操作举例

创建有向图的十字链表存储。

【算法思想】 首先输入顶点数、弧数及弧的信息;然后存储顶点值,初始化表头向量;最后根据弧顶点构建十字链表。

算法描述与算法步骤如算法 6.6 所示。

算法 6.6 【算法描述】 【算法步骤】

```
0   templat<class DT>
1   void CreateOLG(OLGraph<DT>&G)        //构造有向图的十
2   {                                    //字链表
3     cin>>G.vexnum>>G.arcnum>>IncInfo;  //1. 输入顶点数、弧数、弧的信息
4     for(i=0;i<G.vexnum;i++)
5     {cin>>G.xlist[i].data;             //2. 输入顶点值,初始化表头向量
6       G.xlist[i].firstin=NULL;
7       G.xlist[i].firstout=NULL;
8     }
9     for(k=0;k<G.arcnum;k++)
10    {                                  //3. 输入弧,构建十字链表
11      cin>>v1>>v2;
12      i=LocateVex(v1);j=LocateVex(v2); //3.1 输入弧
13      P=new ArcNode;
14      P->tailvex=i;P->headvex=j;       //3.2 创建一个弧结点
15      P->hlink=G.xlist[j].firstin;     //3.3 对弧结点赋值
16      P->tlink=G.xlist[i].firstout;    //3.4 表头插入
17      G.xlist[j].firstin=G._
18      xlist[i].firstout=p;
19      if(IncInfo)
20      {                                //3.5 输入弧信息
21        cin>>temp;
22        P->info=new char[MAX_INFO];
23        strcpy(p->info,temp);
24      }
25      else
26          p->info=false;
27      }
28      return ok;
29  }
30
```

【算法分析】 在十字链表表示图中,能很快找到以 v_j 为尾的弧和以 v_i 为头的弧,进而得到顶点的出度和入度。建立十字链表的时间复杂度为 $O(n+e)$。

6.2.4 邻接多重表表示法及操作举例

邻接多重表一般用于存储无向图,它的存储结构和邻接表比较相似,由顶点表和边表组成。

1. 存储定义

邻接多重表(adjacency multilist)是无向图的另一种链式存储结构。在无向图的邻接表中,每条边(v_i,v_j)有两个结点,分别在第 i 个和第 j 个链表中,这给某些图的操作带来不便。例如删除图中的某条边,需要删除两个边表结点。仿照十字链表,对边表结点进行一些改造,每条边用一个边表结点表示就得到邻接多重表。邻接多重表由顶点表和边表组成,结点结构描述与示意图如下。

```
templat<class DT>
struct VexBox            //顶点表结构
{
  DT data;               //顶点信息
  EBox * firstedge;      //指向第一条依附该顶点的边
}
struct EBox              //边表结点结构
{
  bool mark;             //访问标记
  int ivex,jvex;         //边依附的两个顶点下标
  EBox * ilink, * jlink; //指向依附这两个顶的下一条边
  Char * info;           //边的信息
}
```

data	firstedge

顶点表结点结构示意图

mark	ivex	ilink	jvex	jlink	info

边表结点结构示意图

顶点结点由两个域组成,其中 data 域存储与顶点相关的信息,firsedge 域指向第一条依附于该顶点的边。

边表结点由六个域组成,其中 mark 为标记域,标记该边搜索与否;ivex 和 jvex 表示该边依附的两个顶点的位置;ilink 指向下一条依附于顶点 ivex 的边;jlink 指向下一条依附于顶点 jvex 的边;info 域指向该边有关信息,对于无权图,则无此项。在邻接多重表中,所有依附于同一顶点的边串联在同一链表中。由于每条边依附于两个顶点,因此每个边结点同时链接在两个链表中,如图 6-16 所示。

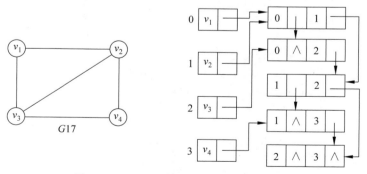

图 6-16 一个无向图及其邻接多重表表示

图的邻接多重表表示法用 3 个属性表示无向图:①顶点数组表示顶点信息和边信息;②一个整数存储顶点数;③一个整数存储弧数。存储结构定义描述如下。

```
struct AMGraph
{
    VexBox<T>muladjlist[MAX_VERTEX_NUM];     //存储图中顶点的数组
    int vexnum                                //顶点数
    int arcnum;                               //边数
}
```

2. 操作举例

无向图的邻接多重表创建。

【算法思想】 在无向图的邻接多重表中,一条边对应建立一个边结点,一条边依附的两个顶点的次序不限。因此,每建立一个边结点,都要按其中的两个端点的序号分别将该边结点链入两个不同的链表中。创建时,首先输入顶点数和边数;然后输入结点信息;最后构建边信息。

算法描述与算法步骤如算法 6.7 所示。

算法 6.7 【算法描述】　　　　　　　　　　　　　　**【算法步骤】**

```
0    template<class DT>                           //构造无向图的邻接多重表
1    void CreateAMG(AMGraph<DT>&G)
2    {
3      cin>>G.vexnum>>G.arcnum;                    //1.输入顶点数和边数
4      for(i=0;i<G.vexnum;i++)
5      {
6        cin>>G.muladjList[i].data;                //2.输入顶点信息
7        G.muladjList[i].firstarc=NULL;
8      }
9      for(k=0;i<G.arcNum;k++)                      //3.创建边信息
10     {
11       cin>>v1>>v2;                               //3.1 输入边的两顶点
12       m=LocateVex(v1);n=LocateVex(v2);           //3.2 顶点定位
13       p=new ArcNode;                             //3.3 创建边结点
14       p->ivex=m;p->jvex=n;                       //3.4 边结点加入边链表中
15       p->ilink=G.muladjList[m].firstArc;
16       G.muladjList[m].firstArc=p;
17       p->jlink=G.mulAdjList[n].firstArc;
18       G.muladjList[n].firstArc=p;
19     }
20   }
```

【算法分析】 建立邻接多重链表的时间复杂度和建立邻接表是相同的,为 $O(n+e)$。

邻接多重表是面向无向图的另一种链式存储结构,从边出发构建整个图,方便访问标记、删除边等操作,存储空间最少,易判断顶点之间的关系。邻接多重表与邻接表的差别仅在于同一条边在邻接表中用两个边表结点表示,在邻接多重表中只有一个边结点。这不仅减少信息冗余，也给操作带来方便。

6.3 图的遍历及应用

图的遍历是指从图中某一顶点出发，对图中所有顶点访问一次且仅访问一次。图的顶点之间具有多对多的关系，使得图中存在回路。对于图的遍历来说，如何避免因回路陷入死循环需要有合理的遍历方案。通常有两种遍历路径：深度优先遍历和广度优先遍历。

6.3.1 深度优先遍历[①]

图的深度遍历是图的最基本的操作之一，许多问题的求解方法都是基于它来完成的。

1. 深度优先遍历的定义及方法

深度优先遍历也称深度优先搜索（Depth First Search，DFS），它类似于树的先根遍历。它的策略用一句话可以概括为：**优先选取最后一个被访问顶点的邻居**。

在图中任选一个顶点 v 作为遍历的初始点，设置一个数组 visited 来标志顶点是否被访问过。深度优先遍历方法如下。

（1）访问顶点 v，将其访问标志设置成 true，表示访问过。

（2）从 v 未被访问的邻接点中选取一个顶点 w，从 w 出发进行深度优先遍历。

（3）如果 v 的邻接点均被访问过，则回退到前一个访问顶点。以此类推，直至找到未被访问的邻接点。重复步骤（1）、（2）和（3），使图中连通的点均被访问到。

（4）如果图中还有未被访问到点，以它为出发点，重复上述步骤。

当图中所有顶点都被访问过时，算法结束。

【例 6-3】 给出图 6-17 所示无向图 G18 的深度优先遍历序列。

【解】 设从 v_1 出发，根据深度优先遍历方法，可知它的一个深度优先遍历序列为

$$v_1 \rightarrow v_2 \rightarrow v_4 \rightarrow v_8 \rightarrow v_5 \rightarrow v_6 \rightarrow v_3 \rightarrow v_7$$

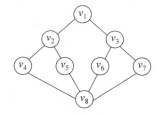

图 6-17 无向图 G18

遍历过程中当顶点有多个未被访问邻接点时，选任何一个都可以。因此，图的深度优先遍历序列并不唯一。以下两个序列也是图 G18 的 DFS 遍历序列。

$$v_1 \rightarrow v_2 \rightarrow v_5 \rightarrow v_8 \rightarrow v_4 \rightarrow v_7 \rightarrow v_3 \rightarrow v_6$$
$$v_1 \rightarrow v_3 \rightarrow v_6 \rightarrow v_8 \rightarrow v_7 \rightarrow v_4 \rightarrow v_2 \rightarrow v_5$$

在图的深度优先遍历中，当某个顶点 u 没有邻接点或所有的邻接点均已被访问时，需要回溯到 u 前一顶点 w，以找到未被访问的顶点，因此遍历中要用到栈。

以图 6-17 的无向图 G18 为例，深度优先遍历过程及栈的变化如表 6-2 所示。

---

① 图的深度优先遍历算法由约翰·霍普克洛夫和罗伯特·陶尔扬发明。该研究成果在 ACM 上发表后，引起学术界很大的轰动。该算法成功应用到信息检索、人工智能等领域。两位科学家同获 1986 年图灵奖。

表 6-2 深度优先遍历中栈的变化

步骤	访问结点	栈中内容	操作说明
1	v_1	v_1	访问 v_1,转至 v_1 未被访问的邻接点 v_2,v_1 进栈
2	v_2	v_1 v_2	访问 v_2,转至 v_2 未被访问的邻接点 v_4,v_2 进栈
3	v_4	v_1 v_2 v_4	访问 v_4,转至 v_4 未被访问的邻接点 v_8,v_4 进栈
4	v_8	v_1 v_2 v_4 v_8	访问 v_8,转至 v_8 未被访问的邻接点 v_5,v_8 进栈
5	v_5	v_1 v_2 v_4	访问 v_5,v_5 没有被未访问的邻接点,v_8 出栈
6	v_6	v_1 v_2 v_4 v_6	转 v_8 的邻接点 v_6,访问 v_6,转 v_6 未被访问的邻接点 v_3,v_6 进栈
7	v_3	v_1 v_2 v_4 v_6 v_3	访问 v_3,转 v_3 没有被未访问的邻接点 v_7,v_3 进栈
8	v_7	v_1 v_2 v_4 v_6	访问 v_7,v_7 没有被未访问的邻接点,v_3 出栈
9			v_6、v_4、v_2、v_1 均没有未被访问的点,依次出栈。栈空,运算结束

2. 深度优先遍历的算法

（1）连通图的深度优先遍历

【算法思想】 连通图从任何一个顶点出发进行遍历,均可以遍历完所有顶点。设从顶点 v 开始:①将 visited[v] 设置成 true,访问该顶点;②获取 v 的第一个邻接点 w,如果 w 未被访问,就从 w 出发调用深度遍历算法。如果 w 被访问过,从 v 的下一个邻接点出发进行深度遍历,直到图中所有顶点都被访问过。

算法描述与算法步骤如算法 6.8 所示。

算法 6.8 【算法描述】   【算法步骤】

```
0   template<class DT>
1   void DFS(Graph G, int v)              //从第 v 个顶点出发 DFS 遍历图 G
2
3   {
4       visited[v]=true;                  //1.做被访问标志
5       cout<<v;                          //2.访问顶点 v
6       for(w=Firstadjvex(G,v);w>=0;      //3.检查邻接点
7           w=Nextadjvex(G,v,w))          //对未被访问的第一个邻接点 w 递归
8       {
9           if(!visited[w])
10          DFS(G,w);                     //递归
11      }
12  }
```

（2）非连通图的深度优先遍历

一次 DFS 只能遍历同一个连通分量上的顶点,对于非连通图,只要还有未被访问的顶点,就须从该顶点出发,再次调用 DFS 算法,最终完成对图中其他顶点的访问。

【算法思想】 对每个未被访问的顶点调用 DFS 算法。

算法描述与算法步骤如算法 6.9 所示。

算法 6.9 【算法描述】 　　　　　　　　　　　　　　　【算法步骤】

```
0   template<class DT>
1   void DFSTraverse(Graph G)
2   {
3     for(v=0;v<G.vexnum;v++)              //对每个未被访问的顶点进行深度优先遍历
4     {
5       visited[v]=false;                  //1.访问标志初始化
6     }
7     for(v=0;v<G.vexnum;v++)
8     {
9       if(!visited[v])                    //2.对未被访问的邻接点 w
10      DFS(G,v);                          //递归调用 DFS
11    }
12  }
```

【算法分析】 深度优先搜索的时间复杂度与图的存储结构有关。以邻接矩阵表示的图,其时间复杂度为 $O(n^2)$。以邻接表表示的图,其时间复杂度为 $O(n+e)$。

【**例 6-4**】 设连通图以邻接矩阵存储,给出其深度优先遍历输出算法。

【**解**】 连通图的 DFS 输出的算法描述与算法步骤如算法 6.10 所示。

算法 6.10 【算法描述】 　　　　　　　　　　　　　　　【算法步骤】

```
0   template<class DT>
1   void DFS2(MGraph<DT>G,int v)          //从第 v 个顶点出发 DFS 遍
2   {                                     //历图 G
3     visited[v]=true;                    //1.访问标志
4     cout<<G.vexs[v];                    //2.输出第 v 个顶点
5     for(w=0;w<G.vexnum;w++)             //3.查找 v 的第一个未被访问
6     {                                   //的邻接点
7       if((G.arcs[v][w]!=0)&&(!visited[w]))   //3.1 如果有
8         DFS2(G,w);                      //3.2 递归调用遍历函数
9     }
10  }
```

在邻接矩阵存储中遍历图,查找每个顶点的邻接点的时间复杂度为 $O(n)$,对于 n 个顶点,遍历的时间复杂度为 $O(n^2)$。

【算法讨论】 如果以邻接表存储图,DFS 算法如何?为什么其时间复杂度为 $O(n+e)$?

【**例 6-5**】 对于图 $G10$,用邻接矩阵存储,设顶点的存储如下。给出用上述深度优先遍历算法从 v_1 出发的深度优先遍历序列。

G.vexs[]

v_1	v_2	v_3	v_4	v_5	v_6	v_7

【解】 图 $G10$ 是连通图,从 v_1 出发,调用一次 DFS 就可遍历所有顶点,遍历序列为 v_1 v_2 v_7 v_5 v_3 v_4 v_6。

【例 6-6】 图 6-13 给出了图 $G14$ 及其邻接表。给出用上述深度优先遍历算法从 v_0 出发的深度优先遍历序列。

【解】 遍历序列为 v_0 v_1 v_3 v_2。

【讨论】 一个图的深度优先遍历序列一般是不唯一的,但上述序列却是唯一的,为什么?

6.3.2 广度优先遍历

广度优先遍历是一种通过逐层遍历所有访问对象的方法。

1. 广度优先遍历的定义及方法

广度优先遍历也称广度优先搜索(breadth first search,BFS),它类似于树的层次遍历。它的策略用一句话可以概括为:**越早被访问到的顶点,其邻居越优先被选用**。

设置一个数组 visited 来标志顶点是否被访问过,在图中任选一个顶点 v 作为遍历的初始点,则广度优先遍历方法如下。

(1) 访问顶点 v,将其访问标志设为 true。

(2) 依次访问 v 的各个未被访问的邻接点 $w_1,w_2,\cdots,w_i$。

(3) 再按顺序访问与 $w_1,w_2,\cdots,w_i$ 相邻且没有被访问过的顶点。

(4) 重复上述步骤,直至图中所有和 v 有路径相通的顶点都被访问到。

(5) 如果图中还有未被访问的顶点,以它为出发点,重复上述步骤。

【例 6-7】 给出图 6-17 中的无向图 $G18$ 的广度优先遍历序列。

【解】 根据上述方法,可得到一个广度优先遍历序列为

$$v_1 \rightarrow v_2 \rightarrow v_3 \rightarrow v_4 \rightarrow v_5 \rightarrow v_6 \rightarrow v_7 \rightarrow v_8$$

广度优先遍历没有规定邻接点的访问顺序。因此,广度优先遍历序列也是不唯一的。下面两个序列也是图 $G18$ 的广度优先遍历序列。

$$v_1 \rightarrow v_3 \rightarrow v_2 \rightarrow v_7 \rightarrow v_6 \rightarrow v_5 \rightarrow v_4 \rightarrow v_8$$
$$v_1 \rightarrow v_2 \rightarrow v_3 \rightarrow v_5 \rightarrow v_4 \rightarrow v_7 \rightarrow v_6 \rightarrow v_8$$

2. 广度优先搜索的算法

(1) 连通图的广度优先遍历

【算法思想】 对于连通图,从任一顶点出发进行遍历均可遍历所有顶点。为了能按访问顶点的先后次序访问各自邻接点,需要用一个队列来存储已被访问的顶点。以图中的某个顶点为出发点,访问顶点,做访问标记,入队。只要队不空,则循环操作:顶点出队;扫描出队顶点的所有邻接点,如果未被访问,则访问;做访问标志并入队。

遍历输出的算法描述与算法步骤如算法 6.11 所示。

算法 6.11 【算法描述】 【算法步骤】

```
0   template<class DT>
1   void BFS(Graph <DT>G, int v)              //广度优先遍历图 G
2   {
3     InitQueue(Q);                           //1.创建一个队
4     cout<<v;                                 //2.处理顶点 v:访问顶点,
5     visited[v]=true;                         //做访问标志
6     Enqueue(Q,v);                            //顶点入队
7     while(!QueueEmpty(Q))                    //3.只要队不空,循环
8     {
9       DeQueue(Q,v);                          //3.1 出队
10      for(w=FirstAdjvex(G,v);w>=0;           //3.2 找邻接点
11          w=NextAdjvex(G,v,w))
12      if(!visited[w])                        //3.3 邻接点未被访问过
13      {
14        cout<<w;                             //输出,做访问标志
15        visited[w]=true;                     //入队
16        Enqueue(Q,w);
17      }
18    }
19  }
```

（2）非连通图的广度优先遍历

一次遍历只能遍历同一个连通分量上的所有顶点。如果是非连通图,需要把未被访问的点作为新起点进行 BFS 遍历,直到所有点均被遍历,算法结束。

【算法思想】 对每个未被访问的顶点进行广度优先遍历。

算法描述与算法步骤如算法 6.12 所示。

算法 6.12 【算法描述】 【算法步骤】

```
0   template<class DT>
1   void BFSTraverse(MGraph<DT>G)             //对每个未被访问的顶点进行深度
2   {                                         //优先遍历
3     for(i=0;i<G.vexnum;i++)
4     {
5       visited[i]=false;                      //1.访问标志初始化
6     }
7     for(i=0;i<G.vexnum;i++)                  //2.对未被访问的顶点调用 BFS
8     {
9       if(!visited[i])
10      BFS(G,i);
11    }
12  }
```

【算法分析】 在广度优先遍历的算法中,每个顶点至多进一次队列。遍历图实际上是通过边找邻接点的过程,因此广度优先遍历的时间复杂度和深度优先遍历的时间复杂度相同,两者只是遍历访问的次序不同而已。与深度优先遍历一样,不同的存储方式,其遍历的时间复杂度不一样。

【例 6-8】 设连通图以邻接表表示,给出其广度优先遍历输出算法描述与算法步骤。

【解】 对于连通图,从任一顶点出发即可遍历所有顶点。以邻接表表示的图的广度优先遍历输出的算法描述与算法步骤如算法 6.13 所示。

算法 6.13　【算法描述】　　　　　　　　　　　　　　**【算法步骤】**

```
0    template<class DT>
1    void BFS(ALGraph<DT>G,int v)          //邻接表存储连通图广度优先遍历
2    {
3      InitQueue(&Q);                      //1.创建一个队列
4      cout<<G.vertices[v].data;           //2.处理顶点 v:输出 v
5      visited[v]=true;                    //做访问标志
6      EnQueue(Q,v);                       //v 入队
7      while(!QueueEmpty(Q))               //3.队不空,循环
8      {
9        DeQueue(Q,v);                     //3.1 出队至 v
10       p=G->vertices[v].firstarc;        //3.2 指向 v 的边表
11       while(p!=NULL)                    //3.3 遍历边表
12       {
13         w=p->adjvex;
14         if(visited[w]==0)               //3.3.1 邻接点 w 未被访问过
15         cout<<G.vertices[w].data;       //输出 w
16         visited[w]=1;                   //做访问标志
17         EnQueue(Q,w);                   //w 入队
18         p=p->nextarc;                   //3.3.2 指向下一个边结点
19       }
20     }
21   }
```

邻接表上的遍历要遍历整个表头信息和各条边表。因此,算法的时间复杂度为 $O(n+e)$。

【例 6-9】 对图 6-17 中的无向图 $G18$,给出从顶点 v_1 出发的广度优先遍历过程及队列变化情况。

【解】 队列变化情况如表 6-3 所示。

由此得,图 $G18$ 从 v_1 出发的广度优先遍历序列为

$$v_1 \rightarrow v_2 \rightarrow v_3 \rightarrow v_4 \rightarrow v_5 \rightarrow v_6 \rightarrow v_7 \rightarrow v_8$$

对比图的深度优先遍历与广度优先遍历算法,不难看出对于相同的存储方式,它们的

时间复杂度是一致的,区别在于对顶点访问的顺序不同,两者在全图遍历上是没有优劣之分的。实际应用时可根据不同的情况选择不同的算法。如果图的顶点和边非常多,遍历的目的是为了找到合适的点,深度优先遍历更加适合;广度优先遍历更适合在不断扩大遍历范围时找到相对最优解的情况。

表 6-3　广度优先遍历中队列的变化

步骤	访问结点	队列中内容	操 作 说 明
1	v_1	v_1	访问 v_1,v_1 入队
2	v_2 v_3	v_2 v_3	v_1 出队,访问 v_1 的未被访问的邻接点 v_2、v_3 并依次入队
3	v_4 v_5	v_3 v_4 v_5	v_2 出队,访问 v_2 的未被访问的邻接点 v_4、v_5 并依次入队
4	v_6 v_7	v_4 v_5 v_6 v_7	v_3 出队,访问 v_3 未被访问的邻接点 v_6、v_7 并依次入队
5	v_8	v_5 v_6 v_7 v_8	v_4 出队,访问 v_4 的未被访问的邻接点 v_8 并入队
6		v_6 v_7 v_8	v_5 出队,v_5 没有未被访问的邻接点
7			v_6、v_7、v_8 均没有未被访问的邻接点,依次出队。队空,遍历结束

6.3.3　遍历应用举例

图的遍历应用比较广,如判断图的连通性,求连通分量等。

1. 连通性

以某个顶点出发进行遍历,可以访问到同一个连通分量上的所有点,由此通过遍历操作,可以解决许多问题。例如,图的任意两个顶点之间是否连通?路径如何?图是否连通?图有几个连通分量?同一个连通分量上的顶点序列如何?

【应用 6-1】　判断顶点 v_i 与 v_j 之间是否连通。

【解】【算法思想】　以 v_i 或 v_j 任一点为起点进行遍历。遍历完检查另一个点的访问标志。如果已被访问,表明 v_i 与 v_j 之间连通;否则,v_i 与 v_j 之间不连通。

算法描述与算法步骤如算法 6.14 所示。

算法 6.14　【算法描述】　　　　　　　　　　　　　【算法步骤】

```
0  template<class DT>
1  bool IsConected(MGraph<DT>G,int i,int j)    //判断第 i 个顶点和第 j 个顶点之
2  {                                           //间是否连通
3      for(k=0;k<G.vexnum;i++)
4        visited[k]=0;                         //1.初始化访问标志
5      DFS(G,i);                               //各点均未被访问
6      if(visited[j]==0)                       //2.从第 i 点开始,深度优先遍历
7        return false;                         //3.遍历结束,如果顶点 j 未被访问
8      else                                    //返回 0,表示 vi,vj 不连通
9        return true;                          //否则,返回 1,表示 vi,vj 连通
10 }
```

【算法讨论】 上述算法中把 DFS 换为 BFS 可以吗?

【应用 6-2】 判断图是否连通。

【解】 【算法思想】 如果从任一顶点出发进行遍历后,图中每一个顶点都被做了访问标志,表明图是连通的;否则,就是不连通。解决此问题,只需要对上述算法作两个小改动即可:①预设连通标记为 flag=1;②修改原第 6～9 行,将原来检查某顶点是否被访问改为检查所有点是否被访问。

算法描述与算法步骤如算法 6.15 所示。

算法 6.15 【算法描述】　　　　　　　　　　　　　　　　　【算法步骤】

```
0    template<class DT>
1    bool IsGraphConected(MGraph<DT>G)        //判断图 G 是否连通图
2    {
3        flag=1;                              //1.预设连通标记
4        for(i=0;i<G.vexnum;i++)              //2.初始化访问标志
5            visited[i]=0;                    //各点均未被访问
6        DFS(G,0);                            //3.从第 1 个顶点开始,深度优先遍历
7        for(i=0;i<G.vexnum;i++)              //4.检查所有顶点的访问标志
8            if(visited[i]==0)                //如果有未被访问到的顶点
9                {flag=0;break;}              //修改连通标志为不连通
10       return flag;                         //返回连通标志
11   }
```

【应用 6-3】 设图以邻接表方式存储,输出图的连通分量个数及各连通分量的顶点序列。

【解】 【算法思想】 一次遍历可以遍历完一个连通分量上的所有点。因此,调用遍历算法的次数即为连通分量个数。将遍历中的访问改为输出顶点,即可得连通分量上的顶点序列。

算法描述与算法步骤如算法 6.16 所示。

算法 6.16 【算法描述】　　　　　　　　　　　　　　　　　【算法步骤】

```
0    template<class DT>
1    void ConnectVex(ALGraph<DT>G)            //输出图的各连通分量顶点序列
2    {
3        num=0;                               //1.连通分量个数初始化
4        for(k=0;k<G.vexnum;k++)              //2.访问标志初始化
5            visited[k]=0;
6        for(k=0;k<G.vexnum;k++)              //3.对每个顶点,检查访问标志
7            if(visited[k]==0)                //4.未被遍历到的顶点个数
8            {
9                num++;                       //为连通分量个数
10               cout<<num<<":";
11               DFS3(G,k);                   //5.深度优先遍历
```

```
12            }
13       }
14    DFS3(ALGraph G,int v)                //邻接表的深度优先遍历
15    {
16       visited[v]=true;                  //1.修改访问标志
17       cout<<G.vertices[v].data;         //2.输出顶点值
18       p=G.vertices[v].firstarc;         //3.指向边表表头
19       while(p!=NULL)                    //4.结点非空,循环
20       {
21          w=p->adjvex;                   //4.1取邻接点
22          if(!visited[w])                //4.1.1 如果未被访问
23             DFS3(G,w);                  //4.1.2 进行深度优先访问
24          p= p->nextarc;                 //4.2 否则,指向下一个邻接点
25       }
26    }
```

【应用 6-4】 假设 v 是无向连通图 G 的一个顶点,图 G 以邻接表存储,设计算法求图中距离顶点 v 最远的点。

【解】 图 G 中离 v 最远的点是与其路径最长的顶点。如果从 v 开始进行广度优先遍历,首批被访问的顶点是 v 的邻接点。路径长度为 1 的邻接点是离 v 最近的点;其次是 v 的邻接点的邻接点,路径长度为 2;以此类推,最后被访问的点一定是离 v 最远的点。

【算法思想】 从 v 开始进行广度优先遍历,最后被访问的点为离 v 最远的点。

算法描述与算法步骤如算法 6.17 所示。

算法 6.17 【算法描述】   **【算法步骤】**

```
0    template<class DT>
1    int Maxdist(ALGraph<DT>G,int v)       //求距离 v 最远顶点
2    {                                     //1.初始化
3       InitQueue(Q);                      //1.1 创建一个空队列
4       for(i=0;i<G.vexnum;i++)            //1.2 访问标志初始化
5          visited[v]=false;
6       EnQueue(Q,v);
7       visited[v]=true;                   //2.从顶点 v 开始,BFS
8       while(!QueueEmpty(Q))              //2.1 v 入队
9       {                                  //标志 v 顶点
10         DeQueue(Q,v);                   //2.2 只要队不空,进行下列操作
11         p=G->vertices[k].firstarc;      //2.2.1 出队至 k,指向第 k 个点的边表
12         while(p!=NULL)                  //2.2.2 如果有邻接点,重复执行下列操作
13         {
14            w=p->adjvex;                 //2.2.2.1 取邻接点
15            if(visited[w]=0)             //2.2.2.2 若未被访问
```

16	{	
17	visited[w]=true;	//2.2.2.3标志为已访问
18	Enqueue(Q,w);	//2.2.2.4入队
19	} //if	
20	p=p->nextarc;	//2.2.2.5取下一个邻接点
21	}//while	
22	}//while	
23	return v;	//3.返回最后被标志的顶点
24	} //Maxdist	

2. 生成树和生成森林

对于连通图,遍历过程中可以得到使 n 个顶点连通的 $n-1$ 条边,顶点和边正好组成一棵树,称为遍历生成树。**深度优先遍历得到的树称为深度优先生成树;广度优先遍历得到的树称为广度优先生成树。**

例如,对于无向连通图 $G19$(如图 6-18(a)所示),一棵深度优先生成树如图 6-18(b)所示,一棵广度优先生成树如图 6-18(c)所示。图中虚线表示遍历中的回溯。遍历序列不唯一,遍历生成树也不唯一。

(a) $G19$　　　　　　(b) 深度优先生成树　　　　　　(c) 广度优先生成树

图 6-18　连通图的遍历生成树

一个连通分量对应一棵生成树(不唯一),对于非连通图将生成几棵树,称为生成森林(spanning forest)。不同遍历对应的生成森林分别称为**深度优先生成森林**和**广度优先生成森林**。例如,对于图 6-19 所示无向非连通图 $G20$,一个深度优先生成森林如图 6-19(b)所示,一个广度优先生成森林如图 6-19(c)所示。

(a) $G20$　　　　　　(b) 深度优先生成森林　　　　　　(c) 广度优先生成森林

图 6-19　非连通图的遍历生成森林

6.4 图的应用

图在许多实际问题中的应用优势非常明显,最小生成树、最短路径和关键路径等能在工程中应用产生最经济的方案。

6.4.1 最小生成树

在一个连通网的所有生成树中,**各边代价之和最小的树称为连通网的最小代价生成树**,简称**最小生成树**(minimal spanning tree)。最小生成树在实际生活中的应用很广泛。例如在 n 个村庄里铺设自来水管道,各村之间管道构建的造价不同,如何使水管管道在 n 个村里连通且造价最低就是最小生成树的问题。

求最小生成树问题可表述为

输入:无向连通网 $G=(V,E)$,V 是图顶点(设为 n 个)的集合,E 是图边的集合。

输出:树 $T=(U,TE)$,U 是树的顶点集合,TE 是树的边的集合。作为图 G 的最小生成树,$U=V$,$TE\in E$(即 TE 是 E 的子集),并且 TE 是使图的所有顶点连通、权值和最小的 $n-1$ 条边。

最小生成树具有简称为 MST 的性质,即

假设 $G=(V,E)$ 是一个无向连通网,U 是顶点集的一个非空子集。若 (u,v) 是一条具有最小权值(代价)的边,其中 $u\in U$,$v\in V-U$,则必存在一棵包含边 (u,v) 的最小生成树。

普里姆(Prim)算法和克鲁斯卡尔(Kruskal)算法是两个利用 MST 性质构造最小生成树的算法。

1. 普里姆算法[①]

【算法思想】 任选网 G 中一个顶点 v_0 作为 U 的初态,剩余的点作为 $V-U$ 初态,将 U 中的点到 $V-U$ 中的点构成的边中权值最小的边加入 TE 中,并且把边中属于 $V-U$ 的邻接点从 $V-U$ 移到 V 中。重复上述选边操作 $n-1$ 次,直至 $U=V$。即

Step 1. 初态 $U=\{v_0|v_0\in V\}$,v_0 为图 G 中任一点;$TE=\{\}$,空集。

Step 2. 重复下列操作,直至 $U=V$。

2.1 在所有 $u\in U$,$w\in V-U$ 的边 $(u,w)\in E$ 中找一条权值最小的边 (u_0,w_0)。

2.2 (u_0,w_0) 并入集合 TE。

2.3 w_0 并入 U。

【例 6-10】 设有一网 $G21$(如图 6-20 所示),从 A 开始,用 Prim 算法构造最小生成树。

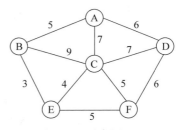

图 6-20 无向网 $G21$

① 该算法于 1930 年由捷克数学家沃伊捷赫·亚尔尼克发明;并在 1957 年由美国计算机科学家罗伯特·普里姆独立发明;1959 年,艾兹格·迪科斯彻再次发明了该算法。因此,在某些场合,普里姆算法又被称为 DJP 算法、亚尔尼克算法或普里姆-亚尔尼克算法。

【解】 用普里姆算法构造最小生成树的过程如表 6-4 所示。

表 6-4　用普里姆算法构造最小生成树的过程

步态	S0（初态）	S1	S2
求最小边 (u,v)	$v_0 = A$	最小权值边：(A,B):5	(B,C):9,(A,C):7,同目标端点,只需要考虑距离小的边(A,C) 最小权值边：(B,E):3
TE	{}		

步态	S3	S4	S5
求最小边 (u,v)	(E,C):4,(A,C):7,只考虑距离小的边(E,C) 最小权值边：(E,C):4	(C,D):7,(A,D):6,只需要考虑(A,D)边 (C,F):5,(E,F):5,同目标端点距离相等,择其一即可 最小权值边：(E,F):5 或 (E,F):5	(A,D):6,(F,D):6,距离相等,择其一 最小权值边：(A,D):6 或 (F,D):6
TE			

从上述过程可知,如果有相同权值的边,最小生成树可能不唯一。例如,上面边 (E,F)可换成边(C,F),边(A,D)可换成边(F,D)。

【算法设计】

（1）存储设计

求解过程中,需要不断读取任意两个顶点间的权值,采用邻接矩阵较方便。以图 $G21$

为例,邻接矩阵存储为

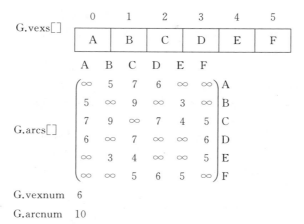

G.vexnum 6

G.arcnum 10

（2）辅助工作变量

设置辅助数组 closeEdge[],存储候选最短距离。定义如下:

```
struct
{
    int adjvex;                 //U 集中的顶点序号
    WT lowcost;                 //边的权值
} closeEdge[MAX_VERTEX_NUM];
```

初态 S0 时,closeEdge[]为

closeEdge[]	0 A	1 B	2 C	3 D	4 E	5 F
adjvex	0	0	0	0	0	0
lowcost	0	5	7	6	∞	∞

根据顶点在 G.vexs[]中的存储顺序,用数组下标映射顶点:0→A,1→B,2→C,3→D,4→E,5→F。上表中 closeEdge[i].adjvex 均为 0,表示 lowcost 中存储的是 A 点到其余各点的距离。距离值来自邻接矩阵的第 0 行,即 closeEdge[i].lowcost＝G.arcs[0][i]。不需要参与计算的边 lowcost 为 0。

（3）算法描述

算法描述与算法步骤如算法 6.18 所示。

算法 6.18　【算法描述】　　　　　　　　　　　　　【算法步骤】

```
0  template<class DT>
1  void Prim_MST(MGraph<DT>G, DT v)           //构造最小生成树
2  {  k=LocateVex(G,v);
3     for(i=0;i<G.vexnum;i++)
4     {
5        closeEdge[i].lowcost=G.arcs[k][i];     //初始化辅助数组 closeEdge
6        closeEdge[i].adjvex=0;
```

```
7        }
8        closeEdge[k].lowcost=0;
9        for(i=1;i<G.vexnum;i++)                    //将顶点 0 加入 u
10       {
11         k=minEdge(closeEdge,G.vexnum);           //函数求出最短边的邻接点 k
12         cout<<closeEdge[k].adjvex<<
13         closeEdge[k].lowcost;                     //输出权值最小边的顶点和权值
14         closeEdge[k].lowcost=0;
15         for(j=0;j<G.vexnum;j++)                   //将顶点 k 加入 u
16         if(G.arcs[k][j]<closeEdge[j].lowcost &    //更新数组 closeEdge,修改 H 候选
17         closeEdge[j].lowcost!=0)                  //最短边集
18         {
19           closeEdge[j].lowcost=G.arcs[k][j];
20           closeEdge[j].adjvex=k;
21         }
22       }
23   }
```

对于 G20 运用上述算法,数组 closeEdge[]及 U、$V-U$ 的变化如图 6-21 所示。

i closeEdge$[i]$	0	1	2	3	4	5	U	$V-U$	k	$(u,v):d$
adjvex		**0**	0	0	0	0	{A}	{B,C,D,E,F}	1	(A,B):5
lowcost	**0**	5	7	6	∞	∞				
adjvex			0	0	**1**	0	{A,B}	{C,D,E,F}	4	(B,E):3
lowcost	**0**	**0**	7	6	3	∞				
adjvex			4	0		4	{A,B,E}	{C,D,F}	2	(E,C):4
lowcost	**0**	**0**	4	6	**0**	5				
adjvex				0		4	{A,B,E,C}	{D,F}	5	(E,F):5
lowcost	**0**	**0**	**0**	6	**0**	5				
adjvex				0			{A,B,E,C,F}	{D}	3	(A,D):6
lowcost	**0**	**0**	**0**	6	**0**	**0**				
adjvex							{A,B,E,C,F,D}	{}		( )
lowcost	**0**	**0**	**0**	**0**	**0**	**0**				

图 6-21 构造最小生成树过程中辅助数组各分量的值

【算法分析】 假设网中有 n 个顶点,用于初始化的第一个循环语句执行次数为 $n-1$,第 2 个循环语句的执行次数为 $n-1$,其中修改候选距离需执行 $n-1$ 次,因此,普里姆算法的时间复杂度为 $O(n^2)$,与网的边数无关。该算法适用于稠密网。

【算法讨论】 用普里姆算法构造最小生成树,当有权值相等的边时,最小生成树是不唯一的。利用上述算法求最小生成树,唯一吗?

2. 克鲁斯卡尔算法①

克鲁斯卡尔(Kruskal)算法是另一种求最小生成树的算法。

【算法思想】　按照网中边的权值递增的顺序构造最小生成树。具体如下。

Step 1. 初态：$T=(V,\{\})$，即有 n 个顶点没有边，图中的顶点各自为一个连通分量。

Step 2. 重复下列操作，直至 T 中的连通分量个数为 1。

2.1　在 E 中选择权值最小的边，如果该边依附的顶点 v 落在 T 中不同的连通分量上，则将此边加入 T 中。

2.2　否则舍去此边而选择下一条权值最小的边。

【例 6-11】　对于图 6-22 所示无向网 $G21$，按照 Kruskal 算法构造最小生成树。

【解】　根据 Kruskal 构造最小生成树的方法，构造过程如图 6-22 所示。

图 6-22　Kruskal 算法构造最小生成树的过程

【算法设计】

（1）存储设计

在对边的权值排过序后，Kruskal 算法依边的权值由小到大依次选取，计算过程中不涉及其他数据的访问。因此，算法本身对存储方式没有偏好。

（2）辅助工作变量设置

① 设置一个数组 edges[] 非降序存储网中所有的边，数组元素是个三元组（边的两顶

---

①　Joseph Bernard Kruskal(1928—2010)是美国的数学家、统计学家、计算机科学家、心理测量学专家，他在研究生二年级时发明 Kruskal 算法。

点,边值)。数组元素定义如下。

```
structEdge
{
    int u;                      //边的顶点
    int v;                      //边的顶点
    int cost;                   //边上的权值
};
Edge edge[MAX_ENUM];            //边信息
```

② 设置一维数组 parent[n],元素 parent[i]表示顶点所在的连通分量,初值为顶点的序号。如果 parent[i] ≠ parent[j],则表示两个顶点位于两个不同的连通分量。用connect(parent[i],parent[j])实现两个连通分量的合并。

(3) 算法描述

算法描述与算法步骤如算法 6.19 所示。

算法 6.19　【算法描述】　　　　　　　　　　【算法步骤】

0	`template<class DT>`	
1	`void Kruskal_MST(MGraph<DT>G)`	//构造最小生成树
2	`{`	
3	`  Sort(edge);`	//1.边排序
4	`  for(i=0;i<G.vexnum;i++)`	//2.连通分量标志初始化
5	`    parent[i]= i;`	//顶点自成一个连通分量
6	`  for(num=0,i=0;i<G.arcnum;i++)`	//2.从小到大选取 n-1 条边
7	`  {`	//2.1 获取边起点、终点所在的
8	`    vx1=LocateVex(parent,edge[i].u);`	//连通分量标志 vx1、vx2
9	`    vx2=LocateVex(parent,edge[i],v));`	
10	`    if(vx1!=vx2)`	//2.2 如果不属于同一个连通
11	`    {`	//分量
12	`      cout<<edge[i].u<<Edge[i].v`	//2.3 输出新增的边
13	`      connect(parent[i],parent[j];`	//2.4 合并两个连通分量
14	`      num++;`	
15	`      if(num==n-1)   return;`	//2.5 边数增 1
16	`    }`	//2.6 已有 n-1 条边,结束
17	`  }`	
18	`}`	
19	`if(num!=G.vexnum-1)`	//3. 如果边数小于 n-1,非连通图
20	`  return false;`	//无最小生成树,返回 false
21	`else`	//否则
22	`  return ture;`	//返回 true
23	`}`	

【算法分析】　假设网有 e 条边,边排序 Sort(edge)耗费的最少时间是 $O(e\log_2 e)$,语句 4~5 与语句 6~19 两个并列循环时间复杂度分别为 $O(n)$、$O(e)$。一般 $e \ll n$,Kruskal 算法构造最小生成树的时间复杂度为 $O(e\log_2 e)$,它与网中边的数目有关。因此

它更适合稀疏图的最小生成树。

6.4.2　最短路径

在网图和非网图中，最短路径(shortest path)的含义有所不同。对于网图来说，两点之间经过的边上权值之和最小的路径被称为最短路径。对于非网图来说，两点之间经过的边数最少的路径称为最短路径。例如图 6-23(a)中，顶点 v_0 到 v_4 的最短路径是 v_0v_4，路径长度为 1。顶点 v_0 到 v_2 的最短路径是 $v_0v_1v_2$ 或 $v_0v_3v_2$，路径长度为 2。在图 6-23(b)中，顶点 v_0 到 v_4 的最短路径是 $v_0v_3v_2v_4$，路径长度为 60。

(a) 非网图 $G22$　　　　　　　　(b) 网图 $G23$

图 6-23　非网图和网图中最短路径的定义

本节讨论网图的两种常见的求解最短路径的方法：一是求单源点最短路径的 Dijkstra(迪杰斯特拉)算法；二是求多源点最短路径的 Floyd(弗洛伊德)算法。

1. 单源点最短路径问题

单源点最短路径问题是指求图中某个点 v 到其余各点的最短路径。为求得这些最短路径，迪杰斯特拉[①]提出了按路径长度递增次序逐步产生最短路径的算法。首先求出长度最短的一条路径，然后参照它求出长度次短的一条最短路径。以此类推，直到从顶点 v 到其他各顶点的最短路径全部求出。

【算法思想】

(1) 把网中所有的顶点分成两个集合：S 和 T。

S：已经确定了最短路径的顶点，初态 $S=\{v_s\}$，只包括源点 v_s。

T：$T=V-S$，为尚未确定最短路径的顶点。

(2) 按各顶点与源点最短路径长度递增的次序逐个把集合 T 中的点加到 S 集合中去，直至 $S=V$。

源点到目标点的最短路径有两种可能：一种是直达；另一种是经过已求的最短路径到达。第一条最短路径一定是直达路中最短的那条。之后加入的点可能是直达也可能是经过已求出的最短路径到达。例如图 $G24$(如图 6-24(a)所示)中顶点 A 到 B、C、D、E 的最短距离如图 6-24(b)所示。

用 Dijkstra 求图 $G24$ 顶点 A 到 B、C、D、E 的最短距离的过程如表 6-5 所示。

---

① 迪杰斯特拉(1930—2002)，荷兰科学家，1972 年图灵奖获得者。他最早提出程序中的"goto 是有害的"并首创结构化程序设计而闻名于世；在算法和算法理论、编译器、操作系统等诸多方面有许多创造；1956 年发明了求单源点最短距离算法；解决了运动路径规划问题，至今仍被广泛使用。

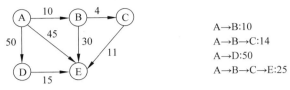

(a) 图 *G*24　　　　　　　(b) A 到其他各点的最短距离及路径

图 6-24　源点 A 到其他各点的最短距离

表 6-5　求图 *G*20 顶点 A 到其他各点最短距离的过程

步态	1	2	3	4	5
集合 *S*	A	A,B	A,B,C	A,B,C,E	A,B,C,E,D
v_0 到未求点距离	A→B:10 A→C:∞ A→D:50 A→E:45	A→B→C: 14 A→D:50 A→B→E:40	A→D:50 A→B→C→E:25	A→D:50	
求得距离	A→B:10	A→B→C: 14	A→B→C→E:25	A→D:50	
说明	第 1 条路是直达路中最短的那条	① A→B→C,距离为 10+4=14 ② A→B→E: 40 替换原来的 A→E:45 ③ 取最短路 A→B→C: 14	① A→B→C→E:25 替换原来的 A→B→E:40 ② 取最短路 A→B→C→E:25	E 到不了 D,D 加入后,没有新的 A→D 的更短的路	*S*＝*V*,算法结束

【算法设计】

（1）存储设计

求解过程中,需要经常读取任意两个顶点间的距离权值,采用邻接矩阵较方便。图 *G*24 的存储示意图如下。

```
            0    1    2    3    4
G.vexs[]   A    B    C    D    E

            A    B    C    D    E
         A ⎛ ∞   10   ∞   50   45 ⎞
         B ⎜ ∞   ∞    4   ∞    30 ⎟
G.arcs[] C ⎜ ∞   ∞   ∞   ∞    11 ⎟
         D ⎜ ∞   ∞   ∞   ∞    15 ⎟
         E ⎝ ∞   ∞   ∞   ∞    ∞  ⎠

G.vexnum  5
G.arcnum  7
```

（2）辅助工作变量

① 一维数组 S[G.vexnum]用于记载 *S* 集合中的顶点。S[*v*]为 true 表示 *v* 属于 *S* 集合,否则不属于 *S* 集合。初始化时,除源点外其余顶点均为 false。

② 一维数组 D[G.vexnuvm]记载源点到其他各个点的距离,用下标隐射目标点,即 D[v]表示 v_s 至 v 的距离。初态取源点 v_s 在邻接矩阵中的所在行,即

```
for(v=0; v<G.vexnum;++v)
    D[v]=G.arcs[vs][v];
    D[vs]=0;                    //vs 为源点
```

③ 一维数组 int P[G.vexnum]记载源点 v_s 到其余各点最短距离的路径信息。P[v] 表示源点到 v 点最短路径上 v 的前驱顶点序号。对于初值,如果源点 v_s 到顶点 v 有直达路径,p[v]记为 v_s,否则记为 -1。即

```
if(D[v]<INFINITY)
    P[v]=vs;                    //vs 为源点
```

（3）距离修改

每求出一条最短路径,就可能改变 v_s 到其余未求顶点的距离。设 D[v]为新求出的 v_s→v 的距离。如果 v 到顶点 w(未求顶点)的距离 (v,w)+D[v](v_s 到 v 的最短距离) <D[w],则用更短距离(v,w)+D[v]置换原来的 D[w]。即

```
for(w=0;w<G.vexnum;++w)
    if(!S[w] && min+G.arcs[v][w]<D[w])
        D[w]=min+G.arcs[v][w]
```

（4）修改路径矩阵 P[]

D[w]的改变表示 w 的前驱变为 v。因此

```
P[w]=v;
```

（5）算法描述

用 Dijkstra 算法求解单源点最短路径的算法描述与算法步骤如算法 6.20 所示。

算法 6.20　【算法描述】　　　　　　　　**【算法步骤】**

0	`template<class DT>`	
1	`void ShortestPath_DIJ (MGraph<DT>G,`	//求 v0 到其余顶点 v 的最短路径
	`                int v0)`	
2	`{`	//1.初始化
3	`  for(v=0;v<G.vexnum;++v)`	
4	`  {`	//1.1 初始化 S[]
5	`   s[v]=false;`	//1.2 初始化 D[]
6	`   D[v]=G.arcs[v0][v];`	//1.3 初始化 P[]与 V0 之间有边
7	`   if(D[v]<INFINITY)`	//的,取 V0,无边的,取-1
8	`     P[v]=v0;`	
9	`   else P[v]=-1;`	
10	`  }`	

```
11    s[v0]=ture;
12    D[v0]=0;                                    //2.求 n-1 条最短路径
13    for(i=1;i<G.vexnum;++i)
14    {
15      min=INFINITY;
16      for(w=0;w<G.vexnum;++w)                   //2.1 对尚未求取的顶点 w,
17      if(!s[w] && D[w]<min)                      //求 v0→w 最小权值路径
18        {v=w; min=D[w];}                         //2.2 新加入点 v
19      s[v]=true;                                 //2.3 更新最短路径及长度
20      for(w=0;w<G.vexnum;++w)
21        if(!s[w]&&(D[v]+G.arcs[v][w]<D[w]))
22        {
23          D[w]=D[v]+G.arcs[v][w];                //2.4 更改 w 的前驱为 v
24          P[w]=v;
25        }
26    }
27 }
```

【算法分析】　初始化 for 循环的时间复杂度为 $O(n)$。求各条最短路径的语句中嵌套了两个并列 for 循环,每一个的时间复杂度为 $O(n)$,因此总的时间复杂度为 $O(n^2)$。

对于图 $G24$ 用上述算法求解 A 到其余各点的最短距离,D[]和 P[]的变化如图 6-25 所示。

步态	D[]					P[]					最短路径与距离
S1	0	10	∞	50	45	-1	0	-1	0	0	A→B:10
S2	0	10	14	50	**40**	-1	0	**1**	0	0	A→B→C: 14
S3	0	10	14	50	**25**	-1	0	1	0	**2**	A→B→C→E:25
S4	0	10	14	**50**	25	-1	0	1	0	2	A→D:50

图 6-25　用迪杰斯特拉算法构造单源点最短路径的过程

由 P[]的最终状态可解析出各条路径。

- P[1]=0 表示 A→B。
- P[2]=1、P[1]=0 表示 A→B→C。
- P[3]=0 表示 A→D。
- P[4]=2、P[2]=1、P[1]=0 表示 A→B→C→E。

2. 每对顶点之间的最短路径

每对顶点之间的最短路径问题指求解图中任意两点之间的最短路径和最短距离。解决该问题的一种方法是以每个顶点作为源点,多次调用 Dijkstra 算法,分别求出各顶点到其余顶点的最短距离,从而得到每对顶点之间的最短路径。另一种方法是用弗洛伊德算法^{①},它更加简单。

【算法思想】　如果$<v_i,v_j>$是网的一条弧,则从v_i到v_j存在着一条长度为 G.arcs$[i][j]$的路径,但不一定是最短路径,尚须进行$n(n=$G.vexnum$)$次测试,具体为

- 依次将$v_0,v_1,\cdots,v_{n-1}$作中间顶点$v_k\{k=0,1,2,\cdots,n-1\}$并测试路径$<v_i,\cdots,v_k,\cdots,v_j>$(即$<v_i,\cdots,v_k>,<v_k,\cdots,v_j>$)是否存在。
- 若存在,则比较已经取得的从v_i到v_j的最短路径$<v_i,\cdots,v_j>$与以v_k为中间顶点的路径$<v_i,\cdots,v_k,\cdots,v_j>$的路径长度,取其短者并称之为从$v_i$到$v_j$的中间顶点序号不大于$k$的最短路径。
- 经过n次比较后最后求得的必是从v_i到v_j的最短路径。

【算法设计】

(1) 距离矩阵$\boldsymbol{D}$

用系列矩阵$\boldsymbol{D}^{-1},\boldsymbol{D}^0,\boldsymbol{D}^1,\cdots,\boldsymbol{D}^{n-1}$记录分别以$v_0,v_1,\cdots,v_{n-1}$为跳转点时图中任意两个顶点之间的距离。初态$\boldsymbol{D}^{-1}$等于图的邻接矩阵 G.arcs。即

```
for(i=0;i<G.vexnum;i++)
  for(j=0;j<G.vexnum;j++)
    D[i][j]=G.arcs[i][j];
```

(2) 路径矩阵$\boldsymbol{P}$

用二维矩阵$\boldsymbol{P}[n][n]$记载最短距离路径信息,$\boldsymbol{P}[u][v]=w$表示u到v最短路径上v的前驱是w。

如果 G.arcs$[v][w]$不为 0 或∞,必有$\boldsymbol{P}[v][w]=v$。因此,$\boldsymbol{P}$矩阵的初始化方法如下。

```
for(i=0; i<G.vexnum; i++)
  for(j=0;j<G.vexnum;j++)
    if(D[i][j]<INFINTY & i!=j)      //存在(vᵢ,vⱼ)路径
      P[i][j]=i;                    //vᵢ→vⱼ,vᵢ是vⱼ的前驱
    else P[i][j]=-1;
}
```

(3) 修改 D[][]

以v_k为跳转点,当且仅当 D$[i][k]$+D$[k][j]$<D$[i][j]$时更新 D$[i][j]$,即

```
if(D[i][k]+D[k][j]<D[i][j])
    D[i][j]=D[i][k]+D[k][j]
```

---

①　该算法发明者罗伯特·弗洛伊德是 1978 年图灵奖得主,1953 年获芝加哥大学文学学士学位。他在 1958 年获得理科学士学位,而且在计算机科学的算法、程序设计语言的逻辑和语义、自动程序综合、自动程序验证、编译器的理论和实现等方面都做出创造性的贡献,其中包括 1962 年完成了世界上最早的 Algol 60 编译器之一并成功投入使用。

（4）修改 P[][]

D[i][j]被修改成表示 k 为 j 的新前驱点，因此，P 矩阵的修正方法为

P[i][j]=P[k][j]

（5）算法描述

用 Floyd 算法求最短路径的算法描述与算法步骤如算法 6.21 所示。

算法 6.21　【算法描述】　　　　　　　　　　　　　【算法步骤】

```
0   template<class DT>
1   void Floyd(MGraph<DT>G)              //Floyd算法求最短路径
2   {
3     int D[MAX_VEXNUM][MAX_VEXNUM];
4     int P[MAX_VEXNUM][MAX_VEXNUM];
5     for(i=0;i<G.vexnum;i++)            //1.初始化
6       for(j=0;j<G.vexnum;j++)         //1.1初始化 D[][]
7       {
8         D[i][j]=G.arcs[i][j];
9         if(D[i][j]<INFINITY&&i!=j)    //1.2初始化 P[][]
10          P[i][j]=i;
11        else P[i][j]=-1;
12      for(k=0;k<G.vexnum;++k)         //2.以 k 为中间点对所有顶点对{i,j}
13        for(i=0;i<G.vexnum;++i)       //进行检测
14          for(j=0;j<G.vexnum;++j)
15            if(D[i][j]>D[i][k]+D[k][j])  //2.1 如果满足修改条件
16            {
17              D[i][j]=D[i][k]+D[k][j];    //2.2 D[i][j]改成D[i][k]+D[k][j]
18              P[i][j]=P[k][j];}           //2.3 修改 v_i 到 v_j 的路径上 v_j 的
19        }                                 //前驱为 k
20  }
```

【算法分析】 Floyd 算法的主要部分是一个三重循环，执行了 n^3 次，因此时间复杂度为 $O(n^3)$。该算法对无向图和有向图求最短路径同样适用。

【例 6-12】 利用 Floyd 算法求图 G25（如图 6-26(a)所示）各顶点之间的最短距离及路径。

【解】 G25 的邻接矩阵如图 6-26(b)所示。

(a) 有向图 G25　　　　　　　　　(b) G25 的邻接矩阵

图 6-26　有向图及邻接矩阵

每一对顶点 i,j 之间的最短距离 D[][] 及路径 P[][] 在求解过程中的变化如表 6-6 所示。

表 6-6　Floyd 算法求解过程中最短路径及其路径变化

	D^{-1}			D^0			D^1			D^2		
	0	**1**	**2**	**0**	**1**	**2**	**0**	**1**	**2**	**0**	**1**	**2**
0	∞	4	11	∞	4	11	∞	4	6	∞	4	**6**
1	6	∞	2	6	∞	2	6	∞	2	5	∞	2
2	3	∞	∞	3	7	∞	3	7	∞	3	7	∞

	P^{-1}			P^0			P^1			P^2		
	0	**1**	**2**	**0**	**1**	**2**	**0**	**1**	**2**	**0**	**1**	**2**
0	−1	0	0	−1	0	0	−1	0	1	−1	0	**1**
1	1	−1	1	1	−1	1	1	−1	1	2	−1	1
2	2	−1	−1	2	0	−1	2	0	−1	2	**0**	−1

以顶点（A，B）、（A，C）和（B，A）之间的最短距离为例进行路径解析。

- P[0][1]＝0 表示 A 到 B 中 B 的前驱是 A，因此路径为 A→B。
- P[0][2]＝1 和 P[0][1]＝0 表示 A 到 C 中 C 的前驱是 B，B 的前驱是 A，因此路径为 A→B→C。
- P[1][0]＝2 和 P[1][2]＝1 表示 B 到 A 中 A 的前驱是 C，C 的前驱是 B，因此路径为 B→C→A。

6.4.3　AOV 网与拓扑排序

有向图是描述工程进行的有效工具，大多数情况下的工程计划、施工过程、生产流程等都可以分为若干个称为"活动"的子工程。接下来讨论有向图的拓扑排序。

1. AOV 网

AOV 网指用顶点表示活动的网。AOV 网的弧表示活动之间的优先关系。

例如，一个软件专业的培养方案中规定了该专业学生须学习的课程，根据课程性质和课程内容上的关联有先修和后修的约束。图 6-27 给出其中 10 门课之间的先修、后修关系，它就是一个 AOV 网。

2. 拓扑排序

在 AOV 网中，如果活动 v_i 必须在活动 v_j 之前进行，则存在有向边 $<v_i,v_j>$ 并称 v_i 是 v_j 的直接前驱，v_j 是 v_i 的直接后继。这样的前驱和后继关系具有传递性。按照有向图给出的活动次序关系，将网中所有顶点排成一个线性序列，此序列称为 AOV 网的拓扑序列（topological order）。构造拓扑序列的过程称为**拓扑排序**（topological sort）。拓扑排序实质上是根据图中顶点之间的偏序关系得到一个全序序列的过程。

例如，图 G26 的一个拓扑序列为：C1，C2，C10，C5，C3，C4，C8，C9，C6，C7。安排每学

课程编号	课程名称	先修课程
C1	计算机导论	无
C2	高等数学	无
C3	离散数学	C2
C4	数据结构	C3、C5
C5	高级语言程序设计	C1
C6	编译原理	C3、C4
C7	操作系统	C4、C9
C8	大学物理	C2
C9	计算机组成原理	C8
C10	数值分析	C1、C2

(a)

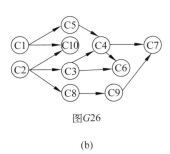

图G26

(b)

图.6-27　软件专业培养方案的相关课程

期的课程时应该按拓扑序列顺序进行。

【算法思想】　拓扑排序的算法思想如下。

① 从 AOV 网中选择一个没有前驱的顶点输出。

② 从网中删去该顶点,并且删去从该顶点发出的全部有向边。

③ 重复上述两步,直到剩余的网中不再存在没有前驱的顶点为止。

按此思想,图 G27 的拓扑排序过程如图 6-28 所示,得到的拓扑序列为 ABCDEFG。

图 6-28　拓扑排序过程

在求解拓扑序列的某步中,如果没有前驱的顶点不止一个,那拓扑序列就不唯一,例如 ACBDFEG 也是图 $G27$ 的拓扑序列。

如果图中有环将得不到拓扑序列。因此,拓扑排序的结果有两种:一是 AOV 网中所有顶点被输出,得到一个拓扑序列,这说明网中无环;另一个是 AOV 中的顶点没有全部输出,这表示网中有环。

AOV 网通常表示的是一个工程中所有相关活动之间的次序关系。工程必有开始和结束。因此,AOV 网不能有环,否则就是不合逻辑和荒谬的。

【算法设计】

(1)操作量化

为方便计算机实现,将上述的有些操作进行相应的量化,具体如表 6-7 所示。

表 6-7　拓扑排序中的操作及其量化

序号	操　作	操 作 量 化
1	选择没有前驱的顶点输出	选择入度为 0 的顶点输出
2	删除以该顶点为弧尾的边	弧尾顶点的入度减 1

(2)存储设计

在拓扑序列求解过程中,每输出一个顶点就需要修改以该顶点为弧尾的弧的弧头顶点的入度。在(正)邻接表中能最方便快速地找到弧尾邻接点,因此采用邻接表存储方式。图 $G27$ 的邻接表如图 6-29 所示。

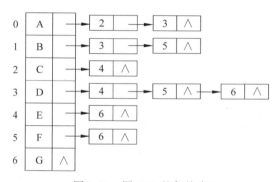

图 6-29　图 $G27$ 的邻接表

(3)辅助工作变量

在算法中,需要设计以下 3 个辅助工作变量。

① 一维数组 indegree[G.vexnum]。该数组用于存储各顶点的入度。初始化时,通过遍历邻接表得到各顶点的入度。该操作的时间复杂度为 $O(n+e)$。具体为

```
template<class DT>
void FindInDegree(ALGraph G)
{for(int i=0;i<G.vexnum;i++)
    for(DT p=G.vertices[i].firstarc;p;p=p->nextarc)
```

```
        indegree[p->adjvex]++;
   }
```

② 栈或队列。求拓扑序列时,只有入度为 0 的顶点才可输出。但入度为 0 的顶点可能多于 1 个,借助队列或栈可保存所有入度为 0 的顶点。通过出队或出栈获得输出顶点,以避免每次输出时需要通过遍历 indegree[G.vexnum]查找入度为 0 的顶点。

初始化栈或队列是通过遍历 indegree[G.vexnum]一次将入度为 0 的顶点入栈或入队列。之后,随着某顶点输出而修改其他顶点入度时,只要入度为 0 就入栈或入队列。

③ 顶点计数器 count。它用来存储输出的顶点数,初值为 0。每输出一个顶点,计数器增 1。算法结束时,如果 count＝G.Vexnum,得到一个拓扑序列;否则,因图有环而无解。

算法描述与算法步骤如算法 6.22 所示。

算法 6.22　【算法描述】　　　　　　　　　　　　　　　**【算法步骤】**

0	`template<class DT>`	
1	`bool Toposort(ALGraph<DT>G)`	//求图 G 的拓扑序列
2	`{`	//1.初始化
3	`   SqStack S;`	//1.1 创建一个栈
4	`   count=0;`	//1.2 顶点计数器置 0
5	`   FindInDegree(G,indegree);`	//2.计算各顶点的入度
6	`   for(i=0;i<G.vexnum;i++){`	//3.入度为 0 的点入栈
7	`    if(!indegree[i])`	
8	`      S.Push(i);`	
9	`    while(!S.StackEmpty())`	//4.只要栈不空,重复下列操作
10	`    {`	
11	`      Pop(S,i);`	//4.1 出栈入度为 0 的顶点
12	`      cout<<G.vertices[i].data);`	//4.2 输出
13	`      count++;`	//4.3 输出点计数
14	`      for(p=G.vertices[i].firstarc;`	//4.4 修改顶点入度
15	`      p;p=p->nextarc)`	//4.4.1 取 i 的直接后继 k
16	`      {`	
17	`        k=p->adjvex;`	
18	`        if(!(--indegree[k]))`	//4.4.2 第 k 个顶点入度-1
19	`          S.Push(k);`	//若为 0,入栈
20	`      }`	
21	`    }`	
22	`   }`	
23	`   if(count<G.vexnum)`	/5.输出点小于顶点个数
24	`     return false;`	//无拓扑序列
25	`   else return true;`	
26	`}`	

【算法分析】

① 假设有向网中有 n 个顶点和 e 条边,求所有顶点入度的时间复杂度为 $O(n+e)$。

② while 循环,处理的次数不会超过图的边数 e。

因此整个拓扑排序算法的时间复杂度为 $O(n+e)$。

表 6-8 给出了求图 $G27$ 拓扑序列过程中顶点的度和栈的变化及相应的输出,得到拓扑序列为 BADFCEG。

表 6-8 求拓扑序列过程中辅助变量的变化

步	图	indegree[]	栈 S	输出
1	 图$G27$	A B C D E F G 0 0 1 2 2 2 3	A B	
2		A B C D E F G 0 0 1 **1** 2 **1** 3	A	B
3		A B C D E F G 0 0 **0** **0** 2 1 3	C D	A
4		A B C D E F G 0 0 0 0 **1** **0** 2	C F	D
5		A B C D E F G 0 0 0 0 1 0 1	C	F
6		A B C D E F G 0 0 0 0 0 0 1	E	C
7		A B C D E F G 0 0 0 0 0 0 0	G	E
8			G	G

【算法讨论】 如果将栈换为队列,如何修改上述算法?对于上例,输出怎样的拓扑序列?

6.4.4 AOE 网与关键路径

在一些表示工程的有向图中,通常用有向边表示活动,边上赋权值来表示活动持续进行的时间,接下来讨论有向网和工程中的关键路径。

1. AOE 网

AOE 网(即活动在边上的网)是一个带权有向无环图(Directed Acycline Graph,DAG)。其中用顶点表示事件(event),弧表示活动(activity),弧上的权值表示活动的持续时间。AOE 网只有一个入度为 0 的点,称为**源点**;只有一个出度为 0 的点,称为**汇点**。AOE 网通常用来表示一个工程所含的活动与事件,源点事件的发生表示工程的开始,汇点事件的发生表示工程的结束。图 6-30(a)为一个有 11 个事件和 15 个活动的 AOE 网,其中顶点 v_1 为源点,顶点 v_{11} 为汇点。

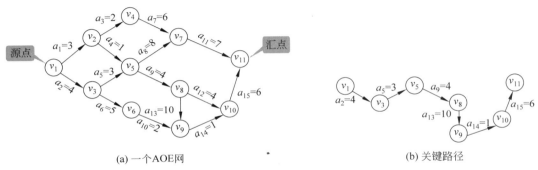

(a) 一个AOE网   (b) 关键路径

图 6-30　一个 AOE 网和它的关键路径

AOE 网具有两个性质。

- 只有在进入某顶点的各活动都结束时,该顶点所代表的事件才能发生。
- 只有在某顶点所代表的事件发生后,从该顶点出发的各活动才能开始。

例如在图 6-30(a)所示的 AOE 网中,顶点事件 v_7 只有在活动 a_7、a_8 都结束后才能发生;仅当事件 v_5 发生后,活动 a_8、a_9 才能开始。

表示工程的 AOE 网主要用来研究以下两个问题:

① 工期问题,即完成整个工程至少需要多少时间?

② 哪些活动是影响工程进度的关键活动?

AOE 网的源点到汇点的最长路径称为关键路径。关键路径的长度称为工程的最短工期。关键路径上的活动称为关键活动,关键活动是可能影响工期的活动。图 6-30(b)为图 6-30(a)的一条关键路径,由此可知工期为 28,活动 a_2、a_5、a_9、a_{13}、a_{14}、a_{15} 为关键活动。

2. 工期的计算

工期为关键路径的长度,关键路径由关键活动构成。为找到关键活动,须定义以下几个变量。

（1）事件的最早发生时间 ve(k)

ve(k)是指从源点到顶点 v_k 的最大路径长度。源点事件 v_1 的最早发生时间定义为 0。

根据 AOE 网性质可知：只有进入事件 v_k 的每一个活动都结束时 v_k 才能开始，因此 ve(k)是从源点到 v_k 的最长路径长度，示意图见图 6-31(a)。ve(k)的计算方法为

$$ve(k) = \begin{cases} 0, & k=1 \\ Max\{ve[j] + dut(<v_j, v_k>)\}, & \text{其他} \end{cases}$$

其中，dut($<v_j, v_k>$)为弧$<v_j, v_k>$的权值，即对应活动的持续时间。

(a) 多个活动到达v_k (b) 从v_k出发有多个活动

图 6-31　计算 ve(k)和 vl(k)的示意图

（2）事件 v_k 的最迟发生时间 vl(k)

vl(k)是指在不推迟整个工期的前提下事件 v_k 允许的最晚发生时间。$<v_k, v_j>$代表从 v_k 出发的活动，见图 6-31(b)所示。v_k 的最迟发生时间不得迟于其后继事件 v_j 的最迟发生时间减去活动$<v_k, v_j>$的持续时间。vl(k)的计算方法为

$$vl(k) = \begin{cases} vl(n) = ve(n) \\ vl(k) = Min\{vl[j] - dut(<v_k - v_j>)\} \end{cases}$$

（3）活动 $a_i = <v_k, v_j>$ 的最早开始时间 ae(i)

只有事件 v_k 发生了活动 a_i 才能开始。因此，活动 a_i 的最早开始时间等于事件 v_k 的最早发生时间 ve(k)，即

$$ae(i) = ve(k)$$

（4）活动 $a_i = <v_k, v_j>$ 的最晚开始时间 al(i)

活动 a_i 的最晚开始时间需要保证不延误事件 v_j，因此活动 a_i 的最晚开始时间 al(i)等于事件 v_j 的最迟发生时间 vl(j)减去活动 a_i 的持续时间，即

$$al(i) = vl(j) - dut(<v_k, v_j>)$$

最早开始时间与最晚开始时间相等的活动为关键活动。关键活动构成的路径为关键路径，其长度为最短工期。

【算法思想】 求工期的算法思想如下。

① 从源点开始，按照拓扑序列求出每个事件的最早发生时间 ve(k)。如果拓扑序列结点个数小于图的顶点个数，算法终止。

② 按逆拓扑序列求出每个事件的最迟发生时间 vl(k)。

③ 求出每个活动 a_i 的最早开始时间 ae(i)。

④ 求出每个活动 a_i 的最晚开始时间 al(i)。

⑤ 找出 ae(i) 与 al(i) 相等的活动,即为关键活动。由关键活动形成的从源点到汇点的路径就是关键路径。关键路径有可能不唯一。

【例 6-13】 对图 6-30(a)所示的 AOE 网计算关键路径。

【解】 按上述求解步骤及方法计算如下。

(1) 求 ve(k)

ve(1)=0

ve(2)=3

ve(3)=4

ve(4)=ve(2)+2=5

ve(5)=Max{ve(2)+1,ve(3)+3}=7

ve(6)=ve(3)+5=9

ve(7)=Max{ve(4)+6,ve(5)+8}=15

ve(8)=ve(5)+4=11

ve(9)=Max{ve(8)+10,ve(6)+2}=21

ve(10)=Max{ve(8)+4,ve(9)+1}=22

ve(11)=Max{ve(7)+7,ve(10)+6}=28

(2) 求 vl(k)

vl(11)=ve(11)=28

vl(10)=vl(11)−6=22

vl(9)=vl(10)−1=21

vl(8)=Min{vl(10)−4,vl(9)−10}=11

vl(7)=vl(11)−7=21

vl(6)=vl(9)−2=19

vl(5)=Min{vl(7)−8,vl(8)−4}=7

vl(4)=vl(7)−6=15

vl(3)=Min{vl(5)−3,vl(6)−5}=4

vl(2)=Min{vl(4)−2,vl(5)−1}=6

vl(1)=Min{vl(2)−3,vl(3)−4}=0

(3) 计算 ae(i)

ae(1)=ve(1)=0

ae(2)=ve(1)=0

ae(3)=ve(2)=3

ae(4)=ve(2)=3

ae(5)=ve(3)=4

ae(6)=ve(3)=4

ae(7)=ve(4)=5

ae(8)=ve(5)=7

ae(9)=ve(5)=7

ae(10)=ve(6)=9

ae(11)=ve(7)=15

ae(12)=ve(8)=11

ae(13)=ve(8)=11

ae(14)=ve(9)=21

ae(15)=ve(10)=22

(4) 计算 al(i)

al(1)=vl(2)−3=3

al(2)=vl(3)−4=0

al(3)=vl(4)−2=13

al(4)=vl(5)−1=6

al(5)=vl(5)−3=4

al(6)=vl(6)−5=14

al(7)=vl(7)−6=15

al(8)=vl(7)−8=13

al(9)=vl(8)−4=7

al(10)=vl(9)−2=19

al(11)=vl(11)−7=21

al(12)=vl(10)−4=18

al(13)=vl(9)−10=11

al(14)=vl(10)−1=21

al(15)=vl(11)−6=22

最后,比较 ae(i) 与 al(i) 的值,可以得到 a_2、a_5、a_9、a_{13}、a_{14}、a_{15} 是关键活动,关键路径如图 6-30(b)所示。

算法描述与算法步骤如算法 6.23 所示。

算法 6.23　【算法描述】　　　　　　　　　　　　　　　【算法步骤】

```
0   template<class DT>
1   void CriticalPath(ALGraph<DT>G)          //关键路径算法
2   {
3     if(!TopoSort(G))                       //1.调用拓扑算法
4       return 0;                            //如果有环,算法结束
5     n=G.vexnum;
6     for(i=0;i<n,i++)                       //2.初始化各事件的最早发生时间
7       Ve[i]=0;
8     for(i=0;i<n;i++)                       //3.按拓扑序列计算各事件的最早
9     {                                      //发生时间
10      k=topo[i];                           //3.1 获取拓扑序列中的顶点序号 k
11      p=G.vertices[k].firstarc;            //3.2 p 指针指向 k 的每个邻接点
12      while(p!=null)
13      {
14        j=p->adjvex;
15        if(ve[j]<ve[k]+p->weight)          //3.3 计算顶点 j 的最早发生时间
16          ve[j]=ve[k]+p->weight;           //ve(j)
17        p=p->next arc;
18      }
19    }
20    for(i=0;i<n;i++)                       //4.将各事件的最迟发生时间初始
21      vl[i]=ve[n-1];                       //化为汇点的最早发生时间
22    for(i=n-1;i>=0;i--)                    //5.根据拓扑逆序列,计算事件
23    {                                      //最迟发生时间
24      k=topo[i];                           //5.1 获取拓扑序列顶点序号 k
25      p=G.vertices[k].firstarc;            //5.2 p 指向 k 的邻接点
26      while(p!=null)                       //5.3 计算顶点 k 的最晚发生
27      {                                    //时间 vl(k)
28        j=p->adjvex;
29        if(vl[k]>vl[j]-p->weight)
30          vl[k]=vl[j]-p->weight;
31        p=p->nextarc;
32      }
33    }
34    for(i=0;i<n;i++)                       //6.计算活动的最早开始时间
35    {
36      p=G.vertices[i].firstarc;
37      while(p!=null)                       //7.计算活动的最晚开始时间
38      {j=p->adjvex;
39        ae=ve[i];
40        al=vl[j]-p->weight;                //8.如果最早开始和最晚开始时间
41        if(e==1)                           //相等,为关键活动,输出
42          cout<<G.vertices[j].data
43        p=p->nextarc;
44    }
45  }
```

　　【算法分析】　在关键路径算法中,求每个事件的最早发生时间和最晚发生时间以及活动的最早发生时间和最晚发生时间时,都要对图中的每个顶点和每个顶点边表中所有

的边结点进行扫描。因此,求关键路径算法的时间复杂度是 $O(n+e)$。

用 AOE 网来估算工程的工期时,因网中的各项活动的互相牵制,影响关键路径的因素是多方面的。任何一项活动持续时间的改变都可能影响关键路径的改变。因此,当子工程进行过程中所需时间有所调整时,就需要重新计算关键路径。

6.5 小结

1. 本章知识要点
本章知识要点如图 6-32 所示。

图 6-32 本章知识要点

2. 本章相关算法
本章相关算法如图 6-33 所示。

图 6-33 本章相关算法

习题 6

一、填空题

1. 一个图中的所有顶点的度数之和等于边数的( )倍。

2. 有向图的所有顶点的入度之和( )所有顶点的出度之和。

3. n 个顶点的无向图最多有( )条边。

4. 7 条边的无向连通图,至少( )个顶点。

5. 7 条边的无向非连通图,至少( )个顶点。

6. n 个顶点 e 条边的图若采用邻接矩阵存储,则空间复杂度为( )。n 个顶点 e 条边的图若采用邻接表存储,则空间复杂度为( )。

7. 稀疏图 G 采用( )存储较省空间。

8. 具有 n 个顶点无向图要连通全部顶点至少需要( )条边。

9. 一个具有 n 个顶点的无向图采用邻接矩阵表示,该矩阵有( )个数组元素。

10. 对有 n 个顶点 e 条边且使用邻接表存储的有向图进行广度优先遍历,其算法时间复杂度是( )。

11. 邻接表表示的图进行广度优先遍历时,通常借助( )来实现算法。

12. 采用邻接表存储的图的深度优先遍历算法类似于二叉树的( )。采用邻接表存储的图的广度优先遍历算法类似于二叉树的( )。

13. 图的深度优先遍历序列( )唯一的。

14. 一个图中包含 k 个联通分量,若按深度优先搜索方法访问所有结点,则必须调用( )次深度优先遍历算法。

15. 用普里姆算法求具有 n 个顶点 e 条边的图的最小生成树的时间复杂度为( );用克鲁斯卡尔算法求取相同问题,时间复杂度是( )。因此,如果是稀疏图,( )算法更适合。

16. 用 Dijkstra 算法求某一顶点到其余各顶点间的最短路径是按( )次序得到最短路径的。

17. 判定一个有向图是否存在回路除了利用拓扑排序外,还可以用( )。

18. 如果 n 个顶点的图是一个环,则它有( )棵生成树。

19. n 个顶点 e 条边的图采用邻接矩阵存储,深度优先遍历算法的时间复杂度为( );若采用邻接表存储,该算法的时间复杂度为( )。

20. 关键路径是( )。

二、简答题

1. 简述对于稠密图和稀疏图采用邻接矩阵和邻接表哪个更好些。

2. n 个顶点的无向连通图至少有多少条边? n 个顶点的有向强连通图至少有多少条边? 最多有多少条边? 试举例说明。

3. 对于有 n 个顶点的无向图采用邻接矩阵表示,如何判断以下问题:图中有多少条边? 任意两个顶点 i 和 j 之间是否有边相连? 任意一个顶点的度是多少?

4. 画出 1 个顶点、2 个顶点、3 个顶点、4 个顶点和 5 个顶点的无向完全图。试证明在 n 个顶点的无向完全图中,边的条数为 $n(n-1)/2$。

5. 一个带权无向图的最小生成树可能不唯一,在什么情况下构造出的最小生成数可能不唯一?

6. 解释 Dijkstra、Prim、Floyd 和 Kruskal 算法的作用。

三、应用题

1. 对如图 6-34 所示的有向图,给出该图中每个顶点的入度和出度。

2. 对如图 6-35 所示的无向带权图,写出它的邻接矩阵;按普里姆算法求出其最小生成树,按顺序写出各条边;用克鲁斯卡尔算法求出其最小生成树,按顺序写出各条边。

3. 对图 6-36 所示的带权有向图,用迪杰斯特拉算法求出源点 1 到其他顶点的最短路径并写出计算过程;用弗洛伊德算法求出每一对顶点之间的最短路径并写出计算过程。

图 6-34　有向图

图 6-35　无向带权图

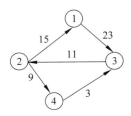

图 6-36　带权有向图

4. 已知有向图有 6 个顶点,边的输入序列为 <1,2>,<1,3>,<3,2>,<3,0>,<4,5>,<5,3>,<0,1>。求:①该图的邻接表;②强连通分量的个数。

5. 已知二维数组表示的图的邻接矩阵如图 6-37 所示。试分别画出自顶点 1 出发进行遍历所得的深度优先生成树和广度优先生成树。

	1	2	3	4	5	6	7	8	9	10
1	0	0	0	0	0	0	1	0	1	0
2	0	0	1	0	0	0	1	0	0	0
3	0	0	0	1	0	0	0	1	0	0
4	0	0	0	0	1	0	0	0	1	0
5	0	0	0	0	0	1	0	0	0	1
6	1	1	0	0	0	0	0	0	0	0
7	0	0	1	0	0	0	0	0	0	1
8	1	0	0	1	0	0	0	0	1	0
9	0	0	0	0	1	0	1	0	0	1
10	1	0	0	0	0	1	0	0	0	0

图 6-37　应用题 5 的图

6. 写出图 6-38 中全部可能的拓扑排序序列。

7. AOE 网如图 6-39 所示。求:①关键路径;②工期是多少(要求标明每个顶点的最早发生时间和最迟发生时间并画出关键路径)。

图 6-38　应用题 6 的图

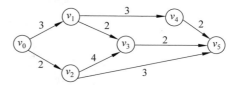

图 6-39　AOE 网

四、算法设计题

1. 已知无向图用邻接矩阵存储,给出删除一个顶点的操作步骤。

2. 已知无向图用邻接矩阵存储,给出广度优先遍历算法。

3. 已知有向图用邻接矩阵存储,给出求顶点 v 的入度和出度的算法。

4. 已知有向图采用邻接表存储,给出增加一个顶点的操作步骤。

5. 已知有向图采用邻接表存储,给出判断顶点 v、w 是否连通的算法。

五、上机练习题

1. 创建一个无向图的邻接矩阵存储,在其上实现深度优先遍历和广度优先遍历。

2. 创建一个有向图的邻接表存储,在其上实现深度优先遍历和广度优先遍历。

第 7 章 查 找

CHAPTER

查找即在数据集合中寻找满足某种条件的数据元素。在互联网时代，查找更是一种被频繁使用的操作，出行规划、购物选择、信息检索等都不可避免地用到查找。查找是数据处理中最常见的一种运算。

本章讨论不同存储结构下的基本查找技术，如线性表查找、字符串匹配、树表查找、散列查找等。

信息爆炸使高性能的查找方法变得尤其重要。每一种查找技术有其适用范围、技术特性和性能。

本章主要知识点

- 查找的基本概念与术语。
- 线性表查找技术(顺序查找和折半查找)。
- 字符串匹配方法(BF 算法和 KMP 算法)。
- 树表查找技术(二叉排序树和平衡二叉树)。
- 散列查找技术。

本章教学目标

- 掌握各种查找技术的思想、算法及性能。
- 掌握查找算法的性能分析方法。
- 对于查找问题，能设计合适的存储结构和查找算法。

7.1 查找的基本概念

在日常生活中，人们几乎离不开查找操作。例如，在网上查找所需要的资料，在图书馆找某本书籍等等。本节将介绍在查找过程中涉及的有关基本概念。

7.1.1 术语

1. 关键码

关键字/关键码(key)是数据元素(或记录)中某个数据项的值，用它可以标识(或识别)一个数据元素(或记录)。关键码的值称为**键值**(keyword)。能唯一标识一个记录的关键字称为**主关键码**(primary key);反之,称为**次关键码**(second key)。主关键码通常为一个,次关键码可能为多个。

2. 查找表

查找表(search table)是用来查找的具有同一类型的数据元素(记录)的集合。其上与查找相关的操作主要有:①查询,查询某个特定的记录是否在表中;②检索,某个特定的记录的属性信息;③插入,如果不存在某记录,则在查找表中插入一条新记录;④删除,删除表中某个特定的记录。

集合中的数据元素没有约束关系,如果其操作是以"查找"的相关操作为核心的,则可根据查找需求设计其存储结构。本章涉及的结构有线性表(线性结构)、树表(二叉链表结构)和散列表(散列结构)。

为突出主题,在后续讨论中,假定记录中只有一个整型数据项,且为主关键码。

3. 查找

广义地讲,**查找**(search)是在查找表中查找满足给定条件的记录。给定的查找条件可能是多种多样的,为便于讨论,我们把查找条件限制为"匹配",**即查找关键码等于给定值的记录**。

根据查找相关操作对表是否产生影响,可将查找分为两类:静态查找和动态查找。对查找表结构不产生影响的查找称为"**静态查找**",会产生影响的查找称为"**动态查找**"。能对查找表产生影响的操作是"插入"和"删除",因此不涉及插入和删除操作的查找属于"静态查找"(static search),而涉及插入和删除操作的查找属于"动态查找"(dynamic search)。

不同的查找表结构适用于不同的查找。

- 线性表:适用于静态查找,如顺序查找、折半查找等。
- 树表:适用于动态查找,如二叉排序树、平衡二叉树等。
- 散列表:静态查找和动态查找均适用。

4. 查找结果

通过查找,若找到匹配的记录称为"**查找成功**"。此时查找结果可给出整个记录信息、指示该记录在集合中的位置或一个表示存在的标志值。

通过查找,若未找到匹配的记录称为"**查找不成功**"。此时查找结果可给出一个"空"记录或"空"指针或者一个表示不存在的标志值。

7.1.2 查找性能

查找算法的基本操作是比较——记录的关键码与给定值的比较。在算法分析中,以关键码的比较次数来度量查找算法的时间性能。与比较次数相关的因素有查找策略、问题规模和被找记录在查找表中的位置等。同一策略下,被找记录位置不同,比较的次数也不同。算法分析中将查找算法进行的关键码比较次数的数学期望值定义为**平均查找长度**(Average Search Length,ASL),并且用它衡量算法的时间复杂度。一般而言,它是问题规模的函数。

对于含有 n 个记录的查找表,平均查找长度 ASL 的计算公式为

$$\text{ASL} = \sum_{i=1}^{n} p_i c_i \tag{7-1}$$

式中,p_i 为查找第 i 个记录的概率,取决于具体问题;c_i 为查找第 i 个记录所需的关键码的比较次数,与算法有关。

如果 c_i 为查找成功时的比较次数,则 ASL 称为**查找成功的平均查找长度**;如果 c_i 为查找不成功时的比较次数,则 ASL 称为**查找不成功的平均查找长度**。

7.2　线性表查找技术

线性表的顺序存储结构和链式存储结构在实现查找的时候是有区别的,其中,顺序查找既适用于顺序存储结构,也适用于链式存储结构;而折半查找只适用于顺序存储结构。

7.2.1　顺序查找

顺序查找(sequential search)是一种算法简单的查找方法。它的查找过程是从表的一端开始依次将表中数据和待查找关键字 key 进行比较。如果比较结果相等,则说明查找成功,返回该数据在表中的位置;如果比较到表的另一端还没有找到相等,则返回查找失败。

为简化表述且突出问题本质,设查找表为 int R[n],即查找表采用顺序存储结构。

【算法思想】　假设顺序表中的 n 个元素依次存入数组下标为 $1 \sim n$ 的位置,从表尾向表头方向进行查找值为 key 的数组元素。若找到,则返回此时的数组下标,表明查找成功;若找到下标为 1 处还未找到,则返回 0,表明查找失败。

算法描述与算法步骤如算法 7.1(a)所示。

算法 7.1(a)　**【算法描述】**　　　　　　　　　　**【算法步骤】**

```
0   int search_sqa(int R[],int n,int key)    //在顺序表 R[n+1]中查找关键字为
1   {                                        //key 的数据元素
2     for(i=n;i>=1;i--)                       //1.从表尾向表头方向找
3       if(R[i]==key)   return i;             //2.若找到则返回数组下标
4     return 0;                               //3.到达表头仍未找到,返回 0
5   }
```

【算法分析与改进】　在算法 7.1(a)中每次查找都需要判定是否到达表头,若没有到达表头,则将数组元素与查找关键字进行比较,否则返回查找失败。如果把关键字先放入单元 0 中,当从表尾开始向表头进行比较时,无须进行是否到达表头的判定,最坏情况一定有 R[0]==key。此处,0 单元称为"监视哨"。

算法描述与算法步骤如算法 7.1(b)所示。

算法 7.1(b)　【算法描述】　　　　　　　　　　　　　　【算法步骤】

0	`int search_sqb(int R[],int n,int key)`　//在顺序表 R[n+1]中查找关键
1	`{`　//字为 key 的数据元素
2	`R[0]=key;`　//1.设置监视哨
3	`for(i=n;R[i]!=key;i--);`　//2.从表尾向表头方向找
4	`return i;`　//3.返回找到的位置,若为 0
5	`}`　//则表明未找到

【算法分析】　对于算法 7.1(a)和算法 7.1(b)的时间复杂度进行分析,比较的次数与数据在表中存放的位置有关。假设每个位置查找的概率是一样的,则查找成功的平均查找长度为

$$\text{ASL} = \sum_{i=1}^{n} p_i c_i = \frac{1}{n} \sum_{i=1}^{n} (n-i+1) = \frac{n+1}{2} \tag{7-2}$$

因此算法的时间复杂度为 $O(n)$。查找不成功时的比较次数总是 n(算法 7.1(a))或 $n+1$(算法 7.1(b))次,因此查找失败的时间复杂度也为 $O(n)$。

【算法讨论】　顺序查找既可以用顺序表实现,也可以用链表实现。链表顺序查找参见第 2 章。

顺序查找算法的优点是算法简单,对表中的数据是否有序没有要求,适用性广;缺点是当表中元素个数很多时,平均查找长度比较大,查找效率比较低。

7.2.2　折半查找[①]

若查找表是顺序存储的有序表,为提高查找效率,可以采用折半查找(binary search)来实现,折半查找也称二分查找。

【算法思想】　在有序表中,取中间元素作为比较对象,若查找值 key 与中间元素相等,则查找成功,返回中间元素的数组下标;若 key 小于中间元素,则在中间元素的左半区间继续查找;若 key 大于中间元素,则在中间元素的右半区间继续查找。不断重复上述查找过程,直到查找成功,或者所查找的区域无数据元素,则查找失败。

【例 7-1】　给定一个有序表(3,12,23,29,33,39,46,55,70,83,96),用折半查找算法分别查找 29 和 44。

【解】　设表长为 n,查找区间下界为 low,上界为 high,中间点为 mid,即 mid＝(low＋high)/2。查找 29 的过程如图 7-1(a)所示,查找 44 的过程如图 7-1(b)所示。

算法描述与算法步骤如算法 7.2 所示。

---

① 第一个折半查找算法出现在 1946 年,但是第一个正确的、无 bug 的折半查找出现于 1962 年。

(a) 查找29 (查找成功) 的过程

(b) 查找44 (查找不成功) 的过程

图 7-1 折半查找

算法 7.2 【算法描述】   **【算法步骤】**

```
0   int search_bin(int R[],int n,int key)    //折半查找
1   {                                        //1.low、high 分别存放的是查
2     low=1;                                 //找区间的下界上界
3     high=n;
4     while(low<=high)
5     {                                      //2.在查找区间中进行查找
6       mid=(low+high)/2;                    //2.1 计算中间位置
7       if(key<R[mid])                       //2.2 key<中间位置元素值
8         high=mid-1;                        //到左半区间继续找
```

9	else if(key>R[mid])	//2.3 key>中间位置元素值
10	low=mid+1;	//则在右半区间继续查找
11	else	//2.4 key=中间位置元素值
12	return mid;	//返回找到的元素下标
13	}	
14	return 0;	//3.查找失败,返回
15	}	

【算法分析】 折半查找每次都是以查找区间的中间位置作为比较对象,将区间一分为二,在比较不等的情况下,确定下一次的查找区间。由此,对表中每个数据的查找过程可以表示为一个二叉树,这棵用于描述折半查找过程的二叉树称为**折半查找判定树**(bisearch decision tree)。图 7-2 即为有序表(3,12,23,29,33,39,46,55,70,83,96)的折半查找判定树。由图 7-2 可见,查找成功的过程实际上是从根结点开始到被查找结点,查找不成功是从根走到虚线结点(外结点)。比较的次数取决于被查找结点所在的层数。

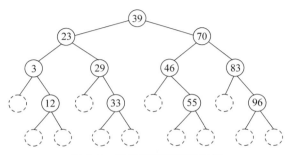

图 7-2 折半查找判定树示例

在查找成功的情况下,第 1 层有 1 个结点,第 2 层有 2 个结点,第 3、4 层分别有 4 个结点。因此,等概率条件假设下,平均比较长度为

$$ASL_{succ} = (1 \times 1 + 2 \times 2 + 4 \times 3 + 4 \times 4)/11 = 33/11 = 3$$

查找不成功共有 12 种情况,第 4 层上有 4 种,第 5 层上有 8 种。因此,等概率条件假设下,平均比较长度为

$$ASL_{unsucc} = (4 \times 3 + 8 \times 4)/12 = 3.67$$

一般而言,折半查找算法在查找成功时的比较次数最多不超过判定树的深度。为方便讨论,对于有 n 个元素的有序表,其折半查找判定树的深度等于 n 个结点满二叉树的深度 h,即 n 与 h 满足关系 $n = 2^h - 1$。树中第 i 层上有 2^{i-1} 个结点,查找该层结点需比较 i 次,等概率情况下查找成功的平均查找长度为

$$ASL_{succ} = \sum_{i=1}^{n} p_i c_i = \frac{1}{n} \sum_{j=1}^{h} j \cdot 2^{j-1} = \frac{n+1}{n} \log_2(n+1) - 1 \qquad (7\text{-}3)$$

当 n 值较大时,

$$ASL \approx \log_2(n+1) - 1 \qquad (7\text{-}4)$$

当查找失败时,查找到某一结点为空,则其查找的比较次数不会超过折半查找判定树的深度,其时间复杂度仍为 $O(\log_2 n)$。

因此,折半查找的效率通常比顺序查找要高,但折半查找只适合于顺序存储的有序表。

7.2.3　串的模式匹配

对于计算机用户来说,文本编辑是一种常见的操作,在编辑过程中有时需要知道某个词语在文本中的位置。这里就涉及字符串(string)的模式匹配。

设 S 和 T 是两个给定的串,在串 S 中找等于 T 的子串(substring)的过程称为**模式匹配**(pattern matching)。其中,S 称为**主串**(primary string),T 称为**模式**(pattern)。如果找到,则称为匹配成功;否则称为匹配失败。串的模式匹配是一种重要的串运算。字符串的模式匹配应用非常广泛,如在分子生物学上从 DNA 序列中提取信息、在海量网络中搜索特定关键词等。

常见的模式匹配算法有 BF 算法和 KMP 算法。

1. BF 算法

BF 算法的全称是 Brute Force 算法,是普通的模式匹配算法。

【**算法思想**】　将主串 S 的第一个字符与模式串 T 的第一个字符进行匹配,若相等,则继续比较 S 的第二个字符和 T 的第二个字符;若不相等,则比较 S 的第二个字符和 T 的第一个字符。按此方法比较下去,若 T 中的所有字符均比较完,说明匹配成功,返回此时 T 的第一个字符在 S 中的位置;否则匹配失败,返回 0。

【**例 7-2**】　设主串 $S=$ "ababcabcacbab",模式 $T=$ "abcac",给出 BF 匹配过程。

【**解**】　BF 算法的匹配过程如图 7-3 所示。

图 7-3　BF 匹配过程

图 7-3 （续）

算法描述与算法步骤如算法 7.3 所示。

算法 7.3 【算法描述】   【算法步骤】

```
0   int IndexBF(char s[],char t[],int pos)      //在主串 S 的 pos 位置开始
1   {                                           //查找模式 T
2     i=pos;                                     //1.设置比较的起始下标
3     j=1;
4     n=strlen(s-1);                             //2.求主串长,串下标从 1 开始
5     m=strlen(t-1);                             //求模式串长
6     while(i<=n && j<=m)                        //3.对主串和模式串对应
7     {                                          //位置的字符进行比较
8       if(s[i]==t[j])                           //3.1相等,将主串和模式
9       {++i;++j;}                               //串的指针均后移
10      else                                     //3.2若不等
11      {i=i-j+2;j=1;}                           //i 和 j 分别回溯
12    }
13    if(j>m)                                    //4.1匹配成功,返回本趟
14      return i-m;                              //匹配的主串的起始下标
15    else
16      return 0;                                //4.2匹配失败,返回 0
17  }
```

【算法分析】 BF 算法是一种简单直观的匹配算法。在匹配成功的情况下,可以分别从最好情况和最坏情况进行分析。设主串 S 的长度为 n,模式 T 的长度为 m。

匹配成功的最好情况是每次不成功发生在模式 T 的第一个字符。例如

S="aaaaaaaaaabaa",T="baa"

设匹配成功发生在位置 i 处,则在前 $i-1$ 趟不成功中共比较了 $i-1$ 次,第 i 趟成功的匹配共比较了 m 次。因此,共比较了 $i-1+m$ 次。匹配成功的可能位置共有 $n-m+1$ 个,

设每个位置匹配的成功概率 p_i 相等,则平均比较次数为

$$\sum_{i=1}^{n-m+1} p_i \times (i-1+m) = \sum_{i=1}^{n-m+1} \frac{1}{n-m+1} \times (i-1+m) = \frac{n+m}{2} \tag{7-5}$$

因此,匹配成功最好情况下的时间复杂度是 $O(n+m)$。

匹配成功的最坏情况是每趟不成功的匹配都发生在串 T 的最后一个字符。例如

$S=$"aaaaaaaaaaaaab", $T=$"aaab"

设匹配成功发生在位置 i 处,则在前 $i-1$ 趟不成功中共比较了 $(i-1) \times m$ 次,第 i 趟成功的匹配共比较了 m 次。因此,共比较了 $i \times m$ 次。所有匹配成功的可能位置共有 $n-m+1$ 种,设每个位置匹配的成功概率 p_i 相等,则平均比较次数为

$$\sum_{i=1}^{n-m+1} p_i \times (i \times m) = \sum_{i=1}^{n-m+1} \frac{1}{n-m+1} \times (i \times m)$$
$$= \frac{m(n-m+2)}{2} \tag{7-6}$$

因此,匹配成功最坏情况下的时间复杂度为 $O(n \times m)$。

2. KMP 算法

KMP 算法是由 D.E.Knuth、J.H.Morris 和 V.R.Pratt 在 BF 算法的基础上同时提出的模式匹配的改进算法,因此人们称之为 KMP 算法。

在 BF 算法中,如果某趟匹配不成功,主串的比较位置需要回溯到开始比较位置的后一个字符处,开始下一轮比较。因此 BF 算法是一种带回溯的匹配算法。回溯使 BF 算法效率低下。避免主串回溯和提高匹配效率正是 KMP 算法对 BF 算法的改进之处。

在 BF 算法中,如因 $s_i \neq t_j$ 匹配失败,则主串回溯 $i = i-j+2$,而模式串的每一趟比较均从首元素开始(即 $j=1$)。如果主串不回溯,模式串应该从哪里开始匹配比较呢?设上一趟比较在模式串的第 j 个字符处失配,记下一趟模式串的比较起始位置为 $\text{next}[j]$($\text{next}[j]$ 是利用前趟匹配比较结果计算出来的)。计算原理与方法如下。

设主串 $S=$"ababcdabbababababad" 和模式串 $T=$"abababa",匹配过程从 S 和 T 的第一个字符开始。在 $s[5]$ 和 $t[5]$ 不等时,匹配失败,如图 7-4(a)所示。从模式串中可知 $t_1 t_2 == t_3 t_4$,而从前一趟比较可知 $t_3 t_4 == s_3 s_4$,因此 $t_1 t_2 == s_3 s_4$,下一次的匹配从 t_3 和 i 位置的 s_5 开始(记 $\text{next}[5]=3$),即 j 向右移动了 2 位,如图 7-4(b)所示。

由此可得,当匹配失败时,要确定 s_i 和模式中的第几个字符作匹配,这个位置的确定只和模式串有关。一般情况下,设主串 $S=$"$s_1, s_2, \cdots, s_i, \cdots, s_n$",模式 $T=$"$t_1, t_2, \cdots, t_m$",当 $s_i \neq t_j$ 时,主串 S 的 i 指针不回溯,而将模式 T 的 j 指针移动到第 $k(k<j)$ 个位置进行下一趟匹配,如图 7-5 所示。

由图 7-5 可见,当 $s_i \neq t_j$ 时,下一趟匹配应该是比较 s_i 和 t_k,而 k 值的确定由 T 串的前缀字串和后缀子串的最大长度 $(k-1)$ 决定,可以通过 next 函数来确定 k 的值。计算方法如下。

$$\text{next}[j] = \begin{cases} 0, & j=1 \\ \text{Max}\{k \mid 1 < k < j \text{ 且 } t_1 t_2 \cdots t_{k-1} = t_{j-k+1} t_{j-k+2} \cdots t_{j-1}\}, & \text{集合非空} \\ 1, & \text{其他} \end{cases} \tag{7-7}$$

$i=5$

1	2	3	4	↓	6	7	8	9	10	11	12	13	14	15	16	17
a	b	a	b	c	d	a	b	b	a	b	a	b	a	b	a	d

a b a b **a** b a b a

↑
$j=5$

(a) 第一次匹配过程

$i=5$

1	2	3	4	↓	6	7	8	9	10	11	12	13	14	15	16	17
a	b	a	b	c	d	a	b	b	a	b	a	b	a	b	a	d

a b **a** b a b a b a

↑
$j=3$

(b) 第二次匹配过程

图 7-4　主串不回溯,模式串下趟匹配的起始位置

图 7-5　KMP 算法原理

【例 7-3】　设模式 $T=$ "abcac",求 next[]。

【解】　计算结果如表 7-1 所示。

表 7-1　T 的 next[]计算结果

j	1	2	3	4	5
T	a	b	c	a	c
next[j]	0	1	1	1	2

求 next[]的算法描述与算法步骤如算法 7.4 所示。

算法 7.4　【算法描述】　　　　　　　　　　　　　　　　【算法步骤】

```
0  void get_next(char t[],int next[])      //求模式串 T 的 next 函数值并
1  {                                        //存入数组 next
```

```
2    j=1;                            //1.设置 j、k 和 n 的初值, j 代表
3    k=0;                            //字符位置, k 代表相等字符串的
4    m=strlen(t);                    //长度, m 代表模式串串长
5    next[j]=0;                      //2.j 为 1 时, 其 next 值为 0
6    while(j<m)                      //3.计算其余位置的 next 值
7    {
8      if(k==0 || t[j]==t[k])
9      {
10       j++;
11       k++;
12       next[j]=k;
13     }
14     else
15       k=next[k];
16     }
17   }
```

KMP 算法基于 next[*j*]。

【算法思想】 设主串为 *S*, 模式为 *T*, 并且设 *i* = pos(从 *S* 的第 pos 个位置开始),
j = 1, 比较 s_i 和 t_j。若 $s_i = t_j$, 则 *i* 和 *j* 均后移一位; 若 $s_i \neq t_j$, *i* 不变, *j* 退回到 next[*j*]
处, 再比较 s_i 和 t_j, 以此类推。

【例 7-4】 设主串 *S* = "ababcabcacbab", 模式 *T* = "abcac", 给出 KMP 匹配过程。

【解】 首先按 next 函数的定义计算模式 T = "abcac" 的 next[*j*], 结果如表 7-1 所示。
然后进行 KMP 匹配, 其过程如图 7-6 所示。

图 7-6 KMP 算法匹配过程

算法描述与算法步骤如算法 7.5 所示。

算法 7.5　【算法描述】　　　　　　　　　　　　　　　　　　**【算法步骤】**

```
0    int IndexKMP(char s[],char t[],int next[],int pos)   //KMP 算法
1    {
2      i=pos;                                              //1.赋初值
3      j=1;                                                //i 是在主串开始匹配的位置
4      n=strlen(t-1);                                      //j 是模式串中的位置
5      m=strlen(s-1);                                      //n 是主串的串长,m 是模式串的串长
6      while(i<=n && j<=m)                                 //2.主串和模式均未到串尾
7      {
8        if(j==0 || s[i]==t[j])                            //2.1 若主串和模式串对应位
9        {                                                 //置字符相等,则继续比较后
10         i++;                                            //续字符
11         j++;
12       }
13       else                                              //2.2 若不等
14         j=next[j];                                      //模式串向右移动
15     }
16     if(j>m)                                             //3.匹配结果判断
17       return i-m;                                       //3.1 匹配成功
18     return 0;                                           //3.2 匹配失败
19   }
```

【算法分析】　由于在匹配过程中 i 指针未回溯,主串 S 的串长为 n,KMP 算法匹配的时间复杂度为 $O(n)$;而模式串的串长为 m,计算 $\text{next}[j]$ 的时间复杂度为 $O(m)$;加上计算 next 函数值,KMP 算法的时间复杂度为 $O(m+n)$。

7.3　树表查找

7.2.2 节中介绍的折半查找算法虽然算法性能好,但只适用于有序表并且表必须是顺序存储。如果有序表的数据有增删,将需要移动大量的元素。因此,对动态查找不适合,各种树表便由此而引入。本节主要讨论二叉排序树和平衡二叉树。

7.3.1　二叉排序树

1. 二叉排序树的定义

二叉排序树(binary sort tree,又称为二叉查找树)或者是一棵空树;或者是具有下列性质的二叉树。

- 若左子树不空,则左子树上所有结点的值均小于根结点的值。
- 若右子树不空,则右子树上所有结点的值均大于根结点的值。
- 左右子树均为二叉排序树。

　　二叉排序树的定义是递归的。图 7-7 所示就是一棵二叉排序树。由定义可得二叉排序树的重要性质：中序遍历一棵二叉排序树可得到一个按值递增的有序序列。例如对图 7-7 所示的二叉排序树进行中序遍历,可得序列：8,21,24,36,40,42,48,53,71,80,99。

2. 二叉排序树的查找

　　由二叉排序树的定义可以看出,二叉排序树是一棵特殊的二叉树,只是增加了一些限制条件,因此可以采用二叉树的二叉链表来作为二叉排序树的存储结构。

　　【算法思想】　给定待查找的值 key,如果二叉排序树是一棵空树,则查找失败,返回空指针。否则将 key 和二叉排序树的根结点值作比较,若相等则查找成功,返回指向根结点的指针;若 key 小于根结点的值,则说明待查数据元素可能在左子树上,因此继续在左子树上找;若 key 值大于根结点的值,则说明待查数据元素可能在右子树上,因此继续在右子树上找。

　　例如,在图 7-7 中查找值为 24 的结点,其查找过程如图 7-8 所示。第一次将 24 和根结点 40 作比较,因为比 40 小,所以继续在其左子树上查找;第二次将 24 和结点 21 作比较,因为比 21 大,所以继续在其右子树上查找;第三次将 24 和结点 36 作比较,因为比 36 小,所以继续在其左子树上查找;第四次将 24 和结点 24 作比较,因为相等,所以查找成功,返回指向结点 24 的指针。

图 7-7　二叉排序树示例

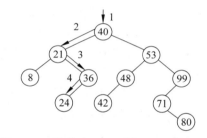

图 7-8　查找值为 24 的结点的过程示意图

　　如果要在图 7-7 中查找值为 50 的结点,其查找过程为依次与结点 40、53、48 作比较。当发现 50 大于结点 48 时,应该继续在结点 48 的右子树查找,但结点 48 的右子树为空,则表明查找失败,返回空指针。

　　算法描述与算法步骤如算法 7.6 所示。

算法 7.6　【算法描述】　　　　　　　　　　　**【算法步骤】**

```
0  BTNode SearchBST(BTNode * bt,int key)    //在二叉排序树上查找关键字
1  {                                        //值为 key 的数据元素
2      if(!bt ‖ key==bt->data)              //1.key=根结点值
3          return true;                     //返回根结点
4      else if(key<bt->data)                //2.key<根结点值
5          return SearchBST(bt->lchild,key);//则在左子树上继续找
6      else                                 //3.key>根结点值
7          return SearchBST(bt->rchild,key);//则在右子树上继续找
8  }
```

【算法分析】 通过在图 7-7 所示的二叉排序上查找 24 和 50 的两个例子可见，查找比较的过程是从根结点到待查找结点的一条路径，比较的次数就是该条路径的长度，因此比较的次数不超过该二叉排序树的深度。那么有 n 个结点的二叉排序树的深度是多少呢？我们先来观察图 7-9 中的两棵形态不同的二叉排序树。这两棵二叉排序树的结点总数一样，都是由 6 个结点构成，不同的是二叉排序树的深度。分析图 7-9(a)，如果考虑等概率的情况，查找成功的平均查找长度为 $\mathrm{ASL_{succ}} = (1+2\times2+3\times3)/6 = 14/6$，而图 7-9(b)的平均查找长度为 $\mathrm{ASL_{succ}} = (1+2+3+4+5+6)/6 = 21/6$。

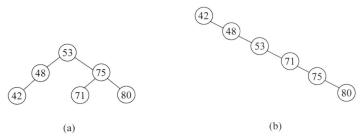

(a) (b)

图 7-9　不同形态的二叉排序树示例

因此，n 个结点的二叉排序树的平均查找长度与该二叉树的深度有关，即与其形态有关。最好的情况是二叉排序树的形态"匀称"，形似折半查找判定树，深度为 $\lfloor \log_2 n \rfloor$，此时其时间复杂度为 $O(\log_2 n)$。最坏的情况是二叉排序树的形态为单支树，深度为 n，这时二叉排序树的查找则变为顺序查找，其时间复杂度为 $O(n)$。平均情况下，二叉排序树的查找性能和折半查找相当，其时间复杂度为 $O(\log_2 n)$。折半查找不适合查找表中的元素会增减的情况，而二叉排序树对于元素的增减只需要改变结点的指针域的值即可，因此对于表中的元素个数会增加或删除的有序表，二叉排序树效率更好。

3. 二叉排序树的插入

在二叉排序树上插入一个新的结点，要使得插入之后还是一棵二叉排序树。其插入过程可结合查找来完成。

【算法思想】 假设要在二叉排序树上插入数据元素 e，生成结点 *p。若二叉排序树是一棵空树，则将 *p 作为二叉排序树的根结点；否则将 e 和二叉排序树的根结点值作比较。若相等，则不插入；若比根结点值小，则插在其左子树上；若比根结点值大，则插在其右子树上。

【例 7-5】 在图 7-7 所示的二叉排序树上插入结点 50。

【解】 从根结点开始依次与 40、53、48 作比较，因为 50 比 48 大，所以应该插在结点 48 的右子树上，而结点 48 的右子树为空，则将结点 50 作为其右子树的根，插入完成。插入过程如图 7-10 所示。

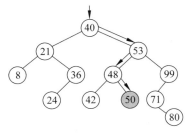

图 7-10　插入结点 50 的过程示意图

二叉排序树中插入结点的算法描述与算法步骤如算法 7.7 所示。

算法 7.7　【算法描述】　　　　　　　　　　　　　【算法步骤】

```
0  bool InsertBST(BTNode * &bt,DT e)        //在二叉排序树插入关键字值为 e 的
1  {                                        //结点
2      if(!bt)                              //1.找到插入位置
3      {                                    //2.创建结点
4        bt=new BSTNode;                    //2.1 生成新的结点
5        bt->data=e;                        //2.2 将 e 赋值给结点的值域
6        bt->lchild=p->rchild=NULL;         //2.3 将结点的左右指针域赋空值
7        return true;                       //2.4 插入新结点
8      }
9      else if(e<bt->data)                  //3.e<根结点的值
10         InsertBST(bt->lchild,e);         //插在左子树上
11     else if                             //4.e>根结点的值
12         InsertBST(bt->rchild,e);         //插在右子树上
13     else                                //5. 顶点已存在
14         return false;                    //不能插入
15 }
```

【算法分析】　由于二叉排序树的插入依赖于查找,故其时间复杂度与查找是一致的,平均情况下为 $O(\log_2 n)$,具体分析参见二叉排序树查找的算法分析。

构造一棵有 n 个结点的二叉排序树就是执行 n 次的插入。

【例 7-6】　结点序列为 $(40,21,53,8,46)$,创建一棵二叉排序树。

【解】　二叉排序树的构造过程如图 7-11 所示。

(a) 空树　　　　(b) 插入40　　　　(c) 插入21　　　　(d) 插入53

(e) 插入8　　　　(f) 插入46

图 7-11　构造二叉排序树的过程示例

4. 二叉排序树的删除

在二叉排序树上删除一个结点,要使得删除之后还是一棵二叉排序树。其删除过程也是结合查找来完成的。

【算法思想】　在二叉排序树上删除给定值为 e 的结点,假设为 P(即 P 为指向待删结点的指针)。设其双亲为 F,其左孩子为 P_L,其右孩子为 P_R,则待删结点 P 可分三种情况

进行讨论(不失一般性,设 * P 是 * F 的左孩子)。

① P 结点为叶子结点。由于删去叶子结点后不影响整棵树的特性,故只需要将 P 结点的双亲左孩子域改为空指针,即 F->lchild=NULL,如图 7-12(a)所示(若 P 结点是其双亲的右孩子,则 F->rchild=NULL)。

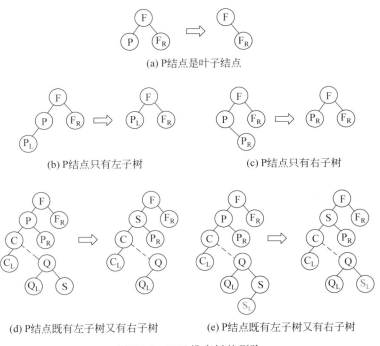

(a) P结点是叶子结点

(b) P结点只有左子树　　　　　　　(c) P结点只有右子树

(d) P结点既有左子树又有右子树　　　　(e) P结点既有左子树又有右子树

图 7-12　二叉排序树的删除

② P 结点只有右子树 P_R 或只有左子树 P_L。此时,只需要将 P_R 或 P_L 替换 F 结点的 P 子树即可,即 F->lchild=P->lchild 或 F->lchild=P->rchild。显然此操作能在删除 P 结点后仍然保持二叉排序树的特性,如图 7-12(b)和图 7-12(c)所示。

③ P 结点既有左子树 P_L 又有右子树 P_R。如图 7-12(d)左侧图所示,根据二叉排序树的中序遍历序列有序的特性,可用中序遍历序列的前驱或后继结点代替被删除结点。右子树的每个值都比左子树的值大,因此找到左子树的最大值结点(P 的前驱),使它代替被删结点 P;同理,也可以找到右子树的最小值结点(P 的后继),使它代替被删结点 P。本书采用第一种方法,读者可自行完成第二种方法。被删结点 P 左子树的最大值结点其实就是该子树中序遍历的最后一个结点。在找 P 左子树中序遍历的最后一个结点时有两种情形:一种是 S 为叶子,只需要将 S 直接代替 P 结点即可,如图 7-12(d)所示;另一种是 S 有左子树 S_L,需要将 S_L 代替 S,然后 S 代替 P,如图 7-12(e)所示。注意,因为结点 S 是结点 P 左子树的中序遍历的最后一个结点,所以 S 一定没有右子树。

【例 7-7】　在图 7-13(a)所示的二叉排序树上分别删除结点 13、43 和 30。

【解】

① 删除结点 13。因为结点 13 是叶子结点,所以只要将结点 22 的左孩子指针置空,

(a) 二叉排序树原图

删除 P

(b) 删除结点 13

删除 P

(c) 删除结点 43

删除 P

(d) 删除结点 30

图 7-13　二叉排序树的删除示例

如图 7-13(b)所示。

②　删除结点 43。因为结点 43 只有一棵右子树，所以只要把结点 43 的父结点指向结点 43 的右孩子，如图 7-13(c)所示。

③　删除结点 30，因为结点 30 既有左子树又有右子树，找到结点 30 的左子树的最大值结点 27(中序遍历的最后一个结点)，将结点 27 代替结点 30，同时将结点 27 的左子树代替结点 27，如图 7-13(d)所示。

二叉排序树中删除结点的算法描述与算法步骤如算法 7.8 所示。

算法 7.8　【算法描述】　　　　　　　　　　　　【算法步骤】

```
0    bool DeleteBST(BTNode<DT> * &bt,DT key)    //在二叉排序树中删除关键字
1    {                                          //值为 key 的结点
2      if(!bt)                                  //1.若二叉排序树为空
3        return false;                          //返回删除失败
4      else                                     //2.否则
5      {
6        if(T->data==key)                       //2.1若当前结点为删除结点
7          Delete(t);                           //则删除该结点
8        else if(key<t->data)                   //2.2 若 key<当前结点
9          DeleteBST(t->lchild,key);            //则在左子树上删除
10       else                                   //2.3 若 key>当前结点
11         DeleteBST(t->rchild,key);            //则在右子树上删除
12       return true;
13     }
14   }
```

```
0    int Delete(BTNode<DT> * &P)                //在二叉树上删除一个结点
1    {
2      if(!p->rchild)                           //1.被删除的结点只有左子树
3      {                                        //将该结点的左孩子替代该结点
4        q=p;
5        p=p->lchild;
6        delete q;
7      }
8      else if(!p->lchild)                      //2.被删除的结点只有右子树
9      {                                        //将该结点的右孩子替代该结点
10       q=p;
11       p=p->rchild;
12       delete q;
13     }
14     else                                     //3.被删结点左右孩子均有
15     {
16       q=p;                                   //3.1辅助指针 q 指向当前结点 p
17       s=p->lchild;                           //辅助指针 s 指向 p 的左孩子
18       while(s->rchild)                       //3.2 把指针 s 指向 p 所指结点的
19       {                                      //左子树最右下角的结点
20         q=s;
21         s=s->rchild;
22       }
23       p->data=s->data;                       //3.3 p 值域替换为 s 值域
24     if(q!=p)                                  //3.3.1 若 p 的左孩子有右孩子
25       q->rchild=s->lchild;                   //把 q 的右孩子用 s 的左孩子替换
26       else                                   //3.3.2 若 p 的左孩子无右孩子
27         q->lchild=s->lchild;                 //把 q 的左孩子用 s 的左孩子替换
28       delete s;                              //3.4 删除 s 结点
29     }
30     return true;                             //4.删除成功,返回 true
31   }
```

【算法分析】　由于二叉排序树删除的基本过程也是查找,因此其时间复杂度也是 $O(\log_2 n)$。

7.3.2　平衡二叉树

在分析二叉排序树的查找性能时可知,由值相同的 n 个关键字构造所得的不同形态的各棵二叉排序树的平均查找长度的值是不同的,甚至可能差别很大。例如:

- 由关键字序列 1,2,3,4,5 构造而得的二叉排序树,ASL=(1+2+3+4+5)/5=3。
- 由关键字序列 3,1,2,5,4 构造而得的二叉排序树,ASL=(1+2+3+2+3)/5=2.2。

对给定序列建立二叉排序树,若左右子树均匀分布,则其查找过程类似于有序表的折半查找,查找性能是 $O(\log_2 n)$。但若给定序列原本有序,则建立的二叉排序树变成斜二叉树,此时查找表就蜕化为单链表,其查找效率与顺序查找一样,时间复杂度为 $O(n)$。因此,我们希望二叉排序树的左右子树能够均匀分布。本节将讨论一种特殊的二叉排序树,它被称为平衡二叉树,也可称为 AVL 树[①]。

1. 平衡二叉树的定义

平衡二叉树(balanced binary tree)或者是一棵空树;或者是具有下列性质的二叉排序树。

- 左子树和右子树高度之差的绝对值不超过 1。
- 它的左子树和右子树都是平衡二叉树。

通常我们将某结点的左右子树的高度差定义为该结点的**平衡因子**(balance factor)。根据平衡二叉树的定义,平衡二叉树上结点的平衡因子只能是 −1、0 或 1。由图 7-14(a) 中二叉树的各结点的平衡因子可知,该二叉树不是一棵平衡二叉树;而由图 7-14(b) 中二叉树的各结点的平衡因子可知,该二叉树是一棵平衡二叉树。

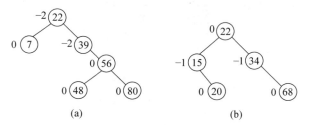

图 7-14　非平衡二叉树和平衡二叉树示例

2. 平衡二叉树的平衡调整方法

在一棵平衡二叉树上进行插入或删除结点有可能会导致该二叉树失去平衡。这时,必须重新调整树的结构,使之恢复平衡。**调整平衡过程称为平衡旋转**。此处只描述插入的情况,删除的情况留给读者自行完成。每插入一个新结点,AVL 树中相关结点的平衡

[①]　平衡二叉树由 Adelson-Velskii 和 Landis 在 1962 年发明,以他们的名字命名,故又称 AVL 树。

状态会发生改变。因此,在插入一个新结点后,需要从插入位置沿通向根的路径回溯,检查各结点的平衡因子。如果在某一结点处发现高度不平衡,停止回溯。距离插入结点最近且平衡因子的绝对值大于 1 的结点为根的子树称为**最小不平衡子树**(minimal unbalanced subtree)。从最小不平衡子树的根结点起,沿刚才回溯的路径直接取下两层的结点。需要调整的情况有 4 种,如图 7-15 所示。如果这三个结点处于一条直线上,则采用单旋转进行平衡化。单旋转可按其方向分为左单旋转和右单旋转,其中一个是另一个的镜像,其方向与不平衡的形状相关。如果这三个结点处于一条折线上,则采用双旋转进行平衡化,双旋转分为先左后右和先右后左两类。各种情况的调整方法如下。

(a) 右单旋转　　(b) 左单旋转　　(c) 左右双旋转　　(d) 右左双旋转

图 7-15　失衡的 4 种情况

（1）右单旋转(LL 型调整)

如图 7-16(a)所示为插入前的状态,在左子树 B_L 上插入新结点使其高度增 1,导致结点 A 的平衡因子变为 2,造成不平衡,如图 7-16(b)所示。为使二叉树恢复平衡,从 A 沿插入路径连续取 3 个结点 A、B 和 B_L,它们处于一条方向为"/"的直线上,需要做右单旋转;即以结点 B 为旋转轴,将结点 A 顺时针旋转,将 B 作为新的根结点,B 的右子树 B_R 作为 A 的左子树,A 作为 B 的右孩子,如图 7-16(c)所示。

(a) 插入前　　　　　(b) 插入后,调整前　　　　(c) 调整后

图 7-16　右单旋转

（2）左单旋转(RR 型调整)

如图 7-17(a)所示为插入前的状态,在右子树 B_R 上插入新结点使其高度增 1,导致结点 A 的平衡因子变为 -2,造成不平衡,如图 7-17(b)所示。为使二叉树恢复平衡,从 A 沿插入路径连续取 3 个结点 A、B 和 B_R,它们处于一条方向为"\"的直线上,需要做左单旋转;即以结点 B 为旋转轴,将结点 A 逆时针旋转,将 B 作为新的根结点,B 的左子树 B_L 作为 A 的右子树,A 作为 B 的左孩子,如图 7-17(c)所示。

（3）左右双旋转(LR 型调整)

新结点 X 插在 B 的右子树上,使得 B 的右子树的高度增 1,从而使结点 A 的平衡因

(a) 插入前　　　　　　　(b) 插入后，调整前　　　　　(c) 调整后

图 7-17　左单旋转

子从 1 变为 2,造成不平衡,如图 7-18(a) 所示。为使二叉树恢复平衡,从 A 沿插入路径连续取 3 个结点 A、B 和 C,它们处于一条方向为"<"的折线上,需要进行先左后右双向旋转:① 左旋转成 LL 型。对结点 B 为根的子树,以结点 C 为轴,向左逆时针旋转,结点 C 成为该子树的新根,如图 7-18(b) 所示;②右单旋转。由于旋转后,待插入结点 X 相当于插到结点 B 为根的子树上,这样 A、C、B 三点处于"/"直线上的同一个方向,则要作右单旋转,即以结点 C 为轴顺时针旋转,如图 7-18(c) 所示。

(a) 插入后,调整前　　　(b) 先逆时针旋转　　　　　(c) 再顺时针旋转

图 7-18　左右双旋转

（4）右左双旋转（RL 型调整）

新结点 X 插在 B 的左子树上,使得 B 的左子树的高度增 1,从而使结点 A 的平衡因子从 -1 变为 -2,造成不平衡,如图 7-19(a) 所示。为使二叉树恢复平衡,从 A 沿插入路径连续取 3 个结点 A、B 和 C,它们处于一条方向为">"的折线上,需要进行先右后左双向旋转:①右旋转成 RR 型。对结点 B 为根的子树,以结点 C 为轴,向右顺时针旋转,结点 C 成为该子树的新根,如图 7-19(b) 所示。②左单旋转。由于旋转后,待插入结点 X 相当于插到结点 B 为根的子树上,这样 A、C、B 三点处于"\\"直线上的同一个方向,则要作左单旋转,即以结点 C 为轴逆时针旋转,如图 7-19(c) 所示。

3. 平衡二叉树的插入算法

总体上按二叉排序树方法构建,但在构建过程中,一旦出现不平衡,按"平衡旋转"方法进行调整。具体如下。

① 若 T 为空树,则插入一个数据元素为 k 的新结点作为 T 的根结点,树的深度增 1。

(a) 插入后，调整前　　　　(b) 先顺时针旋转　　　　(c) 再逆时针旋转

图 7-19　右左双旋转

② 若 k 和 T 的根结点的关键字相等,则不进行插入。

③ 若 k 小于 T 的根结点的关键字,而且在 T 的左子树中不存在与 k 有相同关键字的结点,则将新元素插在 T 的左子树上,并且插入之后的左子树深度增加 1 时,分别就下列情况进行处理。

- T 的根结点的平衡因子为 −1(右子树的深度大于左子树的深度),则将根结点的平衡因子更改为 0,T 的深度不变。
- T 的根结点的平衡因子为 0(左、右子树的深度相等),则将根结点的平衡因子更改为 1,T 的深度增加 1。
- T 的根结点的平衡因子为 1(左子树的深度大于右子树的深度),则若 T 的左子树根结点的平衡因子为 1,需要进行单向右旋平衡处理,并且在右旋处理之后,将根结点和其右子树根结点的平衡因子更改为 0,树的深度不变;若 T 的左子树根结点的平衡因子为 −1,需要进行先左后右双向旋转平衡处理,并且在旋转处理之后,修改根结点和其左、右子树根结点的平衡因子,树的深度不变。

④ 若 k 大于 T 的根结点的关键字,而且在 T 的右子树中不存在与 k 有相同关键字的结点,则将新元素插在 T 的右子树上,并且当插入之后的右子树深度增加 1 时,分别就不同情况处理之。其处理操作和③中所述相对称,读者可自行补充整理。

【例 7-8】　设关键码序列为(16,3,7,11,9,26,18,14,15),构建一棵平衡二叉树。

【解】　平衡二叉树的构建及调整过程如图 7-20 所示。

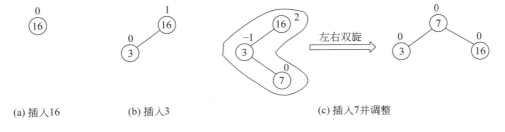

(a) 插入16　　　　(b) 插入3　　　　　　　(c) 插入7并调整

图 7-20　从空树开始的建树过程示例

(d) 插入11

(e) 插入9并调整

右单旋

左单旋

(f) 插入26并调整

右左双旋

(g) 插入18并调整

(h) 插入14

左右双旋

(i) 插入15并调整,完成建树

图 7-20　（续）

【算法分析】　由于 AVL 树各子树的高度差不超过 1,可以证明具有 n 个结点的 AVL 树其高度和 $\log_2 n$ 同数量级,因此其查找的时间复杂度为 $O(\log_2 n)$。

7.4　散列查找

动态查找表除了可以用树表实现外,还可采用散列技术来实现。"散列"既是一种存储方式,又是一种查找方法,**基于散列技术的查找方法称为散列查找。按散列存储方式构**

造的存储结构称为**散列表**(hash table)。

前两节讨论的静态查找表和动态查找树表有一个共同点：记录在表中的位置和它的关键字之间不存在一个确定的关系，因此查找的过程为依次比较给定值和关键字集合中的各个关键字，查找的效率取决于与给定值进行比较的关键字个数。散列方法[①]是基于计算的查找，在表项存储位置与其关键码之间建立一个确定的对应函数关系 Hash()，使每个关键码与结构中的一个唯一存储位置相对应。

$$Address = Hash(key)$$

在搜索时，先对表项的关键码进行函数计算，由函数值确定表项的存储位置，在结构中按此位置取表项比较。若关键码相等，则搜索成功。在存放表项时，依相同函数计算存储位置并按此位置存放。这种方法就是**散列法**，又叫**哈希法**或**杂凑法**[②]。在散列方法中使用的转换函数称为**散列函数**或**哈希函数**(hash function)。使用散列方法进行搜索不必进行多次关键码的比较，搜索速度比较快，可以直接到达或逼近具有此关键码的表项的实际存放地址。理想情况下，散列函数是一个一对一映射，即每个关键码对应一个散列地址(hash address)，且不同的关键码对应不同的散列地址。但在实际应用中，由于散列函数是一个压缩映像函数，关键码集合比散列表地址集合大得多。因此有可能对不同的关键码通过散列函数的计算得到同一散列地址，这就产生了**冲突**(collision)[③]。产生冲突的散列地址相同的不同关键码称为**同义词**(synonym)。因为关键码集合比地址集合大得多，所以冲突只能尽可能减少，但很难完全避免。因此对于散列方法，需要考虑以下两个主要问题：

① 如何构造一个"好"的散列函数？

② 产生冲突时如何解决？

下面分别就这两个问题进行讨论。

7.4.1　散列函数的构造方法

在介绍构造散列函数的方法前先介绍什么是"好"的散列函数。一个"好"的散列函数应满足以下几点要求：第一，散列函数应是简单的，能在较短的时间内计算出结果；第二，散列函数的定义域必须包括需要存储的全部关键码，如果散列表允许有 m 个地址，其值域必须在 0 到 $m-1$ 之间；第三，散列函数计算出来的地址应能均匀分布在整个地址空间中，若 key 是从关键码集合中随机抽取的一个关键码，散列函数应能以同等概率取 0 到 $m-1$ 中的每一个值。

构造散列函数的方法很多，这里只介绍几种常见的构造方法并假定散列地址和关键码均为自然数。

---

① 从是否基于比较的角度可以将查找分为两类：比较型查找和计算型查找。前面讲的都属于比较型，散列查找属于计算型查找。

② 散列的英文是 hash(本意是杂凑)，因此有时也将散列称为 hash、哈希(音译)或杂凑。

③ 没有冲突的散列称为完美散列。完美散列的查找效率是最好的，因为总能在散列函数计算出的位置上找到待查记录。选择一个完美函数代价很高，但在需要保证查找性能时还是值得的，如查找 CD-ROM 中的数据。

1. 直接定址法

直接定址法是取关键码的某个线性函数值作为散列地址,即散列函数形式如下。

$$\text{Hash(key)} = a \times \text{key} + b \tag{7-8}$$

其中 a,b 为常数。这类散列函数是一对一的映射,不会产生冲突。这种方法适用于关键码分布基本连续的情形。若关键码分布不连续,则空单元较多,将造成存储空间的浪费。

例如关键码集合为{100,300,500,700,800,900},若选取散列函数为 $\text{Hash(key)} = \text{key}/100$,则存储结构(散列表)如图 7-21 所示。

图 7-21　直接地址法构造的散列表

2. 除留余数法

选择一个常数 p,取关键字除以 p 所得的余数作为散列地址,即

$$\text{Hash(key)} = \text{key mod } p \tag{7-9}$$

该方法对于 p 的选取非常重要,若散列表长度为 m,一般情况下,选 p 为小于或等于 m(最好接近 m)的最大素数或不包含小于 20 质因子的合数。除留余数法是一种最简单也是最常用的构造散列函数的方法,并且不要求事先知道关键码的分布。

例如关键码集合为{35,51,36,43,12,8,44,29,18},散列表长度为 13,若取 $p=11$,则前 7 个元素在散列表中的位置如图 7-22 所示。

图 7-22　除留取余构造的散列表

3. 折叠法

折叠法是将关键码自左到右分成位数相等的几部分(最后一部分位数可以短些),然后将这几部分按一定方式求和,并且按散列表表长取后几位作为散列地址。通常折叠法有两种形式:移位法和间界叠加法。移位法是将各部分的最后一位对齐相加;间界叠加法是从一端向另一端沿分割界来回折叠后,最后一位对齐相加。

例如一个关键码为 83950261436,散列地址为 3 位,分别采用移位法和间界叠加法对其进行散列地址计算,如图 7-23 所示。首先将关键码按散列表表长分割成若干部分 839 502 614 36,然后分别用移位法和间界叠加法进行处理。

一般当关键码的位数很多且关键码每一位上的数字分布大致比较均匀时,可用这种方法得到散列地址。

```
    839          839 ⌐
    502        ⌐ 205
    614        ⌐ 614
  +  36        +  63 ⌐
  ------       ------
   1991         1721
  移位法       间界叠加法
```

图 7-23　折叠法示例

4. 平方取中法

平方取中法是对关键码平方后,按散列表大小取中间的若干位作为散列地址。这是一种较为常见的散列函数构造方法,通常在选定散列函数时不一定能清楚关键码的所有情况,且取其中几位作为散列地址也不合适。平方取中可以使随机分布的关键码得到的散列地址也是随机的,其所取的地址位数则由散列表表长决定。

例如关键码集合为$\{3235,3423,3453,3252\}$,散列地址位数为2,采用平方取中法得到的散列地址如表7-2所示。

表 7-2 平方折中构造散列函数的示例

关 键 码	关键码平方	散 列 地 址
3235	10465225	65
3423	11716929	16
3453	11923209	23
3252	10575504	75

5. 随机数法

随机数法是指取关键码的随机函数值作散列地址,即

$$Hash(key) = random(key) \tag{7-10}$$

这种方法一般适用于关键字长度不等的情况,用它构造散列表以及查找都很方便。

6. 数字分析法

设有n个d位数,每一位可能有r种不同的符号。这r种不同的符号在各位上出现的频率不一定相同。可根据散列表的大小选取其中各种符号分布均匀的若干位作为散列地址。

例如,已知可能出现的关键码序列的一部分如图7-24所示。

```
    ⋮
9   4   2   1   4   8
9   4   1   2   6   9
9   4   0   5   2   7
9   4   1   6   3   0
9   4   1   8   0   5
9   4   1   5   5   8
9   4   2   0   4   7
9   4   0   0   0   1
①  ②  ③  ④  ⑤  ⑥
```

图 7-24 数据分析法示例

若散列表地址范围有 3 位数字,取各关键码的④⑤⑥位作为记录的散列地址;也可以把第①、②、③位和第⑤位相加,舍去进位位,变成一位数,与第④、⑥位合起来作为散列地址。

数字分析法仅适用于事先明确知道表中所有关键码每一位数值的分布情况,它完全依赖于关键码集合。如果换一个关键码集合,选择哪几位要重新决定。

7.4.2 处理冲突的方法

由于关键码的复杂性与随机性,在构造散列函数时很难避免发生冲突,因此选择好的解决冲突的方法就变得十分重要。处理冲突的方法有很多种,不同的方法可以得到不同的散列表,下面介绍几种常用的处理冲突的方法。

1. 开放定址法

开放定址法(open addressing)是指当发生冲突时,使用某种方法在散列表中形成一个探查序列,沿着此探查序列逐个单元地查找,直到找到一个开放的地址(即该地址单元为空)为止;即为产生冲突的地址 $H(key)$ 求得一个地址序列。

$$H_0, H_1, \cdots, H_s \quad 1 \leqslant s \leqslant m-1$$

其中:

$$H_0 = H(key)$$
$$H_i = (H(key) + d_i) \bmod m, i = 1, 2, \cdots, s \tag{7-11}$$

H 为散列函数,m 为散列表表长,d_i 为增量序列。

下面介绍几种常用的探查方法。

(1) 线性探测再散列

线性探测(linear probing)的基本思想是将散列表看成一个循环表。若地址为 $d(d=H(key))$ 的单元发生冲突,则依次探查地址单元 $d+1, d+2, \cdots, m-1, 0, 1, \cdots,$ $d-1$,直到找到一个空单元为止。若沿着该探查序列查找一遍之后又回到地址 d,则表示散列表的存储区已满。

【**例 7-9**】 设有一组关键码为 $\{13, 51, 73, 21, 54, 35, 37, 32, 7, 93, 45\}$,试用线性探查法解决冲突构造散列表。设散列表的长度为 15。

【**解**】 采用除留余数法构造散列函数,当散列表的长度为 15 时,显然 P 取 13 比较合理。利用散列函数 $H(key) = key \bmod 13$ 进行计算。其中,$H(13)=0$,$H(51)=12$,$H(73)=8$,$H(21)=8$,产生冲突,采用线性探测法探测下一地址,即 $8+1=9$,此时 9 号单元为空,因此把 21 存储在 9 号单元;$H(54)=2$,$H(35)=9$,产生冲突,探测下一地址 $9+1=10$,10 号单元空,存入;$H(37)=11$,$H(32)=6$,$H(7)=7$,$H(93)=2$,产生冲突,存入 3 号单元;$H(45)=6$,冲突,依次探测 7、8、9、10、11、12 单元均冲突,最后存入 13 号单元。所得的散列表如图 7-25 所示,图中给出了每个地址冲突的次数。

$H(key)$	0	1	2	3	4	5	6	7	8	9	10	11	12	13	14
key	13		54	93			32	7	73	21	35	37	51	45	
冲突次数	0		0	1			0	0	0	1	1	0	0	7	

图 7-25 线性探测法构造的散列表

(2) 二次探测再散列

基本思想是:当发生冲突时取增量序列 $d_i = 1^2, -1^2, 2^2, -2^2, \cdots, q^2, -q^2 (1 \leqslant q \leqslant m-1)$。依次探测直到找到一个空单元或 $q > m$ 为止。由于该方法使用的探测序列跳跃式地散列在整个散列表中,因而减少了堆积的可能性,但缺点是不容易探测到整个散列表空间。

仍以例 7-9 的数据为例,用二次探测再散列处理冲突,所得的散列表如图 7-26 所示。

0	1	2	3	4	5	6	7	8	9	10	11	12	13	14
13		54	93		45	32	7	73	21	35	37	51		

图 7-26 二次探测构造的散列表

其中,在处理 $H(45)=6$ 时,冲突,先探测 $6+1^2=7$ 号单元,仍冲突,接着探测 $6-1^2=5$,存入。

(3) 随机探测再散列

基本思想是:取增量序列 d_i 为一个伪随机数,当发生冲突时,产生一个伪随机数 d_1,查看 $(d+d_1) \bmod m$ 单元是否为空,空则存入,否则重新产生一个伪随机数 d_2,查看 $(d+d_2) \bmod m$ 单元是否为空,以此类推。

2. 拉链法

拉链法(chaining)是选定一个长度为 m 的散列表,表的每一个单元对应着一个链表的头指针,将发生关键码冲突的同义词以结点的形式存放在对应的同一条链表中。插入和查找一个元素时,首先根据散列函数 $H()$ 计算关键字的散列地址 $H(\text{key})$,得到对应链表的头指针,再在链表中进行插入和查找操作。

【例 7-10】 设有一组关键码序列 $\{47,7,29,11,16,92,22,8,3\}$,散列函数为 $H(\text{key})=\text{key} \bmod 11$,用拉链法处理冲突构造散列表。

【解】 通过地址计算,相同地址的记录在一链表上。链表采用头插法构造的散列表如图 7-27 所示。

3. 公共溢出区

设散列函数产生的散列地址集为 $[0,m-1]$,则分配两个表——基本表和溢出表(通常溢出表和基本表的大小相同)。基本表每个存储单元存放一个数据元素,而将发生冲突的数据元素存储在溢出表中。查找时,对给定值通过散列函数计算散列地址,先与基本表的相应单元进行比较,若相等,则查找成功;否则,再到溢出表中进行顺序查找。

对于例 7-10 若用公共溢出区法处理冲突,则构造的散列表如图 7-28 所示。

图 7-27 拉链法处理冲突的散列表

图 7-28 公共溢出区处理冲突的散列表

7.4.3　散列表的查找

【算法思想】　散列表的查找过程和构造表的过程一致。设在散列表中查找数据元素 key，首先按散列函数计算散列地址 d，即 $d = H(\text{key})$。接着判断 H$[d]$ 存储的数据元素是否和 key 相等，若相等则查找成功，返回 d；若 H$[d]$ 为空，则查找失败，返回 -1；若 H$[d]$ 不为空并且和 key 不等，则采用线性探测再散列法计算下一个地址继续判断。最后若所有地址均已判定，还未查找成功或失败，则返回查找失败（此时表明查找表已满，且未找到 key）。

查找流程图如图 7-29 所示[①]。

图 7-29　散列查找流程图

【例 7-11】　计算例 7-9 和例 7-10 的查找成功与不成功的平均查找长度。

【解】

① 对于例 7-9，共有 $n = 11$ 个元素，表长 $m = 15$。由地址计算可知，7 个元素不发生冲突；3 个元素冲突 1 次；1 个元素冲突 7 次。这表示有 7 个元素只需要 1 次地址计算，比较 1 次可查找到；有 3 个元素需要计算 2 次地址，比较 2 次可查找到；有 1 个元素需要计算 8 次地址，比较 8 次可查找到。因此，查找成功的平均查找长度为

$$\text{ASL}_{\text{succ}} = (7 \times 1 + 3 \times 2 + 1 \times 8)/11 = 21/11 = 1.91$$

散列函数 $H(\text{key}) = \text{key mod } 13$ 表示可能的地址值域为 $0 \sim 12$，共 13 个，据此把所有不存在记录按计算地址分为 13 类。一个记录是否存在，只有计算出单元中内容是否为空时才可确定。因此，根据构造的散列表（见图 7-25）可知，各类不存在须比较的次数如表 7-3 所示。

---

① 如果散列表中没有空单元，查找过程中比较了所有元素未有匹配的，也是查找失败。流程图中未包括此特殊情况。

表 7-3　线性探测散列表及其查找失败记录须比较的次数

H(key)	0	1	2	3	4	5	6	7	8	9	10	11	12	13	14
key	13		54	93			32	7	73	21	35	37	51	45	
查找失败比较次数	2	1	3	2	1	1	9	8	7	6	5	4	3		

因此,查找不成功的平均查找长度为

$$ASL_{unsucc} = (2+1+3+2+1+1+9+8+7+6+5+4+3)/13 = 52/13 = 4$$

② 对于例 7-10,共有 $n=9$ 条记录,采用的是拉链法。由构造出的散列表(见图 7-27)可知,仅考虑查找成功时,有 6 个元素需要二次地址计算,比较 1 次可查找到;3 个元素需要二次地址计算,比较 2 次可查找到。因此,查找成功的平均查找长度为

$$ASL_{succ} = (6 \times 1 + 3 \times 2)/9 = 4/3 \approx 1.33$$

散列函数为 H(key) = key mod 11,散列地址值域为 0～10,共 11 个可能。有 3 条链表上有 2 个结点;3 条链表有 1 个结点;5 个空链表。查找不成功的平均查找长度[①]为

$$ASL_{unsucc} = (3 \times 2 + 3 \times 1 + 5 \times 0)/11 = 9/11 \approx 0.82$$

以线性探测为例并设数据元素类型为整型,散列查找的算法描述与算法步骤如算法 7.9 所示。

算法 7.9　【算法描述】　　　　　　　　　　　　**【算法步骤】**

```
0   int HashSearch(int HT[], int m, int key)    //在散列表中查找数据元素 key
1   {
2     h0=H(key);                                 //1.计算散列地址
3     if(HT[h0]==key) return h0;                 //2.找到,返回位序
4     else if(HT[h0]==empty) return -1;          //3.单元为空,未找到
5     else                                       //4.冲突处理
6     { hi=h0;
7       for(i=0; i<m; i++)
8       {
9         hi= (hi+1)%m;                          //4.1 计算下个可能的散列地址
10        if(HT[hi]==key) return h0;             //4.2 找到,返回位序
11        else if(HT[hi]==empty) return -1;      //4.3 未找到,返回-1
12      }
13    }
14  }
```

【算法分析】　由于冲突的存在,产生冲突后的查找仍然是给定值与关键码进行比较的过程。在查找过程中,关键码的比较次数取决于产生冲突的概率。影响冲突产生的因素有以下三个方面:

● 散列函数是否均匀。

① 这里仅考虑了关键码与记录比较的次数。链表为空,不发生数据比较,记为 0 次。

- 处理冲突的方法。
- 散列表的装填因子。

其中,装填因子 α 的定义如下。

$$\alpha = \frac{\text{散列表数据元素的个数}}{\text{散列表的长度}} \tag{7-11}$$

由于表长是定值,α 与"填入表中的元素个数"成正比,因此,α 越大,填入表中的元素较多,产生冲突的可能性就越大;α 越小,填入表中的元素较少,产生冲突的可能性就越小。图 7-30 给出了在等概率的情况下不同的处理冲突的方法在查找成功和不成功时的平均查找长度。

ASL\\处理冲突的方法	查找成功时	查找不成功时
线性探测法	$\frac{1}{2}\left(1+\frac{1}{(1-\alpha)^2}\right)$	$\frac{1}{2}\left(1+\frac{1}{1-\alpha^2}\right)$
二次探测法\\随机探测法	$-\frac{1}{\alpha}\ln(1-\alpha)$	$\frac{1}{1-\alpha}$
拉链法	$1+\frac{\alpha}{2}$	$\alpha+e^{-\alpha}$

图 7-30 不同处理冲突方法的 ASL

7.5 小结

1. 本章知识要点

本章知识要点如图 7-31 所示。

图 7-31 本章知识要点

2. 本章算法与示例

本章算法与示例如图 7-32 所示。

算法   示例

图 7-32　本章算法与示例

习题 7

一、填空题

1. 顺序查找 n 个元素的顺序表,若查找成功,则比较关键字的次数最多为（　　　）次;当使用监视哨时,若查找失败,则比较关键字的次数为（　　　）次。

2. 在顺序表(8,11,15,19,25,26,30,33,42,48,50)中,用折半(二分)法查找关键码值 20,需要做的关键码比较次数为（　　　）。

3. 在有序表 A[1..12] 中,采用二分查找算法查等于 A[12] 的元素,所比较的元素下标依次为（　　　）。

4. 在 n 个记录的有序顺序表中进行折半查找,最大比较次数是（　　　）。

5. 如果按关键码值递增的顺序依次将关键码值插到二叉排序树中,则对这样的二叉排序树检索时,平均比较次数为（　　　）。

6. 散列存储与查找中的冲突指（　　　）。

7. 动态查找表和静态查找表的重要区别在于前者包含有（　　　）和（　　　）运算,而后者不包含这两种运算。

8. 假定有 k 个关键字互为同义词,若用线性探测再散列法把这 k 个关键字存入散列表中,至少要进行（　　　）次探测。

9. 已知模式匹配的 KMP 算法中模式串 $t=$"adabbadada",其 next 函数的值为（　　　）。

二、简答题

1. 如何衡量散列函数的优劣？简要叙述散列表技术中的冲突概念并指出三种解决冲突的方法。

2. 在采用线性探测法处理冲突的散列表中，所有同义词在表中是否一定相邻？为什么？

3. 设二叉排序树中关键字由 1～1000 的整数组成，现在要查找关键字为 363 的结点，下述关键字序列哪一个不可能是在二叉排序树中查到的序列？说明原因。

(1) 51,250,501,390,320,340,382,363;

(2) 24,877,125,342,501,623,421,363。

4. 用关键字为 1、2、3、4 的四个结点能构造出几种不同的二叉排序树？其中最优查找树有几种？AVL 树有几种？完全二叉树有几种？试画出这些二叉排序树。

5. 一棵具有 m 层的 AVL 树至少有多少个结点？最多有多少个结点？

6. 试画出从空树开始由字符序列(t,d,e,s,u,g,b,j,a,k,r,i)构成的平衡二叉树，并且为每一次的平衡处理指明旋转类型。

三、应用题

1. 设有有序序列 A[1..13]，画出折半查找树并分析查找成功和不成功的平均查找长度。

2. 用序列(46,88,45,39,70,58,101,10,66,34)建立一个二叉排序树，画出该树并分别求出在等概率情况下查找成功、不成功的平均查找长度。

3. 设有一组关键字{9,1,23,14,55,20,84,27}，采用散列函数 $H(key)=key \bmod 7$，表长为 10，用开放地址法的二次探测再散列方法 $H_i=(H(key)+d_i) \bmod 10(d_i=1^2, 2^2,3^2,\cdots)$解决冲突。要求：对该关键字序列构造散列表并计算查找成功的平均查找长度。

4. 采用散列函数 $H(k)=3k \bmod 13$ 并用线性探测开放地址法处理冲突，在地址空间[0..12]中对关键字序列{22,41,53,46,30,13,1,67,51}构造散列表(画示意图)；计算装填因子；给出等概率下成功的和不成功的平均查找长度。

四、算法设计题

1. 从键盘上输入一串正整数，以 −1 为输入结束的标志。试设计一个算法，生成一棵二叉排序树(即依次把该序列中的结点插入二叉排序树)。

2. 试写一个判别给定二叉树是否为二叉排序树的算法。

3. 给出折半查找的递归算法并给出算法的时间复杂度分析。

4. 写出从散列表中删除关键字为 K 的一个记录的算法，设散列函数为 H，解决冲突的方法为链地址法。

五、上机练习题

1. 有一个 100×100 的稀疏矩阵，其中 1% 的元素为非零元素，现要求用散列表作为存储结构。

（1）请你设计一个散列表。

（2）请写一个对你所设计的散列表中给定行值和列值存取矩阵元素的算法；将你的算法所需时间与用一维数组（每个分量存放一个非零元素的行值、列值和元素值）作为存储结构时存取元素的算法进行比较。

2. 二叉排序树采用二叉链表存储。编写一个程序，删除结点值是 X 的结点。要求删除该结点后，此二叉树仍然是一棵二叉排序树，并且高度没有增长（注意，可不考虑被删除的结点是根的情况）。

第 **8** 章

CHAPTER

排　　序

　　排序是数据处理中经常使用的一种重要操作,日常生活中的许多问题可以通过排序解决,如升学录取、末位淘汰、数据分布采样等。排序还可以提高查找性能。

　　排序方法众多,D.E.Knuth 在《计算机程序设计艺术》第三卷中给出了25 种排序方法,并且指出这只是现有排序方法的一小部分。本章仅讨论插入类、交换类、选择类、归并类及分配类中一些典型的、常用的排序方法。

　　每一种排序方法都有其设计原则和技巧,排序算法分析涉及较广的分析技术,因此认真研究和掌握排序算法十分重要。

本章主要知识点

- 各种排序算法的基本思想。
- 各种排序算法的算法步骤。
- 各种排序算法的算法设计。
- 各种排序算法的性能分析。

本章教学目标

- 掌握各种排序算法方法及改进思路。
- 掌握排序算法的性能分析方法。
- 对具体问题选择合适的排序方法或改进现有方法。

8.1　排序的基本概念

　　排序有着广泛的应用场景。在计算机程序设计中排序算法很常见。排序算法设计与分析有许多技巧及独特性,那什么是排序呢?

8.1.1 排序的定义

排序(sorting)是按关键码①的非递减或非递增顺序对一组记录重新进行排列的过程。
例如把无序序列 1 变成有序列序列 2 的过程即是排序。

序列 1：$\{52,49,80,36,14,58,61,23,97,75\}$

序列 2：$\{14,23,36,49,52,58,61,75,80,97\}$

一般地，假设记录序列为 $\{R_1,R_2,\cdots,R_n\}$，相应的关键序列为 $\{k_1,k_2,\cdots,k_n\}$。确定一种排列 $p_1,p_2,\cdots,p_n$，使其相应的关键码满足非递减($k_{p1}\leqslant k_{p2}\leqslant\cdots\leqslant k_{pn}$)或非递增($k_{p1}\geqslant k_{p2}\geqslant\cdots\geqslant k_{pn}$)关系；相应地，把记录顺序变为 $R_{p1},R_{p2},\cdots,R_{pn}$，此过程即为排序。

例如，图 2-2 所示二维表，如按 XM 的字母顺序非递减排序，结果如表 8-1 所示，记录顺序变为 R_3、R_4、R_1、R_2。

表 8-1　按 XM 非递减排序

RecNo	XH	XM	XB	CJ
R_3	2003	Alice	F	90
R_4	3001	Herry	M	80
R_1	1001	John	M	87
R_2	1002	Mary	F	78

根据一个关键码进行的排序称为**单键排序**，例如上述按 XM 的排序。

根据多个关键码进行的排序称为**多键排序**。例如对表 8-1 所示二维表，按 XB 非递增和 CJ 非递减两个关键码进行排序，结果如表 8-2 所示。

表 8-2　按 XB 非递增和 CJ 非递减的排序结果

RecNo	XH	XM	XB	CJ
R_4	3001	Herry	M	80
R_1	1001	John	M	87
R_2	1002	Mary	F	78
R_3	2003	Alice	F	90

若待排序序列中的记录已按关键码排好序，则称此记录序列为正序(exact order)。例如图 2-2 所示二维表，其记录顺序对于按学号的非递减排序而言就是正序。

若待排序序列中记录的排列顺序与排好序的顺序正好相反，则称此记录序列为逆序(inverse order)或反序(anti-order)。

无特殊说明情况下，本章讨论的排序问题均为非递减排序。

---

① 这里关键码指排序码，即排序依据。关键码通常可以唯一标识实体，因此常用关键码进行排序。在排序的上下文中，将排序码统称为关键码。

8.1.2 内排序与外排序

内排序是指排序时把待排序所有记录全部放置在内存中进行的排序。

外排序是指排序时把待排序记录分时分段地放在内存中进行局部排序,整个过程需要多次在内外存之间交换数据才能得到全局排序结果的排序。如果用于排序的记录很多,无法全部放入内存或为了避免排序记录占用过多内存,宜采用外排序。

本章讨论内排序的典型方法。

8.1.3 排序性能

一般从时间、空间、稳定性及算法本身的复杂程度来评价一个排序算法。

1. 时间复杂度

排序过程涉及的基本操作有两个:①比较,即关键字之间比较大小;③移动,即将记录从一个位置移动到另一个位置。排序算法的时间复杂度由完成排序所需的比较次数和移动次数共同决定。

排序过程中,将待排序记录扫描一遍称为一趟排序。完成排序通常要进行若干趟。减少一趟中的比较次数和移动次数及减少排序趟数是优化排序时间性能的着眼点。

排序算法的执行时间不仅依赖于待排序记录的个数,有的还取决于待排序序列的初始状态。因此,排序性能分析将针对最好、最坏和平均等情况进行。

2. 空间复杂度

空间复杂度指在待排序记录个数一定的情况下,执行排序算法所需要的辅助存储空间。

3. 稳定性[①]

假定在待排序的记录序列中存在多个关键码相同的记录。若经过排序,这些记录的相对次序保持不变,即在原序列中 $k_i = k_j$,且 R_i 在 R_j 之前,在排序后的序列中,R_i 仍在 R_j 之前,这种排序算法称为稳定的排序;否则称为不稳定排序。例如非递减排序,对于序列{49,38,65,97,76,13,27,49},稳定的排序结果一定是{13,27,38,49,49,65,76,97}。

对于不稳定的排序算法,只要举出一个实例,即可说明它的不稳定性。对于稳定的排序算法,必须对算法进行分析才能确定其稳定性。本书只给出结论,不进行证明。大多数情况下排序是按记录的主关键字(主关键字不会重复)进行的,排序方法是否稳定无关紧要。若排序按记录的次关键字进行,则必须采用稳定的排序方法,否则可能会影响排序结果的正确性。例如有袁某和余某,成绩均为95,谁是第一呢?按稳定的排序方法,袁某在前;按不稳定的排序方法,可能是余某在前。

4. 算法复杂性

简单的算法易于理解与调试。但为了提高排序性能,必须进行算法改进,算法由此变

---

① 排序的稳定性主要取决于算法,但在某种条件下,不稳定的排序算法可能变为稳定的算法,而稳定的算法也可能变为不稳定的算法。

得复杂。一般记录数较少(<100)时,优先采用简单算法;记录数多时,为减少排序时间,采用改进后的复杂算法。

8.1.4 内部排序方法的分类

排序过程是无序记录序列向有序记录序列演变的过程。排序序列可分为两个区域:有序序列区和无序序列区。内部排序的过程就是一个逐步扩大有序序列长度、减少无序列长度的过程。每经过一趟排序,有序区记录的数目增加一个或几个,相应地无序区记录数目减少一个或几个(如图 8-1 所示),直至整个序列为有序序列,排序结束。

图 8-1 内部排序过程序列变化

根据有序序列扩大方法,内部排序分为插入类、交换类、选择类和归并类等。

8.1.5 待排序记录的存储方式

从操作角度看,排序是线性结构的一种操作。待排序记录可以是顺序存储、链式存储[①]。本章在后续讨论中除基数排序外均采用顺序存储。为不失一般性,突出排序方法的主题,无特殊说明时,均假设关键码为整型且记录只有关键码一个数据项,采用数组实现,即 int R$[n]$。

8.2 插入排序

插入类排序是通过"插入"操作将无序序列中的记录逐个插入有序序列中,以不断扩大有序序列,减少无序序列,最终实现排序,如图 8-2 所示。插入排序方法第一趟可把第一个记录设为初始有序序列。

图 8-2 插入排序的基本思想

完成"插入"分三步进行(以第 i 趟为例)。

① 查找插入位置 k。

② 将记录 R$[i-1]$~R$[k]$ 依次后移一个位置。

③ 将 R$[i]$ 复制到 R$[k]$ 的位置上。

图 8-3 为序列{58,40,65,97,87,8,17,58}的插入排序各趟排序结果。

查找插入位置方法不同会产生不同的插入排序算法。

---

① 排序中只是改变记录之间的次序关系,而不进行插入、删除操作,且在排序结束时无须调整记录,故可采用静态链表。

```
位序      1    2    3    4    5    6    7    8
初始序列  58   40   65   97   87   8    17   58      R[1]=58, 初始有序序列
第1趟    40   58   65   97   87   8    17   58      R[2]=40＜R[1], 插到R[1]前
第2趟    40   58   65   97   87   8    17   58      R[3]=65＞R[2], 有序序列顺延
第3趟    40   58   65   97   87   8    17   58      R[4]=97＞R[3], 有序序列顺延
第4趟    40   58   65   87   97   8    17   58      R[5]=8＜R[1], 插到R[1]前
第5趟    8    40   58   65   87   97   17   58      R[1]＜R[6]=17＜R[2], 插到R[2]前
第6趟    8    17   40   58   65   87   97   58      R[4]＜=R[7]=58＜R[5], 插到R[5]前
第7趟    8    17   40   58   58   65   87   97
```

图 8-3　插入排序

8.2.1　直接插入排序

直接插入排序(straight insertion sort)是通过顺序查找确定插入位置。

【算法思想】　一般情况下顺序查找从首元素开始,本算法中将 0 单元作为监视哨①,查找从有序序列的尾元素开始。为了在插入点处插入记录,需要将插入点后的记录后移一个位序。在直接插入排序的方法中,将查找插入点与记录后移同步进行。以第 i 趟为例,如果 $a_{i+1}＜a_i$,将 a_{i+1} 复制到 a_0 中,a_i 后移一个位序;接着,$a_{i-1},a_{i-2},\cdots,a_1$ 依次与 a_0 比较,如果比 a_0 大,后移一个位序,否则,a_0 复制到被比较元素后的单元中。

【例 8-1】　设待排序序列 R[　]={58,40,65,97,87,8,17,58},用直接插入排序方法进行排序。

【解】　直接插入排序过程如图 8-4 所示。

```
              0    1    2    3    4    5    6    7    8
第1趟  i=2    40   58   40   65   97   87   8    17   58
第2趟  i=3    40   40   58   65   97   87   8    17   58
第3趟  i=4    40   40   58   65   97   87   8    17   58
第4趟  i=5    87   40   58   65   97   87   8    17   58
第5趟  i=6     8   40   58   65   87   97   8    17   58
第6趟  i=7    17   40   58   65   87   97   17   58
第7趟  i=8    58    8   17   40   58   65   87   97   58
              58    8   17   40   58   58   65   87   97
```

图 8-4　直接插入排序过程

直接插入排序的算法描述与算法步骤如算法 8.1 所示。

算法 8.1　**【算法描述】**　　　　　　　　　　　　　　　**【算法步骤】**

0	`void InsertSort(int R[], int n)`	//对 R[n]进行直接插入排序
1	`{`	//i 从 2~n,共 n-1 趟,每一趟排序
2	`  for(i=2; i<=n;i++)`	//工作如下

---

①　算法中记录 R[0] 有两个作用:一是进入查找插入位置的循环之前暂存了 R[i]的值,使得不至于因记录的后移而丢失 R[i]的内容;二是在查找插入位置的循环中充当"哨兵"。

3	`if(R[i-1]>R[i])`	//1.如果 R[i-1]>R[i]
4	`{`	
5	`  R[0]=R[i];`	//1.1 R[i]复制为监视哨
6	`  R[i]=R[i-1];`	//1.2 R[i]后移
7	`  for(j=i-2; R[j]>R[0]; j--)`	//1.3 j 从 i-2 开始,如果 R[j]>
8	`    R[j+1]=R[j];`	//R[0], R[j]后移,j--
9	`  R[j+1]=R[0];`	//1.4 插入 R[i]
10	`}`	//2.否则,i++,进入下一趟
11	`}`	

【算法分析】

（1）时间复杂度

插入排序性能的最好与最坏情况如表 8-3 所示。

表 8-3　插入排序的最好与最坏情况

最好：正序	比 较 次 数	移 动 次 数
初始序列 **1** 2 3 4 5		
第 1 趟 **1** **2** 3 4 5	1	0
第 2 趟 **1** **2** **3** 4 5	1	0
第 3 趟 **1** **2** **3** **4** 5	1	0
第 4 趟 **1** **2** **3** **4** **5**	1	0

最坏：逆序	比 较 次 数	移 动 次 数
初始序列 **5** 4 3 2 1		
第 1 趟 **4** **5** 3 2 1	2	3
第 2 趟 **3** **4** **5** 2 1	3	4
第 3 趟 **2** **3** **4** **5** 1	4	5
第 4 趟 **1** **2** **3** **4** **5**	5(=4+1)	6(=4+2)

最好情况：初始序列为正序，每一趟比较 1 次，没有记录移动；n 个数据元素共需要 $n-1$ 趟，比较 $n-1$ 次，移动 0 次。因此，时间复杂度为 $O(n)$。

最坏情况：初始序列为逆序，第 i 趟需要比较 $i+1$ 次（R[i+1]分别与 R[i]～R[0] 比较），移动 $i+2$ 次（R[i+1]移动监视哨一次，R[i]～R[0]依次后移一个位序）；n 个数据元素共需要进行 $n-1$ 趟，总的比较次数为

$$\sum_{i=1}^{n-1}(i+1)=(2+3+\cdots+n)=(n^2+n-2)/2$$

总的移动次数为

$$\sum_{i=1}^{n-1}(i+2)=(3+4+\cdots+n+1)=(n^2+3n-4)/2$$

因此，算法的时间复杂度为 $O(n^2)$。

平均情况：设待排序序列中各种可能排列的概率相同，在插入第 i 个记录时平均要比较 $i/2$ 个记录。因此，总的比较次数为

$$\sum_{i=2}^{n} \frac{i}{2} = \frac{1}{2}(2+3+\cdots+n) = (n^2+n-2)/4$$

移动次数为

$$\sum_{i=2}^{n} \frac{i+1}{2} = \frac{1}{2}(3+4+\cdots+n+1) = (n^2+3n-4)/4$$

因此,平均时间复杂度为 $O(n^2)$。

(2)空间复杂度

整个排序过程中,除循环变量外,另需要一个记录的空间用来暂存被插入记录。因此算法的空间复杂度为 $O(1)$,属原地排序。

(3)稳定性

直接插入排序是一种稳定的排序方法。

(4)适用性

算法更适合于初始记录基本有序(正序)①的情况。

【算法讨论】

① 下列算法 InsertSort_1 和 InsertSort_2 也实现直接插入排序,它们与 InsertSort 算法思想一样吗?描述上的区别是什么?分别分析其最好、最坏性能。

```
0  void InsertSort_1(int R[],int n)        void InsertSort_2(int R[],int n)
1  { for(i=2; i<=n;++i)                     { for(i=2; i<=n;++i)
2    if(R[i-1]>R[i])                          { R[0]=R[i];
3    { R[0]=R[i];                               for(j=i-1; R[j]>R[0]; --j)
4      for(j=i-1; R[j]>R[0]; --j)                 R[j+1]=R[j];
5        R[j+1]=R[j];                           R[j+1]=R[0];
6      R[j+1]=R[0];                           }
7    }                                     }
8  }
```

② 直接插入算法可以用于链式存储,比较两种存储方式上实现的优缺点。

8.2.2 折半插入排序

折半插入排序是通过折半(二分)查找方法确定插入位置。插入位置确定后进行记录移动。

算法描述与算法步骤如算法 8.2 所示。

算法 8.2 【算法描述】　　　　　　　　　　　　　　**【算法步骤】**

```
0  void BInsertSort(int R[],int n)          //折半插入排序
1  {
2    for(i=2;i<=n;i++)                       //n个记录,进行 n-1 趟
```

---

① 基本有序和局部有序(即部分有序)不同。基本有序是指已接近正序,例如{1,2,8,4,5,6,7,3,9};局部有序只是某些部分有序,例如{6,7,8,9,1,2,3,4,5}。局部有序不能提高直接插入排序算法的时间性能。

```
3        if(R[i]>R[i-1])                      //需插入操作
4        { R[0]=R[i];                         //1.保存 R[i]
5          low=1;                             //2.用折半查找方法，找插入点
6          high=i-1;                          //2.1 设置查找范围的下界和上界
7          while(low<=high)                   //2.2 只要 low<=high
8          {
9            m=(low+high)/2;                  //2.2.1 计算中间位置 m
10           if(R[m]>R[i]) high=m-1;          //2.2.2 R[m]>R[0],调整查询上界
11           else low=m+1;                    //否则,调整查找下界
12         }                                  //3.移动元素，找到插入点，为 high+1 处
13       for(j=i-1; j>=high+1; j--)           //3.1 R[i-1]～R[high+1]依次后移
14         R[j+1]=R[j];
15       R[high+1]=R[0];                      //3.2 R[i]复制到 R[high+1]
16       }
17    }
```

【算法分析】

（1）时间复杂度

非正序时,折半插入排序所需比较次数与待排序序列的初始序列无关,仅依赖于记录个数。第 i 趟,其有序序列长度为 i,平均比较次数为 $\log_2(i+1)-1$。

折半插入的移动次数与直接插入一样,平均移动次数为 $i/2+2$。因此,折半插入的平均时间复杂度为

$$\sum_{i=1}^{n-1}\left(\log_2(i+1)-1+\frac{i}{2}+2\right)=O(n^2)$$

（2）空间复杂度

排序工作除循环变量外,另需要一个记录的额外空间,暂存被插入记录。空间复杂度与直接插入算法一样,为 $O(1)$,属原地排序。

（3）稳定性

折半插入排序也属于稳定的排序。

（4）适用性

折半插入排序适合初始记录无序、n 较大时的情况,只适用于顺序存储结构。

【算法讨论】

① 插入点解析。折半插入排序的插入点为折半查找退出时的上界 high 之后,查找插入点的过程如图 8-5 所示。

图 8-5　折半查找插入点的过程

② 折半插入排序与直接插入排序相比,移动元素的性能没有改善,仅减少了关键字的比较次数。但从平均性能上看,优于直接插入排序。

8.2.3　希尔排序

希尔排序[①]是对直接插入排序的一种改进。直接插入排序算法简单,在 n 值较小时效率比较高。在 n 值很大时,若序列按关键字基本有序,效率依然较高。基于此,希尔排序对直接插入排序进行了改进。

【算法思想】　最初将所有记录按增量 d 分为 d 组,每组单独进行直接插入排序,以此"降低参加排序的记录数";然后减小 d 值,降低组数,进行第 2 趟,以此类推;最后一趟 $d=1$,即所有记录一起进行。每一趟经过排序会"增加记录的基本有序程度",从而提高算法效率。排序的趟数取决于增量个数,k 个增量进行 k 趟。

分组方法是:给出 k 个增量值 $d_1,d_2,\cdots,d_k$,且 $d_1<n,d_1>d_2>\cdots>d_k=1$,对于某个 d,分组情况如下。

第 1 组:R[1]　R[1+d]　R[1+2d]　…

第 2 组:R[2]　R[2+d]　R[2+2d]　…

…

第 d 组:R[d]　R[2d]　R[3d]　…

增量选取:到目前为止尚未求得一个最好的增量序列。希尔最早提出的方法是 $d_i=\lfloor n/2\rfloor,d_{i+1}=\lfloor d_i/2\rfloor$,且没有除 1 之外的公因子,最后一个增量必须等于 1。

【例 8-2】　设待排序记录 R[ ]={58,35,65,97,87,8,17,<u>58</u>,46,60},按增量 $d=$ {5,3,1}进行希尔排序。

【解】　因为有 3 个增量值,所以共进行 3 趟。每一趟里有 d 个组,每组分别进行直接插入排序后组成的序列为该趟的排序结果。排序中,通过下标加偏移量来控制一起进行插入排序的记录,无须先分组再排序。希尔排序过程如图 8-6 所示。图中每一趟同格式的数据元素为同一组。

图 8-6　希尔排序过程

---

① 希尔排序是由唐纳德·希尔于 1959 年发明的,该算法是平均时间性能好于 $O(n)$ 的第一批算法之一。

希尔排序的算法描述与算法步骤如算法 8.3 所示。

算法 8.3　**【算法描述】**　　　　　　　　　　　　　　**【算法步骤】**

0	`void ShellSort(int R[],int n,int d[],int t)`	//增量为 d[]的希尔
1	`　{`	//排序
2	`　　for(k=0; k<t;++t)`	//t 个增量
3	`　　　ShellInsert(R,n, d[k]);`	//进行 t 趟
4	`　}`	
0	`void ShellInsert(int R[],int n,int dk)`	//增量为 dk 的一趟希
1	`{`	//尔排序
2	`　for(i=dk+1; i<=n;i++)`	//通过下标间距控制
3	`　　if(R[i]<R[i-dk])`	//d 组同时进行
4	`　　{`	
5	`　　　R[0]=R[i];`	
6	`　　　for(j=i-dk;j>0 && (R[0]<R[j]);j-=dk)`	
7	`　　　　R[j+dk]=R[j];`	
8	`　　　R[j+dk]=R[0];`	
9	`　　}`	
10	`}`	

【算法分析】

（1）时间复杂度

希尔排序算法的时间性能是所取增量的函数，这是一个复杂的问题，其中涉及一些数学上未解的问题。有研究者在大量实验的基础上指出，希尔排序的时间性能在 $O(n^2)$ 和 $O(n\log_2 n)$ 之间；当 n 在某个特定范围时，希尔排序的时间性能约为 $O(n^{1.3})$。

（2）空间复杂度

希尔排序算法的空间复杂度与直接插入排序一样，为 $O(1)$。

（3）稳定性

希尔排序记录跳跃式地移动导致希尔排序是不稳定的。

（4）适用性

希尔排序的总的比较次数和移动次数都比直接插入排序要少，n 越大效果越明显。该方法适合记录无序、n 较大的情况。

希尔排序中记录分组需要用到位序，因此只适用于顺序存储。

8.3　交换排序

交换排序是基于"交换"操作进行的排序方法。在待排序序列中选择两个记录，将它们的关键码进行比较，如果逆序就交换位置。本节介绍其中的两种：冒泡排序和快速排序。

8.3.1　冒泡排序

冒泡排序(bubble sort)是交换排序中最简单的一种。

【算法思想】　对无序区相邻记录关键码两两比较,如果反序则交换。一趟排序结束后,最小的记录或最大的记录浮到无序记录区的顶或沉到底,如同水中冒泡一样,冒泡排序由此而得名。被浮到顶或沉到底的记录进入有序区,使有序区得到扩大,无序区得到减少,如图 8-7 所示。

图 8-7　冒泡排序原理示意图

【例 8-3】　设待排序记录 R[] = {58, 40, 65, 97, 87, 8, 17, 58},用冒泡排序方法对其进行非递减排序。

【解】　冒泡排序的过程如图 8-8 所示。从首元素开始,两两比较,如果是逆序,两记录位置互换。一趟冒泡排序过程如图 8-8(a)所示。图中有箭头的表示比较后有互换;无箭头的表示只比较无互换。各趟排序结果如图 8-8(b)所示。

(a) 一趟冒泡排序

(b) 各趟排序结果

图 8-8　冒泡排序过程

如果在某一趟中没有发生任何记录互换,则表示已经有序,排序结束。为此设置一个交换标志 exchange,标识一趟排序中是否发生了互换。算法描述与算法步骤如算法 8.4 所示。

算法 8.4　【算法描述】　　　　　　　　　　　　　　**【算法步骤】**

```
0  void Bubble_Sort(int R[],int n)        //将 R[n]非降序排列
1  {
2    for(i=1,exchange=true;                //上一趟无交换或进行了 n-1 趟
        i<n && exchange; i++)             //操作结束。一趟排序工作如下
3    {
4      exchange=false;                     //1.设置交换标志初值为无交换
5      for(j=1; j<=n-i; j++)               //2.从表首开始两两比较
```

```
6          if(R[j]>R[j+1])
7          {
8              R[j]←→R[j+1];                    //2.1相邻元素逆序,互换位置
9              exchange=true;                   //2.2交换标志改为 true
10         }
11     }
12 }
```

【算法分析】

（1）时间复杂度

冒泡排序性能的最好与最坏情况如表 8-4 所示。

表 8-4　冒泡排序的最好与最坏情况

最 好：正 序	比 较 次 数	移 动 次 数
初始序列　1　2　3　4　5 一趟　　　**1　2　3　4　5**	4	0

最 坏：逆 序	比 较 次 数	移 动 次 数
初始序列　5　4　3　2　1		
一趟　　　4　3　2　1　**5**	4	3×4
二趟　　　3　2　1　**4　5**	3	3×3
三趟　　　2　1　**3　4　5**	2	3×2
四趟　　　1　**2　3　4　5**	1	3×1

最好情况：初始序列为正序，进行一趟冒泡排序。n 个关键字比较 $n-1$ 次，没有互换，排序结束。算法的时间复杂度为 $O(n)$。

最坏情况：初始序列为逆序，n 个关键字需要进行 $n-1$ 趟。第 i 趟比较 $n-i$ 次，发生 $n-i$ 次互换，每一次 R[j] 与 R[$j+1$] 互换进行 3 次数据移动，即 R[0]=R[j]；R[j]=R[$j+1$]；R[$j+1$]=R[0]。数据移动总数为 $3\times(n-i)$。因此，完成整个排序的比较次数为

$$\sum_{i=1}^{n-1}(n-i)=(n-1+n-2+\cdots+1)=n(n-1)/2$$

移动次数是比较次数的 3 倍。因此，算法的时间复杂度为 $O(n^2)$。

平均情况：冒泡排序关键字的比较次数和记录移动次数分别约为 $n^2/4$ 和 $3n^2/4$，时间复杂度为 $O(n^2)$。

（2）空间复杂度

记录互换需要一个记录的额外空间，因此算法的空间复杂度为 $O(1)$，属原地排序。

（3）稳定性

排序中记录互换只发生在相邻的记录之间，因此，冒泡排序是一种稳定的排序方法。

（4）适用性

冒泡排序平均与最坏的时间性能均为 $O(n^2)$，记录移动次数较多，当初始记录无序且

记录数较大时不宜使用。

【算法讨论】

① 算法中设置了 exchange 标志,以减少排序趟数。如果不设置交换标志,冒泡排序需要多少趟?

② 如果记录互换只发生在最后相邻记录关键码的比较上,表明在此之前记录均已有序,并且经过此互换后,整个序列已经有序,如图 8-9 所示,则无须进行下一趟。如何修改算法实现这一点?

③ 冒泡排序可以用于链式存储结构吗?

8　17　22　30　55　44

图 8-9　记录互换发生在最后

8.3.2　快速排序

快速排序[①](quick sort)是对冒泡排序的一种改进。在冒泡排序中,只对相邻记录进行比较,一次记录互换只能消除一个逆序。如果进行的是非相邻记录的比较与互换,那一次互换就可能消除多个逆序。快速排序基于此而设计。

【算法思想】　选择一个枢轴记录,其关键字为轴值 pivot。将待排序记录划分为两个子序列,左侧记录的关键字均小于轴值,右侧记录的关键字均大于轴值,如图 8-10 所示。轴记录定位后,对得到的子序列同样进行划分。若某子序列长度为 1,停止划分。所有子序列长度均为 1,排序结束。每一次划分至少会有一个记录定位。

图 8-10　快速排序的基本思想

若以首元记录 R[1] 为枢轴记录,一次划分的方法如下。

Step 1. 初始化

1.1　取枢轴记录的关键字为轴值,即 pivot＝R[1]。

1.2　工作指针 low、high 分别指向表两端,即 low＝1, high＝n。

Step 2. 当 low＜high 时,重复下列操作。

2.1　高端扫描,如果 low＜high && R[high]＞＝pivot,high－－;否则,R[low]←→R[high],转至低端。

2.2　低端扫描,如果 low＜high && R[low]＜＝pivot,low＋＋;否则,R[high]←→R[low]。

Step 3. 返回枢轴位置

---

① 该算法由英国牛津大学计算机科学家查尔斯·霍尔于 1960 年发明。他于 1980 年获图灵奖;1981 年获得 AFIPS 的 Harry Goode 奖;1985 年获得英国 IEE 的法拉第奖章;1990 年被 IEEE 授予计算机先驱奖;2000 年获得日本稻盛财团设立的国际大奖——京都奖(尖端技术领域)。他在程序设计语言定义和设计(例如发明 CASE 语句)、数据结构与算法(例如发明快速排序)以及操作等许多方面有一系列的发明创造。

【例 8-4】 设初始序列 R[]={58,35,65,97,87,8,17,58},取第一元素为枢轴,对序列进行快速排序的一次划分。

【解】 根据上述划分方法进行的首次划分过程如图 8-11 所示。

图 8-11 快速排序的一次划分过程

```
         位序    1    2    3    4    5    6    7    8
        初始序列  58   35   65   97   87   8    17   58        R[high]>=pivot
                low↑                              ↑high        high--
        高端扫描
                 58   35   65   97   87   8    17   58        R[high]<pivot
                low↑                         ↑high            R[low]←→R[high]

                 17   35   65   97   87   8    58   58        R[low]<=pivot
        低端扫描  low↑                         ↑high          low++
                 17   35   65   97   87   8    58   58
                    low↑                       ↑high

                 17   35   65   97   87   8    58   58        R[low]>pivot
                       low↑                    ↑high          R[low]←→R[high]
        高端扫描
                 17   35   58   97   87   8    65   58        R[high]>=pivot
                       low↑                    ↑high          high--

        高端扫描        low↑                ↑ high             R[high]<pivot
                                                              R[low]←→R[high]
                 17   35   8    97   87   58   65   58        R[low]<=pivot
        低端扫描        low↑              ↑high                low++

                 17   35   8    97   87   58   65   58        R[low]>pivot
                          low↑        ↑high                   R[low]←→R[high]

                 17   35   8    58   87   97   65   58
                          low↑        ↑high                   R[high]>=pivot
        高端扫描
                 17   35   8    58   87   97   65   58
                          low↑   ↑high                        high--

                 17   35   8    58   87   97   65   58        low==high
                          low↑high                            R[low]=R[0]
        一趟划分  [17   35   8    58  [ 87   97   65   58 ]
```

一次记录互换需要三次记录移动。为减少记录移动,对划分操作进行改进:首先,将枢轴记录 R[low]保存于 R[0],使得 R[low]为可用空间。其后,进行高端扫描,当 R[high]<pivot 时,将 R[low]复制到 R[high],使 R[high]成为可用单元;当 R[low]>pivot 时,将 R[high]复制到 R[low]。当 low==high 时,扫描结束,将 R[0]存到 R[low]中,枢轴记录定位。改进后的算法中数据互换变成一次数据移动。

改进后的一次划分过程如图 8-12 所示。

算法描述与算法步骤如算法 8.5 所示。

算法 8.5 【算法描述】   【算法步骤】

```
0  int Partition(int R[],int low,int high)    //一次划分算法
1  {
2    pivot=R[low];R[0]=R[low];                //1.第 1 个记录为枢轴
3    while(low<high)                          //2.扫描完所有记录,退出循环
4    {
5      while(low<high && R[high]>=pivot)      //2.1 从高端做起
6        --high;                              //2.1.1 比枢轴大,位置不动
7      R[low]=R[high];                        //2.1.2 比枢轴小,记录移到低端
```

8	`    while(low<high && R[low]<=pivot)`	//2.2 转到低端
9	`        ++low;`	//2.2.1 比枢轴小,位置不动
10	`    R[high]=R[0];`	//2.2.2 比枢轴大,记录移到高端
11	`    }`	//转至高端
12	`    R[low]=pivot;`	//3.扫描结束,枢轴记录定位
13	`    return low;`	//4 返回枢轴位置
14	`}`	

R[0]=58, pivot=58

位序   1   2   3   4   5   6   7   8
初始序列   **58**   35   65   97   87   8   17   <u>58</u>   R[high]>=pivot
         low↑   ↑high   high--

高端扫描   58   35   65   97   87   8   17   58   R[high]<pivot
         low↑   ↓↑high   R[low]←R[high]

低端扫描   **17**   35   65   97   87   8   17   <u>58</u>   R[low]<=pivot
         low↑   ↑high   low++
          17   35   65   97   87   8   17   58
              low↑   ↑high

          17   35   65   97   87   8   17   <u>58</u>   R[low]>pivot
                 low↑   ↑high   R[high]←R[low]

高端扫描   17   35   65   97   87   8   65   58   R[high]>=pivot
                 low↑   ↑high   high--

          17   35   65   97   87   8   65   <u>58</u>   R[high]<pivot
                 low↑   ↑high   R[low]←R[high]

低端扫描   17   35   8   97   87   8   65   58   R[low]<=pivot
                 low↑   ↑high   low++
          17   35   8   97   87   8   65   <u>58</u>   R[low]>pivot
                        low↑   ↑high   R[high]←R[low]

高端扫描   17   35   8   97   87   97   65   58   R[high]>=pivot
                        low↑   ↑high   high--
          17   35   8   97   87   97   65   58
                        low↑ ↑high

          17   35   8   97   87   97   65   <u>58</u>   low==high
                        low↑↑high   R[low]←R[0]

一趟划分   **[17**   35   8 **]**   58 **[** 87   97   65   <u>58</u> **]**

图 8-12 改进后的一次划分过程

对一次划分得到的两个子序列分别进行划分,得到第 2 趟排序结果,以此类推。若某子序列长度为 1,停止划分。所有子序列长度均为 1,排序结束。

【例 8-5】 设初始序列 R[]={58,35,65,97,87,8,17,<u>58</u>},取第一个元素为枢轴,给出快速排序的各趟排序结果。

【解】 各趟排序结果如图 8-13(a)所示。

初始序列 **58**   35   65   97   87   8   17   <u>58</u>

1趟结果 **[17**   35   **8]**   **58**   **[87**   **97**   65   <u>**58**</u>**]**

2趟结果 **[8]**   17   **[35]**   **58**   **[** <u>**58**</u>   65**]**   **87**   **[97]**

3趟结果 **[8]**   17   **[35]**   58   58   **[65]**   **87**   97

(a)快速排序各趟排序结果

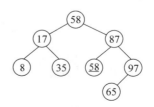

(b)快速排序递归树

图 8-13 快速排序各趟结果

整个快速排序过程可递归进行,递归树如图 8-13(b)所示。

快速排序的递归算法描述与算法步骤如算法 8.6 所示。

算法 8.6 **【算法描述】**   **【算法步骤】**

```
0   void QSort(int R[],int low,int high)    //对 R[n]进行快速排序
1   {
2     if(low<high)                          //序列长度大于 1
3     {                                     //进行下列操作
4       pivotloc=Partition(R,low,high);     //1.一次划分
5       QSort(R,low, pivotloc-1);           //2.对低子序列递归排序
6       QSort(R,pivotloc+1,high);           //3.对高子序列递归排序
7     }                                     //QSort
8   }
9     QSort(R,1,n);                         //初次调用
```

【算法分析】

(1) 时间复杂度

从快速排序的递归树可知,快速排序的趟数取决于递归树的深度。

最好情况:每趟排序后都能将记录序列均匀分割成两个长度大致相等的子表。一趟排序枢轴定位所需时间为 $O(n)$。设总的排序时间为 $T(n)$,则

$$T(n) \leqslant 2T(n/2) + n$$
$$\leqslant 2(2T(n/4) + n/2) + n = 4T(n/4) + 2n$$
$$\leqslant 4(2T(n/8 + n/4) + 2n = 8T(n/8) + 3n$$
$$\cdots$$
$$\leqslant nT(1) + n\log_2 n \approx O(n\log_2 n)$$

因此,时间复杂度为 $O(n\log_2 n)$。

最坏情况:每次划分所有记录在一个子序列中,另一个子序列为空,如正序与逆序。正序与逆序时各趟排序结果与递归树如图 8-14 所示。

此时,递归树最高,n 个记录树高为 n,快速排序需要进行 $n-1$ 趟。第 i 趟划分需要经过 $n-i$ 次关键码比较才能确定枢轴记录位置。因此总的比较次数为

$$\sum_{i=1}^{n-1}(n-i) = n(n-1)/2 \approx n^2/2$$

记录的移动次数小于比较次数。因此,时间复杂度为 $O(n^2)$。

平均情况:设轴记录的关键码为第 k 小($1 \leqslant k \leqslant n$),则有

$$T(n) = \frac{1}{n}\sum_{k=1}^{n}(T(n-k) + T(k-1)) + n = \frac{2}{n}\sum_{k=1}^{n}T(k) + n$$

由归纳法可证,其数量级为 $O(n\log_2 n)$。快速排序的平均性能等于最好性能。

(2) 空间复杂度

由于快速排序是递归的,因此需要一个栈来存放每一层递归调用与返回的必要信息。最大递归调用次数与递归树的深度一致,因此最好情况下的空间复杂度为 $O(\log_2 n)$,最

正序

初始序列	1	2	3	4	5
第1趟排序结果	1	[2	3	4	5]
第2趟排序结果	1	2	[3	4	5]
第3趟排序结果	1	2	3	[4	5]
第4趟排序结果	1	2	3	4	[5]

(a) 正序快速排序各趟划分及结果

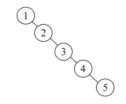

(b) 正序快速排序递归树

逆序

初始序列	5	4	3	2	1
第1趟排序结果	[1	4	3	2]	5
第2趟排序结果	1	[4	3	2]	5
第3趟排序结果	1	[2	3]	4	5
第4趟排序结果	1	2	[3]	4	5

(c) 逆序快速排序各趟划分及结果

(d) 逆序快速排序递归树

图 8-14　快速排序最坏情况举例

坏情况下为 $O(n)$。

（3）稳定性

快速排序过程中记录的跳跃式移动导致该方法是一种不稳定的排序方法。

（4）适用性

排序过程中需要定位表的下界和上界，因此只适用于顺序结构。

快速排序的平均性能是迄今为止所有内排序算法中最好的一种，适用于记录个数较大且原始记录随机排列的情况。

8.4　选择排序

选择排序是基于"选择"操作进行排序的方法。其基本思想是：每趟从无序序列中选出关键码最小的记录，添加到有序序列中，从而不断减少无序记录，增加有序记录。本节介绍简单选择排序、树形选择排序和堆排序方法。

8.4.1　简单选择排序

简单选择排序（simple selection sort）是选择排序中最简单的一种。

【算法思想】　第 i 趟排序是从 $n-i+1$ 个待排序记录中选择关键码最小的记录，设为 R[min]，将其与第 i 个记录互换位置，即 R[min]↔R[i]，使得有序序列增1，无序序列减1，如图 8-15 所示。

【例 8-6】　设无序序列 R[]={58,35,25,97,87,8,58,17}，用简单选择排序方法对其

图 8-15　简单选择排序的基本思想

进行排序。

【解】　采用简单选择排序方法的各趟排序结果如图 8-16 所示。

图 8-16　简单排序各趟的排序结果

算法描述与算法步骤如算法 8.7 所示。

算法 8.7　【算法描述】　　　　　　　　　　　　　　【算法步骤】

0	void SelectSort(int R[],int n)	//对 R[n]进行简单选择排序
1	{	
2	for(i=1; i<n;++i)	//共需要 n-1 趟,每一趟操作如下
3	{	
4	min=i;	//1.查找最小关键码记录号 min
5	for(j=i+1;j<=n;j++);	
6	if(R[j]<R[min])	
7	min=j;	//2.如果最小记录不是第 i 个
8	if(min!=i)	//3.R[i]←→R[min]
9	R[i]←→R[min];	
10	}	
11	}	

【算法分析】

(1) 时间复杂度

简单选择排序关键码的比较次数与初始序列无关。第 i 趟从无序序列中选择最小记录,需要进行的关键码的比较次数为 $n-i$ 次,共需 $n-1$ 趟,总的比较次数为

$$\sum_{i=1}^{n-1}(n-i)=n(n-1)/2 \approx n^2/2$$

排序中所需记录移动次数较少,最多每趟发生一次数据互换,共移动 $3(n-1)$ 次。因此,简单选择排序的时间复杂度为 $O(n^2)$。

(2)空间复杂度

在简单选择排序过程中,需要一个辅助记录空间用于记录的互换,因此,空间复杂度为 $O(1)$。

(3)稳定性

不相邻的数据互换使得简单选择排序方法为不稳定的排序方法。

【算法讨论】 如果采用链式存储结构,把无序序列中的最小记录通过结点插入方式插在有序序列后,如此实现的简单插入排序方法稳定吗?

8.4.2 树形选择排序

简单选择排序的时间主要花在关键码的比较上,树形选择排序(tree selection sort)是对简单选择排序的改进,着眼点为减少比较次数。

树形选择排序又称锦标赛排序(tournament sort),是一种按照锦标赛的思路进行选择排序的方法。

锦标赛冠军产生方法为

Step 1. n 个选手两两分组对赛,进行 $n/2$ 次,得到 $n1=\lceil n/2 \rceil$ 个优胜者。

Step 2. $n1$ 个选手两两分组对赛,进行 $n1/2$ 次,得到 $n2=\lceil n1/2 \rceil$ 个优胜者。

以此类推,最后胜出者为冠军。

从冠军产生的过程可知,每一轮对抗赛是在前轮的基础上进行的,不需要所有选手都参赛;即利用前趟的比较结果,减少后续的比较操作。据此,产生树形排序方法,以非降序为例,设初始无序序列为 R[]={47,13,80,91,67,51,62,29,72,46,31,47,25,83,68}。

Step 1. 选出最小值。

1.1 n 个关键码两两一组进行数据比较,小值出列形成子树根,共 $n1=\lceil n/2 \rceil$ 个;

1.2 对 $n1$ 个子树根两两一组比较,小值出列形成子树根,共 $n2=\lceil n1/2 \rceil$ 个。

以此类推,最后只剩两数比较,小者为最小数。

第 1 趟排序结果如图 8-17 所示。

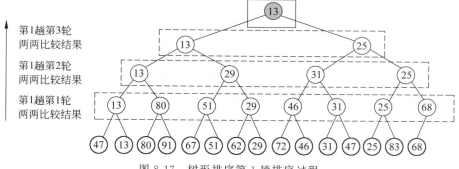

图 8-17 树形排序第 1 趟排序过程

经过第 1 轮排序后,得到一棵完全二叉树,树根为最小值。另外,除最后一层的叶结点外,其余的为中间比较结果。n 个叶结点的树高 $h = \lfloor \log_2 n \rfloor + 1$。

Step 2. 把叶结点中值最小的结点置最大值 ∞,表示已选出。

Step 3. 因该叶结点值的修改,修改之前与其相关的比较结果,共 $h - 1 = \lfloor \log_2 n \rfloor$ 个,得到当前叶结点中的最小值。

重复 Step 2 和 Step 3,直至选出所有关键码。n 个关键码共需要 $n - 1$ 趟。

第 2 趟排序结果如图 8-18 所示,图中有背景色的点为有变化的点。

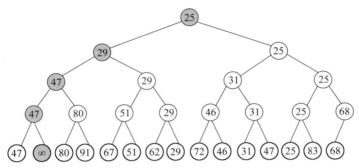

图 8-18　树形选择第 2 趟排序过程

第 3 趟排序过程如图 8-19 所示。

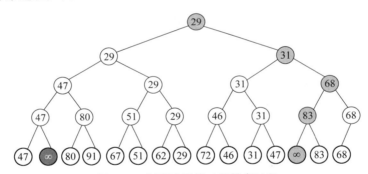

图 8-19　树形选择第 3 趟排序过程

【算法分析】

(1) 时间复杂度

在树形选择排序中,首次两两比较选出最小值,需要进行 $n - 1$ 次比较。其次,每选择一个树中最小关键码,需要进行 $h - 1$ 次(h 为树高,等于 $\lfloor \log_2 n \rfloor + 1$)比较,即 $\lfloor \log_2 n \rfloor$ 次比较,共进行 $n - 1$ 趟。因此,树形选择的时间为 $T(n) = (n-1)h + n - 1 = O(n \log_2 n)$。

(2) 空间复杂度

树形选择排序中需要保留中间比较结果,空间复杂度为 $O(n)$。

【算法讨论】　树形选择建立在一棵完全二叉树上,如果实现上述算法,采用什么存储方法?

8.4.3　堆排序

树形选择排序方法减少了简单选择排序方法中的数据比较次数,但是增加空间复杂度。堆排序是在树形排序思路下对空间性能进行改进的选择排序方法。

1. 堆的定义

由 n 个元素组成的序列 $\{k_1, k_2, \cdots, k_{n-1}, k_n\}$,当且仅当满足如下关系时,称为堆 (heap)。满足关系①,称为小根堆或小顶堆;满足关系②,称为大根堆或大顶堆。

$$① \begin{cases} k_i \leqslant k_{2i} \\ k_i \leqslant k_{2i+1} \end{cases} \quad 或 \quad ② \begin{cases} k_i \geqslant k_{2i} \\ k_i \geqslant k_{2i+1} \end{cases} \quad 1 \leqslant i \leqslant \lfloor n/2 \rfloor$$

若将序列看成一棵完全二叉树的层序遍历,堆是具有下列性质的完全二叉树(如图 8-20 所示):每个结点的值都小于或等于其左右孩子结点的值(称为小根堆)或者每个结点的值都大于或等于其左右孩子结点的值(称为大根堆)。

图 8-20　将关键字序列看成一棵完全二叉树

图 8-21 分别为小根堆和大根堆的示例。

图 8-21　堆的示例

2. 堆的创建

堆排序是建立在堆的基础上的。如何将一个序列构成堆呢? 下面以大根堆为例,介绍堆的创建方法。

Step 1. 把序列看成一棵完全二叉树的层序遍历,构造一棵完全二叉树。

Step 2. 从最后一个分支结点(编号为 $\lfloor n/2 \rfloor$ 的结点,从 1 开始编号)开始,依次将序号为 $\lfloor n/2 \rfloor, \lfloor n/2 \rfloor - 1, \cdots, 1$(根结点)的结点作为根的子树都调整为大根堆即可。

若调整第 i 个记录 R[i],则调整的工作为:

2.1　比较其左、右孩子,取其中大记录的关键码 max 及编号 j。

2.2　如果 R$[i]$ 的关键码小于 max,把 R$[i] \leftrightarrow$ R$[j]$。

2.3　如果因为 R$[i]$ 和 R$[j]$ 的互换影响了下层的子树,将继续用 2.1、2.2 的方法进行调整。

【例 8-7】　已知无序序列 R$[\ ] = \{38,25,16,36,18,32,28,50\}$,将其调整为一个大根堆。

根据上述步骤,建堆过程如图 8-22 所示。

图 8-22　堆的创建过程

(5) 第4次调整，$i=1$
　① R[2]>R[3], R[1]<R[2] →
　　R[1] ⟷ R[2]
　② R[1]和R[2]对换后, R[2]>R[4], 调
　　整结束

(6)

(e) 调整R[1]　　　　　　　　　　(f) 大根堆

图 8-22 （续）

以某个结点作为子树根，把子树调整为堆的过程称为一次"筛选"。一次筛选的算法
描述与算法步骤如算法 8.8 所示。

算法 8.8　【算法描述】　　　　　　　　　　　　　　【算法步骤】

```
0   void HeapAdjust(int R[],int s,int n)     //将 R[s..n]调整为以 R[s]为根
1   {                                        //的大根堆
2     R[0]=R[s];                             //1.复制 R[s],让出 R[s]空间
3     for(j=2*s;j<=n;j=2*s)                  //2.一次筛选
4     {
5       if(j<n && R[j]<R[j+1])               //2.1 比较子树根的两个孩子
6         j++;                               //取较大者
7       if(R[0]<R[j]) break;                 //2.2 子树根大于较大者,无
8       R[s]=R[j];                           //须记录移动
9       s=j;                                 //2.3 否则,R[j]为子树根
10    }                                      //2.4 下一个被调整结点
11    R[s]=R[0];                             //R[s]插入合适位置
12  }
```

建堆的过程就是一次次的筛选。建堆的算法描述与算法步骤如算法 8.9 所示。

算法 8.9　【算法描述】　　　　　　　　　　　　　　【算法步骤】

```
0   void CreateHeap(int R[],int n)           //把无序序列 R[1..n]建成大根堆
1   {
2     for(i=n/2; i>0;--i)                    //从首个非叶结点开始
```

3	HeapAdjust(R,i,n);	///反复调用 HeapAdjust,逐个调整
4	}	

【算法分析】

（1）时间复杂度

建堆时,每个非终端结点都要自上而下进行"筛选"。第 i 层上的结点数小于或等于 2^{i-1},且第 i 层结点最大下移的深度为 h(树高)$-i$;每下移一层需要作两次比较:一次是被调子树根的左、右孩子的比较,另一次是其中较大者与子树根的比较。因此建堆时关键字总的比较次数为

$$\sum_{i=h-1}^{1} 2^{i-1} \cdot 2(h-i) = \sum_{i=h-1}^{1} 2^{i} \cdot (h-i) = \sum_{j=1}^{h-1} 2^{h-j} \cdot j \leqslant (2n)\sum_{j=1}^{h-1} j/2^{j} \leqslant 4n$$

移动次数小于比较次数。因此,建堆时间复杂度为 $O(n)$。

（2）空间复杂度

因为有记录互换,所以需要一个记录的辅助空间,空间复杂度为 $O(1)$。

3. 堆排序算法

堆排序(heap sort)是利用堆顶记录为最大(大根堆)或最小(小根堆)的特征进行排序的方法,基本思想是将堆顶记录与无序区最后一个记录互换,扩大有序区;然后将剩余的记录再调整成堆,又找出无序区最大(或最小)的记录,以此类推,直到堆中只有一个记录为止,如图 8-23 所示。

$$\underbrace{R_1\,R_2\ \cdots\ R_i}_{\text{无序区:一个堆}}\Big|\underbrace{R_{i+1}\ \leqslant R_{i+2}\leqslant\ \cdots\ \leqslant R_n}_{\text{有序区:已在最终位置}}\ \Longrightarrow\ \underbrace{R_1\,R_2\ \cdots\ R_{i-1}}_{\text{无序区:减1}}\Big|\underbrace{R_i\ \leqslant R_{i+1}\leqslant\ \cdots\ \leqslant R_n}_{\text{有序区:增1}}$$

图 8-23　堆排序基本思想

【例 8-8】 已知无序序列 R[]={38,25,16,36,18,32,28,50},对其用堆排序方法进行排序。

【解】 首先建立一个大根堆,然后根据堆排序步骤,前三次输出及两次调整过程如图 8-24 所示。

图 8-24　堆排序过程

图 8-24　（续）

从初始序列开始，一次输出及一次调整为一趟，n 个记录需要 $n-1$ 趟。上例有 7 个记录，需要 6 趟，各趟排序结果如图 8-25 所示。

	序列	堆
初始序列	38 25 16 36 18 32 28 50	50 38 32 36 18 16 28 25
第 1 趟排序结果	25 38 32 36 18 16 28 **50**	38 36 32 25 18 16 28
第 2 趟排序结果	28 36 32 25 18 16 **38 50**	36 28 32 25 18 16
第 3 趟排序结果	16 28 32 25 18 **36 38 50**	32 28 16 25 18
第 4 趟排序结果	18 28 16 25 **32 36 38 50**	28 25 16 18
第 5 趟排序结果	18 25 16 **28 32 36 38 50**	25 18 16
第 6 趟排序结果	16 18 **25 28 32 36 38 50**	18 16
第 7 趟排序结果	16 **18 25 28 32 36 38 50**	16

图 8-25　堆排序各趟排序及调整结果

堆排序算法描述与算法步骤如算法 8.10 所示。

算法 8.10　【算法描述】　　　　　　　　　　**【算法步骤】**

```
0  void HeapSort(int R[],int n)          //对顺序表 R[n]进行堆排序
1  {
2      CreateHeap(R,n);                  //1.建堆
3      for(i=1; i<n; i++)                //2.由大到小定位各元素
4      {
5          R[1] ←→ R[n-i+1];            //2.1 输出第 i 个元素
6          HeapAdjust(R,1,n-i);          //2.2 将 R[1..i-1]重新调整为堆
7      }
8  }
```

【算法分析】

（1）时间复杂度

堆排序的运行时间主要消耗在建堆和重建堆时进行的筛选上。初建堆的时间为 $O(n)$。调整新建堆时要做 $n-1$ 次筛选，每次筛选都要将根结点下移到合适的位置。第 i 次筛选，树中有 $n-i$ 个结点，树高 $h_i = \lfloor \log_2(n-i) \rfloor + 1$，结点最多下降 $h_i - 1 = \lfloor \log_2(n-i) \rfloor$ 层。每下移一层需比较 2 次，最多交换记录 1 次（少于比较次数）。因此，重建堆时关键码总的比较次数不超过

$$2(\lfloor \log_2(n-1) \rfloor + \lfloor \log_2(n-2) \rfloor + \cdots + \lfloor \log_2 2 \rfloor) < 2n\log_2 n$$

因此，堆排序最坏情况下的时间复杂度也为 $O(n\log_2 n)$。实验研究表明，平均性能接近于最坏性能。

（2）空间复杂度

在堆排序中，只需要一个记录单元空间用于记录交换，因此它的空间复杂度为 $O(1)$。

（3）稳定性

由于记录的比较和交换是跳跃式进行的，因此堆排序是一种不稳定的排序方法。

（4）适用性

算法中采用数组存储完全二叉树，孩子双亲关系隐含在下标中，因此不适用于链式存储。堆排序算法较复杂，且初建堆所需比较次数较多，因此记录较少时不宜采用。

【算法讨论】 本节以大根堆进行了非降序排序。如果进行非升序排序，该如何做？

8.5 归并排序

归并排序（merge sort）是借助"归并"操作进行排序的方法。所谓归并，指将两个或两个以上的有序序列归并为一个有序序列的过程。本节介绍 2-路归并排序（2-way merge sort）方法，它是归并排序中最简单的一种。其基本思想是将若干个有序序列两两归并，直至所有记录在一个有序序列中。具体方法为：

① 将 n 个待排序的记录序列看成 n 个长度为 1 的有序序列，然后相邻的两两归并，得到 $\lceil n/2 \rceil$ 个长度为 2（最后一个有序序列可能长度为 1）的有序序列。

② 对①得到的有序序列两两合并，得到 $\lceil n/4 \rceil$ 个长度为 4（最后一个有序序列可能长度小于 4）的有序序列。

以此类推，共需要进行 $\lceil \log_2 n \rceil$ 趟，直至得到一个长度为 n 的有序序列。

【例 8-9】 已知初始序列 R[]＝{58,40,25,87,8,58,17}，进行 2-路归并排序。

按上述步骤，2-路归并排序过程如图 8-26 所示。

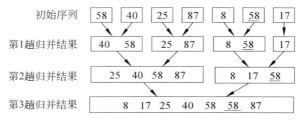

图 8-26　2-路归并排序过程

2-路归并排序的核心是两个有序序列的合并。为了使归并过程中不破坏原来的有序序列,将归并结果存入另一个数组中。

两个有序序列 R[s..m]、R[m+1..t]合并为一个有序序列 R1[s..t],其算法描述与算法步骤如算法 8.11 所示。

算法 8.11　　**【算法描述】**　　　　　　　　　　　　　**【算法步骤】**

0	void Merge(int R[],int s,int m,int t)	//合并有序序列 R[2..m]和 R[m+1..t]
1	{	
2	n= t+1;	//1. 初始化
3	R1=new int[n];	//1.1 辅助数组临存归并结果
4	i=s;	//1.2 设 3 个工作指针 i、j、
5	j=m+1;	//k 分别指向 R[s]、R[m+1]、
6	k=s;	//R1[]首元处
7	while(i<=m && j<= t)	//2.两个序列合并
8	{	//2.1 两个序列均不空
9	if(R[i]<=R[j]) R1[k++]=R[i++];	
10	else R1[k++]=R[j++];	
11	}	
12	while(i<=m)	//2.2 若第 1 个子序列未处
13	R1[k++]=R[i++];	//理完,R[m+1..t]为剩余记录
14	while(j<=t)	//2.3 若第 2 个子序列未处理完,
15	R1[k++]=R[j++];	//将其剩余部分复制到 R1
16	for(k=s,i=s; i<=t;k++,i++)	//3.将 R1 复制到 R[s..t]中
17	R[i]=R1[k];	
18	delete R1;	//释放 R1
19	}	

在 2-路归并排序中,被合并的两个序列有以下三种情况,如图 8-27 所示。

图 8-27　2-路归并排序合并子序列的可能情况

① 两个等长的序列合并。设长度为 len,此时,若 $s=i$,则有
$$m = i + \text{len} - 1, \quad t = i + 2 * \text{len} - 1$$

② 两个不等长的序列合并。这种情况只会发生在最后两个序列合并中,且最后一个序列小于 len。因为序列总长为 n,所以 $t=n$,且当 $s=i$ 时,$m=i+\text{len}-1$。

③ 一个孤立的序列。在子序列个数为奇数时,最后一个序列为孤立序列,没有可合并的序列。此时,不需要合并。

一趟归并排序的算法描述与算法步骤如算法 8.12 所示。

算法 8.12　**【算法描述】**　　　　　　　　　　　　　　**【算法步骤】**

```
0   void MergePass(int R[],int n,int len)     //一趟归并排序,序列长度为
1   {                                         //len
2     i=1;                                    //序列下标从 1 开始
3     while(i+2 * len-1<= n)                  //等长子序列合并
4     {
5       Merge(R, i, i+len-1,i+2 * len-1);
6       i+=2 * len;
7     }
8     if(i+len-1<n)                           //不等长子序列合并
9       Merge(R, i, i+len-1,n);
10  }
```

2-路归并排序的算法描述与算法步骤如算法 8.13 所示。

算法 8.13　**【算法描述】**　　　　　　　　　　　　　　**【算法步骤】**

```
0   void MergeSort(int R[],int n)             //一趟归并排序,序列长度为 len
1   {
2     for(len=1; len<n; len=len * 2)          //初始子序列长度为 1
3     MergePass(R,n,len);                      //子序列合并
4   }
```

2-路归并排序也可以利用递归的形式描述,即首先将待排序序列划分为两个等长的子序列,然后分别对这两个子序列进行归并排序。归并排序的递归执行过程如图 8-28 所示。

初始序列

划分：len=n/2=4

划分：len=n/4=2

划分：len=1

归并：len=1

归并：len=2

归并：len=4

图 8-28　归并排序的递归执行过程

2-路归并排序的递归算法描述与算法步骤如算法 8.14 所示。

算法 8.14 【算法描述】   【算法步骤】

```
0   void MSort(int R[],int s,int t)        //二路归并排序递归算法
1   {                                      //1.待排序记录只有1个,递归结束
2     if(s<t)                              //2.序列对半分
3        m=(s+t)/2;
4     MSrot(R,s, m);                       //3.递归归并前半个子序列
5     MSrot(R,m+1,t);                      //4.递归归并后半个子序列
6     Merge(R,s, m,t);                     //5.左、右两个子序列归并
7   }
8   void MergeSort(int R[],int n)          //初次调用
9   {
10      MSort(R,1,n);
11  }
```

【算法分析】

（1）时间复杂度

一趟归并排序需要将待排序记录扫描一遍,时间性能为 $O(n)$。整个归并排序需要进行 $\lceil \log_2 n \rceil$ 趟。因此,总的时间代价为 $O(n\log_2 n)$。

（2）空间复杂度

2-路归并排序在归并过程中需要与待排序记录同样数量的存储空间,用于存放归并结果。因此,空间复杂度为 $O(n)$。

（3）稳定性

两个有序表归并不会改变相同关键码在原序列中的顺序。因此,2-路归并排序是一种稳定的排序方法。

【算法讨论】

① 归并排序的非递归算法实际为至底向上的方法,算法效率高,但可读性差;归并排序的递归算法是一种自顶向下的分治法,形式简洁,但效率相对较差。

② 归并排序可以是多路的,如 3-路归并等,路数越多,归并的趟数越少。3-路归并时,归并的趟数为 $\lceil \log_3 n \rceil$,对应的执行时间为 $O(n\log_3 n)$,但 $\log_3 n = \log_2 n / \log_2 3$。因此,时间复杂度仍为 $O(n\log_2 n)$。路数越多,算法越复杂。

③ 可以用于链式存储。

8.6 基数排序

基数排序(radix sort)是将关键码看成由若干个子关键码复合而成,然后借助分配和收集操作进行的排序。首先介绍分配排序和多关键字排序。

8.6.1 分配排序

分配排序是基于分配操作和收集操作的排序方法。桶排序是分配排序的一种,下面

以它为例说明分配排序的基本原理。

桶排序(bucket sort)的基本思想是:根据关键码的值域设置等量的桶,按值将关键码分配到相应的桶里;分配完所有的记录后,将桶中的记录依次收回,以完成排序。

假设关键码的取值为0~9,初始序列为$\{4_1,6_1,1,4_2,6_2,3,6_3,8\}$,其桶排序过程如图8-29所示。设置10个桶,对应0~9十个关键码值;将8个记录按其关键码分配到相应的桶内;然后按桶的顺序把记录收集起来,完成排序。

图8-29 桶排序示意图

8.6.2 多关键码排序

给定一个记录序列$\{R_1,R_2,\cdots,R_n\}$,每个记录R_i含有d个关键码$(k_i^1 k_i^2 \cdots k_i^d)$。多关键码排序(multiple key order)是将这些记录排列成顺序为$\{R_{s1},R_{s2},\cdots,R_{sn}\}$的一个序列,使得对于序列中的任意两个序列$R_i$和$R_j$($1\leqslant i<j\leqslant n$)都满足$(k_i^1 k_i^2 \cdots k_i^d)\leqslant(k_j^1 k_j^2 \cdots k_j^d)$(非降序排序)。$k^1$为最高位关键码,也称最主位关键码,$k^d$为最低位关键码,也称最次位关键码。

例如扑克牌,每张牌有两个关键码:花色和点数。设有如下次序关系。

花色:♣<♦<♥<♠,点数:2<3<4<5<6<7<8<9<10<J<Q<K<A

设k^1为花色,k^2为点数,可排成

♣2♣3…♣A ♦2♦3…♦A ♥2♥3…♥K♥A ♠2♠3…♠K♠A

对多关键码进行排序,有两种基本方法。

(1)最高/主位优先(MSD)

Step 1. 分配。

1.1 按最高位关键码k^1对序列进行划分,相同k^1值的在一个子序列。

1.2 在每个子序列中,按k^2值进行相同的划分。

……

按相同思路,直至各组按k^d划分完组。

Step 2. 收集。按组的顺序,将所有的子序列收集在一起,得到一个有序序列。

(2)最低/次位优先(LSD)

Step 1. 分配。按最低位关键码k^d对记录进行分组,相同k^d的分在同一组。每组按

k^d 值有序排列。

Step 2. 收集。按组的顺序将各组收集起来,得到按 k^d 有序的序列。

按上述步骤分别对 $k^{d-1},k^{d-2},\cdots,k^1$ 进行分配与收集,最终得到对所有键码有序的序列。

【例 8-10】 已知扑克牌{♥J, ♠6, ♥4, ♦4, ♥8, ♦8, ♠4},分别进行 MSD、LSD 的非降序排序。

① MSD 排序。首先按花色进行第 1 次序列划分与分组;然后对每个子序列,按点数进行划分与分组;最后进行收集,得到有序序列,如图 8-30(a)所示。

(a) MSD 排序过程   (b) LSD 排序过程

图 8-30 多关键字排序

② LSD 排序。首先按点数进行第 1 次分组;然后进行第 1 次收集,得到按点数有序的序列;再按花色第 2 次分组,第 2 次收集,得到对所有键码有序的序列,如图 8-30(b)所示。

8.6.3 基数排序详解

以 3 个数位的整数为例,讲解基数排序。排序采用 LSD 方法。

3 位整数可以看成是由百位、十位和个位三个子关键码组成。在排序实现中,借用队列存放分组结果,队列的个数取决于子关键码的值域。具体方法如下。

【算法步骤】 从最低位关键码 k^1 开始依次对每个关键码 $k^d,k^{d-1},\cdots,k^{d-2},k^1$ 进行下列工作。

Step 1. 将具有相同码值的记录分配到一个队列中,一个码值对应一个队列。

Step 2. 依次将队列首尾相连,进行收集。

如果对 k^i 进行排序,收集后将得到按 $k^i,k^{i+1},\cdots,k^{d-1},k^d$ 有序的序列。做完最后一趟,即完成对 k^1 的排序,将得到对所有关键子码有序的序列,排序工作结束。

【例 8-11】 已知序列{769,763,63,249,243,545,281,89},给出基数排序的过程。

关键码由百位、十位、个位组成。分别按个位、十位和百位进行分组和收集,三趟过程如图 8-31 所示。

每个关键字码可能的取值为 0~9,需要十个队列,每个队设有队首和队尾。第 i 个队首为 $h[i]$、队尾为 $t[i]$。图中未画出空队列。

初始序列　　　 769　　 763　　 63　　 249　　 243　　 545　　 281　　 89

• 按个位分配

```
h[1] ──▶ 281 ──▶ t[1]
h[3] ──▶ 763 ──▶ 63 ──▶ 243 ──▶ t[3]
h[5] ──▶ 545 ──▶ t[5]
h[9] ──▶ 769 ──▶ 249 ──▶ 89 ──▶ t[9]
```

收集：按个位排序

➡ 　 281　763　63　243　545　769　249　89

• 按十位分配

```
h[4] ──▶ 243 ──▶ 545 ──▶ 249 ──▶ t[4]
h[6] ──▶ 763 ──▶ 63 ──▶ 769 ──▶ t[6]
h[8] ──▶ 281 ──▶ 89 ──▶ t[8]
```

收集：按十位、个位排序

➡ 　 243　545　249　763　63　769　281　89

• 按百位分配

```
h[0] ──▶ 63 ──▶ 89 ──▶ t[0]
h[2] ──▶ 243 ──▶ 249 ──▶ 281 ──▶ t[2]
h[5] ──▶ 545 ──▶ t[5]
h[7] ──▶ 763 ──▶ 769 ──▶ t[7]
```

收集：按百位、十位、个位排序

➡ 　 63　89　243　249　281　545　763　769

图 8-31　基数排序过程

【存储设计】　采用链式存储,结点结构如图 8-32 所示,定义如下。

```
struct RNode
{
    int keys[MAXD];        //MAXD 个子关键字
    struct RNode * next;   //指向下一个结点
}
```

key[]

RNode | k[1] | k[2] | ⋯ | k[d] | next

图 8-32　关键字结点结构示意图

初始序列存储如图 8-33 所示。

图 8-33　存储示意图

算法描述与算法步骤如算法 8.15 所示。

算法 8.15　【算法描述】　　　　　　　　　　　　　　　【算法步骤】

0	`void RadixSort(RNode * &L,int r,int d)`	//LSD 基数排序
1	`{`	
2	`  RNode * h[r],* t[r];`	//r 进制数,建立 r 个队列
3	`  for(i=d-1; i>= 0;i--)`	//d 个数位 d 个子关键字,d 趟
4	`    for(j=0; j<r; j++)`	//每一趟
5	`      h[j]=t[j]=NULL;`	//1.队列初始化

```
6        while(L!=NULL)                    //2.扫描序列列表,进行分配
7        {                                 //2.1第 i 个子关键字为 k 则入
8          k=L->keys[i];                   //第 k 个队列
9          f(h[k]==NULL;)                  //2.1.1首元结点
10           {h[k]=L; t[k]=L;}             //队尾指向队头
11         else                            //2.1.2非首元结点
12           {t[k]->next=L;t[k]=L;}        //入队尾
13         L=L->next;                      //2.2 取一下待排序记录
14       }
15       L=NULL;                           //3. 收集
16       for(j=0; j<r; j++)                //3.1 r 个队列,尾-首相连
17       {
18         if(h[j]!=NULL)
19           {
20           if(L=NULL)                     //3.1.2 首元结点
21             {L=h[j]; T=t[j];}           //队尾指向队头
22           else                          //3.1.3 非首元结点
23             {T->next=h[j]; T=t[j];      //尾、首相接
24           }                             //尾结点,next 为空
25         }
26       T->next=NULL;
27     }
28 }
```

【算法分析】

（1）时间复杂度

在基数排序过程中共进行了 d 趟分配和收集。每一趟分配过程需要扫描所有结点，收集过程按队列进行。因此，一趟的执行时间为 $O(n+r)$，基数排序的时间复杂度为 $O(d(n+r))$。

（2）空间复杂度

在基数排序过程中需要建立 r 个队列。因此，空间复杂度为 $O(r)$。

（3）稳定性

在基数排序过程中使用队列，队列的先入先出特性不会改变相同值在序列中的位置。因此，这是一种稳定的排序方法。

8.7　各种排序方法的比较

本章介绍了插入类、交换类、选择类、归并类及分配类中典型的排序方法，它们只是众多排序方法的一小部分。因为每种方法性能各异，有各自的特点和适用范围，所以众多的排序方法并存。

8.7.1　性能比较

表 8-5 给出本章所介绍的排序方法的时间性能、空间性能及稳定性等。

表 8-5　各种排序方法性能比较

排序方法	平均情况	最好情况	最坏情况	辅助空间	稳定性
直接插入排序	$O(n^2)$	$O(n)$	$O(n^2)$	$O(1)$	稳定
折半插入排序	$O(n^2)$	$O(n)$	$O(n^2)$	$O(1)$	稳定
希尔排序	$O(n^{1.3})$			$O(1)$	不稳定
冒泡排序	$O(n^2)$	$O(n)$	$O(n^2)$	$O(1)$	稳定
快速排序	$O(n\log_2 n)$	$O(n\log_2 n)$	$O(n^2)$	$O(\log_2 n)\sim O(n)$	不稳定
简单选择排序	$O(n^2)$	$O(n^2)$	$O(n^2)$	$O(1)$	不稳定
堆排序	$O(n\log_2 n)$	$O(n\log_2 n)$	$O(n\log_2 n)$	$O(1)$	不稳定
归并排序	$O(n\log_2 n)$	$O(n\log_2 n)$	$O(n\log_2 n)$	$O(n)$	稳定
基数排序	$O(d(n+r))$	$O(d(n+r))$	$O(d(n+r))$	$O(r)$	稳定

1. 时间复杂度

排序的平均时间性能为 $O(n\log_2 n)$（最好）$\sim O(n^2)$（最坏）。能达到最好平均性能的排序方法有快速排序、堆排序和归并排序。并且，除了这 3 个排序方法和希尔排序方法外，其余算法的平均性能均与最坏的排序性能一致。其中，除基数排序外，均为**最坏的排序性能 $O(n^2)$**。一般情况下，算法较简单的，时间性能较差，改进后的算法时间性能较好。

对于性能相同的算法，回到具体分析可知，因系数之差，实际运行时间可能会差数倍关系。例如直接插入排序和冒泡排序，系数大约差一倍，运行速度将降低一半。

排序最好的性能是 $O(n)$，但只出现在直接插入排序和冒泡排序且是正序序列时。

最好、最坏与平均性能三者值相同的排序方法表示初始序列对排序性能影响不大，简单选择排序、堆排序、归并排序和基数排序属于此类。

2. 空间复杂度

空间复杂度的取值为 $O(1)$（最好）$\sim O(n)$（最差）。归并排序空间性能最差，为 $O(n)$；快速排序次之，在 $O(\log_2 n)\sim O(n)$ 之间；基数排序取决于"基数 r"，即子关键字可能的值域，一般与问题规模 n 无关。除此之外，均为 $O(1)$，即原地排序。

3. 稳定性

时间复杂度为 $O(n^2)$ 的简单排序方法（直接插入排序和冒泡排序）是稳定的；而希尔排序、快速排序和堆排序等改进的排序方法一般时间性能较好，但都是不稳定的。

4. 简单性

从简单性看，算法分为两类。一类是简单算法，包括直接插入排序、简单选择排序、冒泡排序和桶排序；另一类是改进算法，包括希尔排序、堆排序、快速排序、归并排序和基数排序,这类算法属复杂算法、先进算法。

8.7.2　方法选用

实际选用应该根据具体情况而定,考虑的因素有:①时间复杂度;②空间复杂度;③稳定性;④算法简单性;⑤待排序记录个数 n 的大小;⑥记录本身信息量的大小;⑦存储结构;⑧关键码的分布情况。综合考虑这些因素,给出以下几点建议。

1. 记录本身信息量的大小

记录本身的信息量越大,占用的存储空间越大,移动记录所需花费的时间就越多,因此对移动次数多的算法不利。表 8-6 中给出各类算法的基本排序算法中记录移动的次数。

表 8-6　算法中记录移动次数的比较

排 序 方 法	平 均 情 况	最 好 情 况	最 坏 情 况
直接插入排序	$O(n^2)$	0	$O(n^2)$
冒泡排序	$O(n^2)$	0	$O(n^2)$
简单选择排序	$O(n)$	0	$O(n)$
归并排序	$O(n\log_2 n)$	$O(n\log_2 n)$	$O(n\log_2 n)$
基数排序	$O(dn)$	$O(dn)$	$O(dn)$

2. 待排序记录个数 n 的大小

当 n 较小时,n^2 和 $n\log_2 n$ 的差别不大,选用简单排序方法。如果记录基本有序,且要求稳定,采用直接插入排序;如果记录本身体量较大,最好采用简单选择排序方法。

当 n 较大时,应该选用改进后的复杂算法。如果关键字分布随机,稳定性不作要求,可采用快速排序;如果关键字基本有序,稳定性不作要求,可采用堆排序;如果关键字基本有序,内存允许且要求排序稳定,可采用归并排序;如果只找序列中前几个或后几个,采用堆排序或简单选择排序。

3. 关键码的分布情况

当待排序序列为正序时,直接插入排序和冒泡排序最适合,时间复杂度为 $O(n)$。此时,对于快速排序而言是最坏情况。简单选择排序、堆排序、归并排序和基数排序的时间性能不随记录序列中关键码的分布而改变。

4. 存储结构

顺序存储可以采用上述各种排序方法。链式存储可用于直接插入排序、冒泡排序、简单选择排序、归并排序和基数排序。

实际应用中可将各种不同的方法进行“混用”,以充分发挥各种方法的特长。例如在快速排序中划分的子序列长度小于某个值时,转而调用直接插入排序;或者对待排序记录序列先逐段进行直接插入排序,然后再利用“两两归并”排序。

8.8　小结

1. 本章知识要点

本章知识要点如图 8-34 所示。

图 8-34　本章知识要点

2. 本章相关算法

本章相关排序算法如图 8-35 所示。

图 8-35　本章相关排序算法

习题 8

一、填空题

1. 不考虑基数排序,则在排序过程中,主要进行的两种基本操作是关键字的(　　)和记录的(　　)。

2. 设用希尔排序对数组{98,36,−9,0,47,23,1,8,10,7}进行排序,给出的步长依次是 4、2、1,则排序第一趟结束后,序列为(　　　)。

3. 快速排序在(　　　)的情况下最易发挥其长处。

4. 对 n 个元素的序列进行冒泡排序,在(　　　)的情况下比较次数最少,为(　　　)次;在(　　　)的情况下,比较次数最多,为(　　　)次。

5. 对一组记录(50,38,90,20,10,70,60,44,80)进行直接插入排序,当把第 7 个记录 60 插入有序表时,为寻找插入位置,需要比较(　　　)次。

6. 对序列(50,38,90,20,10,70,60,44,80)进行快速排序,在递归调用中使用的栈所能达到的最大深度为(　　　)。

7. 如果将序列(90,16,48,70,88,35,28)建成堆,只需要把 16 与(　　　)交换。

8. 在 2-路归并排序中,若待排序记录的个数为 20,则共需要进行(　　　)趟归并。在第 3 趟归并中,把长度为(　　　)的有序表归并为长度为(　　　)的有序表。

9. 分别采用堆排序、快速排序、冒泡排序和归并排序,当初态为有序表时,则最省时间的是(　　　)排序,最费时间的是(　　　)排序。

10. 不受待排序初始序列影响,时间复杂度为 $O(n^2)$ 的排序算法是(　　　)排序;在排序算法的最后一趟开始前,所有元素都可能不在其最终位置上的排序算法是(　　　)排序。

11. 直接插入排序用监视哨的作用是(　　　)。

12. 对 n 个记录 R[1..n] 进行简单选择排序,所需进行的关键字间的比较次数为(　　　)。

13. 堆排序是一种(　　　)排序,堆实际上是一棵(　　　)的层次遍历序列。在对含有 n 个元素的序列进行排序时,堆排序的时间复杂度为(　　　),空间复杂度为(　　　)。

14. 对于关键字序列(16,15,10,18,55,25,6,20,35,88),用筛选法建堆,应从关键字为(　　　)的元素开始。

15. 对于数据序列{28,271,360,531,187,235,56,199,18,23},采用最低位优先的基数排序进行递增排序,第 1 趟排序后的结果是(　　　)。

二、简答题

1. 在各种排序方法中,哪些是稳定的? 哪些是不稳定的? 请为每一种不稳定的排序方法举出一个不稳定的实例。

2. 堆排序、快速排序和归并排序的选择。

(1) 若只从存储空间考虑,则应首先选取哪种方法,其次选取哪种方法,最后选取哪种方法?

(2) 若只从排序结果的稳定性考虑,则应选取哪种方法?

(3) 若只从平均情况下排序最快考虑,则应选择哪种方法?

(4) 若只从最坏情况下排序最快考虑,则应选择哪种方法?

3. 欲求前 k 个最大元素,用什么排序方法好? 为什么?

4. 快速排序的最大递归深度是多少? 最小递归深度是多少?

5. 如果只要找出一个具有 n 个元素的集合的第 $k(1 \leqslant k \leqslant n)$ 个最小元素,哪种排序方法最适合?

三、应用题

设有一组关键字{29,18,25,47,58,12,51,10},分别写出按下列各种排序方法非降序排序的各趟排序结果。

(1) 直接插入排序。

(2) 希尔排序($d = 4$、2、1)。

(3) 冒泡排序。

(4) 快速排序。

(5) 简单选择排序。

(6) 堆排序。

(7) 归并排序。

(8) 基数排序。

四、算法设计题

1. 设待排序记录序列用单链表作为存储结构,试写出直接插入排序算法。

2. 设待排序记录序列用单链表作为存储结构,试写出简单选择排序算法。

3. 设有一组整数,有正数也有负数。编写算法,重新排列整数,使负数排在非负数之前。

4. 基于快速排序的划分思路,在一组无序的记录 $R[n]$ 中按值寻找,查找成功,返回位序。分析算法的时间复杂度。

五、上机练习题

1. 分别用顺序存储和链式存储实现算法设计题的第 3 题。

2. 随机生成 100 个整数。分别用直接插入排序、折半插入排序、简单选择排序、冒泡排序、快速排序和堆排序这些排序方法进行排序,给出每种方法的排序时间、比较次数和移动次数。

附 录 术 语 表

A

AOE 网（activity on edge network）

AOV 网（activity on vertex network）

B

遍历（traverse）

不稳定（unstable）

C

存储结构（storage structure）

存储密度（storage density）

抽象数据类型（abstract data type）

出栈（pop）

稠密图（dense graph）

出度（out-degree）

次关键码（second key）

串（string）

层（level）

层次遍历（level traversal）

次关键字（secondary key）

查找（search）

查找表（search table）

冲突（collision）

D

单链表（single linked list）

队列（queue）

队头或队首（front）

队尾（rear）

对称矩阵（symmetric matrix）

对角矩阵（diagonal matrix）

带权路径长度（weighted path length）

顶点（vertex）

度（degree）

迪杰斯特拉算法（Dijkstra）

动态查找（dynamic search）

堆（heap）

堆积（mass）

堆排序（heap sort）

多关键码排序（multiple key order）

E

二叉树（binary tree）

二叉链表（binary linked list）

二叉排序树（binary sort tree）

2-路归并排序（2-way merge sort）

F

弗洛伊德算法（Floyd）

分支结点（branch）

反序（anti-order）

G

根（root）

广度优先遍历（breadth first traverse）

关键活动（critical activity）

关键路径（critical path）

关键码（key）

归并排序（merge sort）

H

后继元素（successor）

后进先出（last in first out）

后缀表达式（postfix expression）

后根/序遍历（postorder traversal）

孩子链表表示法（child list express）

孩子结点（child node）

孩子兄弟表示法(children brother express)

环(cycle)

回路(circuit)

哈夫曼树(Huffman tree)

哈夫曼编码(Huffman code)

活动(activity)

J

记录(record)

渐近复杂度(asymptotic complexity)

进栈(push)

进队(enqueue)

结点(node)

简单回路(simple circuit)

简单路径(simple circuit)

简单选择排序(simple selection sort)

键值(keyword)

静态查找(static search)

静态链表(static linked list)

基数排序(radix sort)

K

空间复杂度(space complexity)

克鲁斯卡尔算法(Kruskal)

开放定址法(open addressing)

快速排序(quick sort)

L

逻辑结构(logical structure)

链式存储结构(linked storage structure)

链表(linked list)

链栈(linked stack)

链队列(linked queue)

路径(path)

路径长度(path length)

连通分量(connected component)

连通图(connected graph)

邻接(adjacent)

邻接矩阵(adjacency matrix)

邻接表(adjacency list)

邻接多重表(adjacency multilist)

拉链法(chaining)

M

满二叉树(full binary tree)

模式(pattern)

模式匹配(pattern matching)

冒泡排序(bubble sort)

N

逆邻接表(inverse adjacency list)

逆序(inverse order)

P

普里姆算法(Prim)

平均查找长度(average search length)

平衡二叉树(balance binary tree)

平衡因子(balance factor)

排序(sort)

Q

前驱元素(predecessor)

前缀表达式(prefix expression)

出队(dequeue)

出度(out-degree)

强连通分量(strongly connected component)

强连通图(strongly connected graph)

权(weight)

前缀编码(prefix code)

R

入度(in-degree)

S

算法(algorithm)

时间复杂度(time complexity)

数据(data)

数据元素(data element)

数据项(data item)

数据对象(data object)

数据结构(data structure)

数据类型(data type)

数组(array)

顺序表(sequential list)

双链表(double linked list)

顺序访问（sequential access）

顺序查找（sequential search）

随机访问（random access）

三叉链表（trident linked list）

顺序栈（sequential stack）

顺序队列（sequential queue）

三角矩阵（triangular matrix）

三元组表（list of 3-tuples）

十字链表（orthogonal list）

树（tree）

森林（forest）

深度（depth）

双亲表示法（parent express）

双亲孩子表示法（parent children express）

双亲（parent）

深度优先遍历（depth first traverse）

生成森林（spanning forest）

生成树（spanning tree）

事件（event）

散列表（hash table）

散列地址（hash address）

散列函数（hash function）

T

头指针（head pointer）

头结点（head node）

特殊矩阵（special matrix）

图（graph）

拓扑排序（topological sort）

拓扑序列（topological order）

趟（pass）

同义词（synonym）

桶排序（bucket sort）

W

物理结构（physical structure）

伪代码（pseudo code）

尾指针（rear pointer）

问题规模（problem scope）

循环队列（circular queue）

循环链表（circular linked list）

完全二叉树（complete binary tree）

网（network）

网图（network graph）

稳定（stable）

无向图（undirected graph）

无向完全图（undirected complete graph）

无序树（unordered tree）

X

线性表（linear list）

循环链表（circular linked list）

先进先出（first in first out）

稀疏矩阵（sparse matrix）

稀疏图（sparse graph）

兄弟结点（sibling）

先根/序遍历（preorder traversal）

线索（thread）

线索二叉树（thread binary tree）

斜树（oblique tree）

希尔排序（Shell sort）

线性探测（linear probing）

Y

以行序为主序列（row major order）

以列序为主序列（column major order）

叶子（leaf）

依附（adhere）

有序树（ordered tree）

有向图（directed graph）

有向完全图（directed complete graph）

有向无环图（directed acycline graph）

叶子结点（leaf）

Z

栈（stack）

栈顶（top）

栈底（bottom）

中缀表达式（infix expression）

子树（subtree）

子孙（descendant）

祖先（ancestor）

左斜树（left oblique tree）

中序/根遍历（inorder traversal）

最小生成树（minimal spanning tree）

子图（subgraph）

最短路径（shortest path）

轴值（pivot）

主串（primary string）

主关键码（primary key）

装填因子（load factor）

子串（substring）

折半查找（binary search）

正序（exact order）

直接插入排序（straight insertion sort）

折半查找判定树（bisearch decision tree）

最小不平衡子树（minimal unbalance subtree）

最低位优先（least significant digit first）

最高位优先（most significant digit first）

主关键字（primary key）

参 考 文 献

［1］　严蔚敏,吴伟民. 数据结构(C 语言版)[M]. 北京：清华大学出版社,1997.

［2］　王红梅,胡明,王涛. 数据结构(C++ 版)[M]. 2 版. 北京：清华大学出版社,2015.

［3］　李春葆,等. 数据结构教程[M]. 5 版. 北京：清华大学出版社,2017.

［4］　李春葆. 数据结构教程学习指导[M]. 5 版. 北京：清华大学出版社,2017.

［5］　CORMEN T H,et al. Introduction to Algorithms[M]. 2nd ed. 北京：机械工业出版社,2011.

［6］　严蔚敏,李冬梅,吴伟民. 数据结构(C 语言版)[M]. 2 版. 北京：人民邮电出版社,2017.

［7］　耿国华. 数据结构——用 C 语言描述[M]. 北京：高等教育出版社,2011.

［8］　HOROWITZ E, et. al. Fundamentals of Data Structures in C[M]. 2nd ed. 北京：清华大学出版社,2013.

［9］　徐慧,周建美,等. 数据结构实践教程[M]. 北京：清华大学出版社,2010.

［10］　邓俊辉. 数据结构(C++ 语言版)[M]. 3 版. 北京：清华大学出版社,2013.

［11］　殷人昆,等. 数据结构(用面向对象方法与 C++ 描述)[M]. 北京：清华大学出版社,1999.

图书资源支持

感谢您一直以来对清华版图书的支持和爱护。为了配合本书的使用，本书提供配套的资源，有需求的读者请扫描下方的"书圈"微信公众号二维码，在图书专区下载，也可以拨打电话或发送电子邮件咨询。

如果您在使用本书的过程中遇到了什么问题，或者有相关图书出版计划，也请您发邮件告诉我们，以便我们更好地为您服务。

我们的联系方式：

地　　址：北京市海淀区双清路学研大厦 A 座 714

邮　　编：100084

电　　话：010-83470236　　010-83470237

客服邮箱：2301891038@qq.com

QQ：2301891038（请写明您的单位和姓名）

资源下载：关注公众号"书圈"下载配套资源。

资源下载、样书申请

书 圈

图书案例

清华计算机学堂

观看课程直播